인간과 지형공간정보학

박창하 저

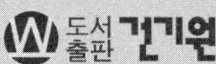

    인간은 인류의 태동과 함께 개척되어 온 지표면을 오랜 역사를 통해 천연자원을 개발하고, 사회적 자본을 가미하여 적절히 이용함으로써 오늘날 인간이 생활하는 데 있어 편리하게 살아갈 수 있는 문명을 만들어냈다.

    이는 인간이 지속적으로 개발해 온 지표면의 상호 관계 위치를 정량적, 정성적으로 해석하고 도식하여 공간을 유용하게 활용하는 기술이라 하겠다.

    유태인의 속담에 '지혜가 뒤지는 사람은 매사에 뒤진다.'는 말이 있다. 지형공간정보도 범위가 확대되어 지표면은 물론 지하 해저, 우주 공간까지 포함하여 그 범위가 계속 확대되어 가고 있다.

    이에 저자는 수년간 국토개발을 위해 기초가 되는 기준점 관리와 새롭고 정확한 지형도 제작을 하며 얻은 실무 경험과 현장 실무자의 의견을 종합하여 건설사업의 일환으로 다양한 요구사항의 해결과 생산성을 향상하고, 지형공간정보와 공유할 수 있는 인간과 관계가 되는 내용들을 부록에 수록함으로써 새로운 건설사업의 새로운 가치창조가 될 것을 기대한다.

    본서의 구성은 지형공간정보의 기본인 '측량학'과 '부록 1: 측량 및 지형공간정보기사 핵심 요점정리'와 '부록 2: 인간과 지형공간정보'가 공유하는 내용을 수록하였다.

    부족하나마 지형공간정보를 전공하는 학생들이 공간정보를 활용하는 데 도움이 되었으면 하는 바람이며, 끝으로 이 교재가 나오기까지 수고를 아끼지 않으신 도서출판 건기원 사장님께 감사를 드린다.

저자

제1장　측량학 총론

1.1 측량학의 정의 ·· 13
    1.1.1 정의 / 13
    1.1.2 측량학의 처리순서 / 13
    1.1.3 학문적 구분 / 14
    1.1.4 측량의 기능 / 14

1.2 측량의 역사 ·· 14
    1.2.1 역사 / 14
    1.2.2 우리나라의 역사 / 15

1.3 측량의 분류 ·· 17
    1.3.1 측량구역의 넓이에 따른 분류 / 17
    1.3.2 측량법의 규정에 의한 분류 / 19
    1.3.3 측량정도를 고려한 측량 / 20
    1.3.4 측량의 목적에 의한 분류 / 20
    1.3.5 측량방법에 의한 분류 / 21
    1.3.6 사용기계에 의한 분류 / 23
    1.3.7 측량대상에 의한 분류 / 24
    1.3.8 지구물리측량 / 25

1.4 측량의 기준 ·· 26
    1.4.1 지구의 형상 / 26
    1.4.2 지구의 좌표계 / 32
    1.4.3 우리나라의 측량 원점 / 35

1.5 실측요령 및 주의사항 ·· 36
    1.5.1 측량의 순서 / 36
    1.5.2 실측의 요령 / 38

1.6 측량의 요소 및 단위 ·· 39

1.7 측량의 원리 및 기초 ·· 41
    1.7.1 거리 측정법 / 42

　　　　1.7.2 각(Angle) / 43
1.8 측량에 사용되는 일반적인 공식(삼각법 및 호도법 기초) ·················· 45

제2장　오차론

2.1 측량의 오차 ·· 57
　　　2.1.1 오차의 원인 / 58
　　　2.1.2 오차의 종류 / 59
　　　2.1.3 정확도와 정밀도(accuracy and precision) / 61

2.2 관측값의 조정 ··· 62
　　　2.2.1 최확값(Most Probable Value) / 62
　　　2.2.2 최소제곱법을 이용한 측정값의 조정 / 64
　　　2.2.3 중등오차(평균제곱근오차, 표준편차) / 66
　　　2.2.4 확률오차(Probable Error) / 72
　　　2.2.5 계산처리 / 74

제3장　거리측량

3.1 거리측량의 정의 ··· 75
　　　3.1.1 평면거리 / 75
　　　3.1.2 곡면거리 / 76
　　　3.1.3 공간거리 / 76

3.2 거리측량에 의한 세부측량 ··· 76
　　　3.2.1 거리측량 시 주의사항 / 76
　　　3.2.2 경사지의 거리측정 / 76
　　　3.2.3 세부적인 거리측정 방법 / 77

3.3 장애물이 있을 때의 거리측정 방법 ··· 82
3.4 간접거리측량 ··· 84

차례

3.5 전자파거리측량(EDM) ·· 86
    3.5.1 전자파거리 측량기에 의한 거리관측법 / 86

3.6 거리측량의 오차와 보정 ·· 87
    3.6.1 거리측량의 오차 / 87
    3.6.2 거리측량의 오차 보정 / 88
    3.6.3 전길이에 대한 오차 보정 / 93
    3.6.4 최확값과 표준편차 / 94

제4장 수준측량

4.1 수준측량(고저측량)의 정의 ·· 97
    4.1.1 정의 / 97
    4.1.2 용어 설명 / 97

4.2 수준측량의 분류 ·· 101
    4.2.1 측량방법에 따른 분류 / 101
    4.2.2 측량의 목적에 따른 분류 / 102
    4.2.3 측량 규격에 따른 분류 / 102

4.3 수준측량기계 ··· 103
    4.3.1 Hand Level / 103
    4.3.2 Clinometer Hand Level / 103
    4.3.3 레이저 레벨(Laser Level) / 103
    4.3.4 자동레벨(Self-leveling Level) / 103
    4.3.5 기타 간이 측량장비 / 104
    4.3.6 일반 레벨 / 104

4.4 수준측량의 작업 ·· 104
    4.4.1 계획 및 준비 / 104
    4.4.2 답사 및 선점 / 105
    4.4.3 수준점과 매석 / 105

4.5 수준측량의 방법 ··· 106
    4.5.1 핸드레벨 측량(Hand Leveling) / 106
    4.5.2 직접 수준측량 / 107
    4.5.3 교호 수준측량(Reciprocal Leveling) / 111
    4.5.4 종단 수준 측량 / 112

4.6 횡단 수준측량(Cross Sectioning) ·· 113
    4.6.1 삼각수준측량 / 115

4.7 야장기입법 ·· 116
    4.7.1 고차식 야장기입법(differential or two-column system) / 116

4.8 기고식 야장법(instrumental height system) ··· 117

4.9 승강식 야장법(rise and fall system) ··· 118

4.10 수준측량의 오차 ··· 120
    4.10.1 망원경 / 120
    4.10.2 기포관 / 120
    4.10.3 오차의 원인 / 120

4.11 삼각수준측량에서의 양차 ··· 122

4.12 오차의 조정 ··· 124

제5장 각측량

5.1 각측량의 정의 ··· 131
    5.1.1 정의 / 131
    5.1.2 각도의 단위 / 131

5.2 각 측정용 기기 ··· 134
    5.2.1 종류 / 134
    5.2.2 트랜싯 / 135

5.3 수평각과 수직각 ··· 137

5.3.1 수평각 / 137
5.4 각의 관측방법 ·· 140
　　5.4.1 수평각 관측 / 140
5.5 수평각 관측의 오차 ··· 143
5.6 각 관측에서 생긴 오차와 그의 소거법 ·································· 144
　　5.6.1 각 관측의 정도 / 145
　　5.6.2 관측상의 주의사항 / 145
　　5.6.3 각측정의 최확치 / 146

제6장 다각측량

6.1 다각측량의 정의 ··· 149
　　6.6.1 정의 / 149
　　6.6.2 다각측량의 특징 / 149
6.2 다각측량의 종류 ··· 149
6.3 트래버스 측량의 순서 ·· 154
6.4 수평각 측정법 ··· 155
6.5 측정값의 조정 ··· 156
6.6 트래버스의 계산 ··· 157
　　6.6.1 방위각 계산 / 157
　　6.6.2 방위각의 계산 순서 / 158
　　6.6.3 위거 및 경거의 계산 / 159
　　6.6.4 다각형의 폐합오차 및 폐합비 / 160
6.7 트래버스의 조정 ··· 161
6.8 좌표의 계산 ··· 163
6.9 면적 계산 ··· 164
6.10 측점의 제도와 역트래버스 계산 ·· 167

제7장 삼각측량

7.1 삼각측량의 정의 ··· 169
      7.1.1 정의 / 169
      7.1.2 삼각측량의 원리 / 170
      7.1.3 삼각측량의 특징 / 170
      7.1.4 삼각점 / 171
      7.1.5 삼각측량의 분류 / 172

7.2 삼각망의 종류 ·· 173

7.3 삼각측량의 방법 ··· 175

7.4 삼각망의 조정 ··· 183

7.5 삼각망의 조정계산 ·· 186
      7.5.1 단삼각망 / 186

7.6 단열 삼각망 ··· 188

7.7 사변형 조정 ··· 191

7.8 유심 다각형의 조정 ·· 192

7.9 삼변측량 ·· 196
      7.9.1 삼변측량의 조정방법 / 199

7.10 삼각점 성과표를 이용한 좌표의 계산 ··· 202

제8장 시거측량

8.1 시거측량의 정의 ··· 207
      8.1.1 정의 / 207
      8.1.2 시거공식 / 207

8.2 시거정수의 결정 ··· 208

8.3 수평거리와 높이 계산 ··· 211
8.4 시거측량의 오차 ·· 212
8.5 시거측량의 정확도 ··· 212
8.6 시거측량의 오차 보정 ··· 213

제9장 노선측량

9.1 개설 ··· 215
  9.1.1 노선측량의 순서 / 215
9.2 노선의 종류 ··· 216
  9.2.1 도로 설치측량 / 216
  9.2.2 실시 설계 / 217
9.3 곡선 설치법(curve setting) ·· 218
  9.3.1 곡선의 분류 / 218

제10장 지형측량

10.1 지형측량의 정의 ··· 229
  10.1.1 정의 / 229
  10.1.2 지형도상에 표현 / 229
10.2 지형의 표시방법 ··· 229
  10.2.1 자연적 도법 / 229
  10.2.2 부호적 도법 / 230
10.3 등고선의 성질 ·· 230
10.4 등고선의 간격 및 종류 ·· 232
  10.4.1 등고선의 간격 / 232
  10.4.2 등고선의 종류 / 233

10.5 지형측량 작업의 순서 ·· 233
10.6 지형도를 읽는 방법 ··· 234
10.7 지성선(Topographical Line) ·· 236
10.8 등고선의 관측방법 ·· 238
10.9 등고선의 기입 방법 ·· 243
10.10 지형도의 이용 ··· 244
10.11 지형도의 작성에 필요한 사항 ·· 246

제11장 사진측량

11.1 의의 ·· 249
11.2 사진측량의 분류 ··· 251
11.3 사진의 특성 ·· 254
11.4 사진측량의 순서 ··· 259
11.5 사진지도 ·· 266
11.6 사진화상의 판독 ··· 268
11.7 입체사진 측정 ··· 270

제12장 GPS 개론

12.1 GPS 역사 ·· 277
12.2 GPS 원리 ·· 278
12.3 GPS 구성 ·· 279
  12.3.1 우주 부문(Space Segment) / 279
  12.3.2 관제 부문(Control Segment) / 280

　　　12.3.3 사용자 부문(User Segment) / 280
12.4 GPS 측량 ·· 281
　　　12.4.1 상대 측위 / 281
　　　12.4.2 측량방법 / 282
12.5 GPS오차 ·· 285
　　　12.5.1 구조적 오차 / 285
　　　15.5.2 기하학적 오차 / 287
　　　15.5.3 SA(Selective Availability) / 288
12.6 GPS 신호 ·· 288
12.7 GPS 데이터 ·· 290
12.8 GPS 사용 용도 ·· 290
　　　12.8.1 카 네비게이션 및 관련업체의 차세대 항법시스템 / 290
　　　12.8.2 차세대 카 네비게이션 / 293
　　　12.8.3 연계 / 295
12.9 GPS 위성 ·· 296
12.10 GPS 응용분야 ·· 296
　　　12.10.1 한국지도 재제작 / 296
12.11 GPS 관련 용어 ·· 297
12.12 GPS 미래 ·· 304

▶ 부록 1 측량 및 지형공간정보기사 핵심 요점정리 ·· 307
▶ 부록 2 인간과 지형공간정보 ··349
　제1장 인간과 공간의 총론 / 350
　제2장 과학과 사회과학 / 362
　제3장 지형공간정보체계 / 365
　제4장 지도학 / 379
　제5장 지명 / 396

제1장 측량학 총론

1.1 측량학의 정의

1.1.1 정의

측량학은 지구 및 우주공간에 존재하는 제점간의 상호위치 관계(수평위치, 높이, 면· 체적)와 그 특성을 해석하는 학문이며 과학기술이다.

① 측량의 정도, 작업 능률에 따른 최적화의 방법을 연구하는 것이 측량학이며, 이를 공학적인 측면(도시, 환경, 국방, 농업, 삼림, 자원탐사 분야)에 어떻게 적용할 것인가를 연구하는 것을 측량공학(Survey Engineering)이라 한다. 즉, 지구환경에 대한 정보를 수집하고 수집된 자료를 처리하는 일련의 학문이다.

② 우리나라의 측량법에 따르면 "측량이라 함은 토지 및 연안해역의 측량을 말하며, 지도 및 연안해역 기본도의 제작과 측량용 사진의 촬영을 포함한다."라고 정의하고 있다.

③ 측량의 3요소(수평거리, 방향(각), 고저차(높이))

④ 측량학의 대상
  - 지표면은 물론 지하, 수중, 해양, 공간 및 우주 등 인간활동이 미칠 수 있는 모든 영역
  - 자연물, 인공물 등의 대상을 길이(length), 각(angle), 시(time) 등의 관측 요소에 의하여 정량화시키는 것뿐만 아니라 환경 및 자원에 관한 정보를 수집하고 이를 해석

1.1.2 측량학의 처리순서

인간과 지형공간정보학

1.1.3 학문적 구분

① 일반측량학(Surveying)
② 응용측량학(Advanced Surveying)
③ 사진측량(Photogrammetry)
④ 측지학 및 범지구 위치결정체계(Geodesy and Global Positioning System)
⑤ 원격탐사(Remote Sensing)
⑥ 지리정보시스템(Geographic Information System)

1.1.4 측량의 기능

① 측량성과의 이용 : 각종 도면제작, 각종 개발계획, GIS, 지구형상 결정, 우주개발
② 각종 건설공사의 사전계획, 건설 중 또는 사후 관리
③ 관련 학문부야 : 토목공학, 도시공학, 천문학, 지구물리학, 해양학, 지리학, 지질학, 산림조경학, 군사학, 고고학

1.2 측량의 역사

1.2.1 역사

(1) 고대측량

① 측량은 B.C 3000년경 이집트의 나일강 하류에서 매년 일어나는 대홍수로 범람하는 경작지를 정리하기 위한 기법으로 시작, 파라밋의 사변이 정확하게 동서남북을 향하고, 사면과 저면이 이루는 각이 모두 일정한 것은 놀랄 만한 측량결과의 작품이다.
② 아리스토텔레스(Aristoteles, 384~322 B.C.)는 월식 때 달 표면에 나타난 지구의 그림자를 보고 지구 구체설을 제창하였다.
③ 이를 근거로 에라토스테네스(Eratostenes, 276-192 B.C.)는 최초로 지구의 크기를 계산할 수 있다.

(2) 근대적 측량

① 15C 아라비아인의 콤파스 발명
② 15C 화란의 스넬리우스에 의해 삼각측량 고안

③ 17C 메르카토르 도법 고안
④ 17C 프랑스의 버니어에 의한 유표(Vernier) 발명
⑤ 17C 프랑스의 피카드(Picard)에 의해 지구 반경(6275km) 계산
⑥ 17C 뉴톤(1642~1727)에 의해 만류인력의 법칙 발표
⑦ 18C 각측량기인 트랜싯의 고안
⑧ 19C 독일의 가우스에 의한 최소제곱법의 연구로 측량은 정밀측정의 방안으로 발전
⑨ 19C 프랑스의 로세다에 의해 사진측정이 시작
⑩ 20C 독일의 풀프리히에 의해 입체도화기 및 정밀좌표측정기가 만들어지면서 근대사진측정의 기초
⑪ 20C 초 항공사진 측량의 개발
⑫ 세계 제2차 대전과 6.25 등의 전쟁을 거치면서 주로 군사적 용도의 측량기술이 비약적으로 발전
⑬ 1957년 인공위성 최초 발사이후 위성관측에 의해 대륙간의 측지망 결합 및 단시간 내 위치 결정이 가능해 짐
⑭ 최근에는 GPS, 자동 광파/전자파 측량기 등을 이용해 수천 km의 거리를 수 cm의 정확도로 측정할 수 있는 정밀 측량이 가능해 짐
⑮ 재래식 측량기기(트랜싯, 레벨, 강철테이프) 등은 최신의 측량기기로(데오도라이트, 자동레벨, 광파측거기, 항공사진카메라) 등으로 변천
⑯ 대규모 지역의 지도제작에는 항공사진이나 인공위성 영상을 이용

1.2.2 우리나라의 역사

(1) 고대측량

① 삼국사기와 삼국유사에 보면 6세기 중엽부터 7세기 초에 이르는 동안 측량학이 발달되었다고 전함
② 통일신라시대
  신라구주현총도(경덕왕) : 옛 삼국이 3개 주를 군, 현으로 나눈 지형도
③ 고려시대
  • 고려지리도(11C 초, 목종) : 전국을 10개 도로 나눔
  • 오도양계주현총도(현종) : 전국을 5개 도로 고침
  • 삼국사기지리지(인종) : 지명, 연혁, 국토의 위치 등을 기록하였다.

인간과 지형공간정보학

(2) 조선시대

① 혼일강리역대국도지도(15C 태종 2년) : 세계지도
② 천하도 : 방위표시 방법이 현대의 수법에 가까운 시계지도
③ 동국여지승람, 팔도지리지
④ 동국지도(정상기) : 축척, 수육교통, 해양항로 등이 표시(현대지도와 유사함)
⑤ 靑丘圖(1834, 김정호) : 축척 약 1/160,000 십리마다 좌표격자를 넣었고 경위선표와 투영법의 설명, 범례기입, 현대적인 체계 갖춤
⑥ 대동여지도(1861, 김정호) : 청구도를 보완하기 위해 전국을 도보로 실측, 지도첩(Atlas) 형태의 대동여지도 제작, 축척 약 1/162,000 전국을 22단으로 구분하고, 도로선상에 십리 간격으로 점을 찍고, 하천, 바다, 산, 산맥 등을 기호로 표시되었다.

(3) 대한제국시대

① 1894년부터 1895년 사이에는 일본이 전시에 사용하기 위한 1/2,000,000 한국전도와 임시로 평판측량만으로 1/50,000 지도 54개 도엽을 제작하였다.
② 1905년 측량기술원 양성시작, 대구, 평양, 전주 등지에 度支部(현 재무부) 출장소 설치
③ 1909년 서울/경기/대구 부근에 三角原點을 설치하고 삼각측량 착수
④ 1910년에서 1918년 사이에는 일본의 조선토지조사사업에 의해 최초의 측량을 행하여 지도제작에 대한 국가적 사업을 실시
⑤ 1915년 삼각망 완성(1등삼각점 400점, 2등삼각점 2,401점, 3/4등 삼각점 31,646점, 수준점 1391점)
⑥ 1918년 지적도, 임야도 및 1/50,000 지형도 완성
⑦ 당시의 삼각점은 대마도의 1등 삼각점 2점으로부터 해산 100km 떨어진 절영도(현재의 영도)와 거제도에 대삼각점을 설치하고, 이것을 기준으로 북상하였다
⑧ 과거 우리나라의 대삼각본점
  • 절영도(목도산)
    - 위도 : 35° 04′ 46″.066N
    - 경도 : 129° 03′ 16″.246E
  • 거제도(옥녀봉)
    - 위도 : 34° 50′ 56″.755N
    - 경도 : 128° 41′ 34″.197E

(4) 현대

① 일제에 의해 만들어진 측지망은 2차 대전 말까지 관리되어 왔다.
② 8.15와 6.25 등으로 약 80%의 측지망이 망실
③ 1960년부터 본격적인 복구작업 실시
④ 해방 후 측지업무를 관장하던 국방부 지리연구소에서 1961년 국립건설 연구소로 다시 1974년 국립지리원으로 독립됨
⑤ 1961년 측량법과 측량사 자격제도 제정하여 측량의 정확도 확보
⑥ 1966년부터 항공사진측량에 의한 국가기본도(1/50,000, 1/25,000, 1/5,000)제작 실시, 국토개발이 본격화됨에 따라 측량기준점의 성과이용이 급격히 늘어남(한화협동)
⑦ 1975년부터 1, 2등 삼각점의 전면개측을 계획, 종래의 삼각측량방법이 아닌 전자파측거기에 의한 변측량방식 이용
⑧ 평균거리 10km의 정밀 1차 기준점 측량과 평균거리 2.5km의 정밀2차 기준점 측량을 추진
⑨ 수원 국토지리정보원 청사 내에 한국경위도원점(건설부 국립지리원 고시 제57호) 설치 정밀천문측량에 의한 원점관측(1981~1985)
  - 위도 : 37° 16′ 31″ .9034N
  - 경도 : 127° 03′ 05″ .1451E
  - 원방위각 : 170° 58′ 18″ .190(태안면 동학산의 2등 삼각점)

1.3 측량의 분류

1.3.1 측량구역의 넓이에 따른 분류

(1) 평면측량(소지측량; Plane Surveying)

지구표면을 평면으로 간주
- 측지측량의 성과를 국가기본도의 제작, 건설공사 등에 이용
- 소지역에서의 토지도면(지형도, 지적도 등) 작성을 위한 지형측량, 응용측량

(2) 측지측량(대지측량; Geodetic Surveying)

지구표면을 곡면으로 간주

인간과 지형공간정보학

- 지구의 곡률을 고려한 국가의 측지망 구성
- 삼각점, 수준점, 중력점 등의 정밀한 위치 혹은 지구의 형상과 크기를 구하는 측량
- 대지측량은 측지학의 정밀도가 1/1000,000일 경우 반경 11km 이상 면적의 약 400km²의 이상인 넓은 지역에 실시하는 측량이다.

　대지측량에서 회전타원체인 지구의 형상을 정확히 결정하기 위해서는 지구의 형상, 운동 및 지구 내부 특성과 그 시간적 변화를 연구하는 기초학문 체계인 측지학을 측량학에 도입하여야 하며, 이와 같이 측지학을 도입한 측지측량(geodetic survey)은 지자기, 탄성파, 인공위성 궤도관측 등에 의해 지구의 형상과 내부구조 및 지표의 장기적 변동 등을 파악하는 데 필요하다.

■ 평면측량과 측지측량을 적용하는 범위

D와 d의 차가 $1:1,000,000$ 이내인 범위를 평면으로 보면,

$$d = 2r\tan\frac{\theta}{2} \quad (\theta \text{는 호도법값})$$

$$\tan\frac{\theta}{2} = \frac{\theta}{2} + \frac{1}{3}\left(\frac{\theta}{2}\right)^3 + \frac{2}{15}\left(\frac{\theta}{2}\right)^5 + \cdots \text{이며}, \theta \fallingdotseq 0$$

이므로 3항 이상을 생략하면, $r\theta = D$, $\frac{\theta}{2} = \frac{D}{2r}$ 이므로

$$d = 2r\tan\frac{\theta}{2} = 2r\left\{\frac{\theta}{2} + \frac{1}{3}\left(\frac{\theta}{2}\right)^3\right\} = 2r\left\{\frac{D}{2r} + \frac{1}{3}\left(\frac{D}{2r}\right)^3\right\}$$

$$= D + \frac{1}{12} \cdot \frac{D^3}{r^2}$$

$$\therefore \frac{d-D}{D} = \frac{1}{12}\left(\frac{D}{r}\right)^2 = \frac{1}{m} = M \;:\; \text{허용오차}$$

$$\therefore D = \sqrt{\frac{12r^2}{m}}$$

$$d - D = \frac{1}{12}\left(\frac{D^3}{r^2}\right) \quad (d-D \text{는 거리 오차})$$

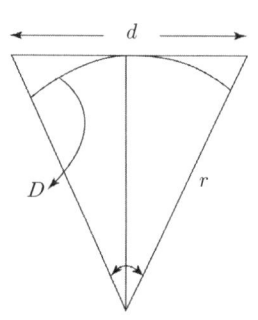

그림 1.1 평면측량

$r = 6370\text{km}$, 거리허용오차 $= \frac{1}{10^6}$ 이라면 $\frac{1}{10^6} = \frac{1}{12}\left(\frac{D}{6370}\right)^2$

$$\therefore D = 22\text{km}$$

$$D = \sqrt{\frac{12 \times (6370)^2}{10^6}} = 22.076 \,\text{km}$$

$$\therefore \ \text{거리오차} = d - D = \frac{D}{10^6} = 2.207 \,\text{cm}$$

이므로 거리오차가 약 2cm이고 정밀도가 1 : 1,000,000인 측량이면, 반경 11km, 면적 약 380km²를 평면으로 간주한다.

표 1.1 정밀도와 오차관계식

허용 정밀도	반경	직경	면적
$1/10^6$	11km	22km	380km²
$1/10^5$	35km	70km	3,848km²
$1/10^4$	111km	222km	38,708km²

■ 측지학(Geodesy)
- 물리학적 측지학 : 지구 내부의 특성, 지구의 형태 및 운동을 결정
- 기하학적 측지학 : 지구 및 천체에 대한 점들 간의 상호 위치관계를 결정

표 1.2 측지학의 대상한도

기하학적 측지학	물리학적 측지학
측지학적 3차원 위치의 결정	지구의 형상 해석
길이 및 시의 결정	중력측정
수평위치의 결정	지자기측정
높이의 결정	탄성파측정
천문측량	지구의 극운동과 자전운동
위성측지	지각변동 및 균형
하해측지	지구의 열
면적 및 체적의 산정	대륙의 부동
지도제작(지도학)	해양의 조류
사진측정	지구조석

1.3.2 측량법의 규정에 의한 분류

우리나라 측량법에는 측량을 기본측량, 공공측량, 일반측량으로 분류

인간과 지형공간정보학

(1) 기본측량(Fundamental Survey)

모든 측량이 기초가 되는 측량이며, 건설부장관의 명을 받아 국토지리정보원장이 실시하는 측량이며, 1등에서 4등까지의 삼각측량, 1,2등 수준측량, 2등 다각측량, 지형도에 관한 측량, 천문측량, 중력측정, 지자기 측정 등이 있다.

(2) 공공측량

공공이해에 관계가 있는 측량으로서 기본측량 이외의 측량 중 국가, 지자체, 정부투자기관이 실시하는 측량이다.

(3) 일반측량

기본측량 및 공공측량 이외의 측량, 법인 또는 개인이 계획하고 실시하는 측량, 관계법령에 의거하여 허가, 인가, 면허, 등록, 승인 등에 필요한 첨부도서를 작성하기 위한 측량이 포함된다.

1.3.3 측량정도를 고려한 측량

(1) 기준점측량 또는 골조측량

측량의 기준으로 되어 있는 점의 위치를 구하는 측량, 천문측량, 삼각측량, 다각측량, 수준측량 등이 있다.

기준점측량은 측량의 기준으로 되어 있는 측점 혹은 지형도를 만들기 위한 골조를 형성하므로 골조측량이라고도 한다.

(2) 세부측량

각종 목적에 따라 내용이 상세한 도면이나 지형도를 만드는 측량으로 기준점을 기초로 한다.

광범위한 지역의 지형, 지물의 세부를 측량하여 이것을 지형도에 나타내므로 세부측량이라고 하며, 평판측량, 사실측정, 시거측정, 나반측량, 간접수준측량 등이 있다.

1.3.4 측량의 목적에 의한 분류

(1) 육지측량(Land survey)

① 구역측량 – 천문측량, 지형측량, 산악측량, 고지측량, 산림측량, 농지측량, 광산측량, 건축측량, 지적측량, 지질조사측량, 지반변동측량, 시가지측량 등이다.

② 노선측량 – 철도측량, 터널측량, 송전선측량, 수로측량, 도로측량 등

(2) 하해측량(Hydrographic survey)

치수 및 이수에 관한 측량, 하천측량, 항만측량, 운하측량, 해양측량 등이 포함

1.3.5 측량방법에 의한 분류

(1) 거리측량

어떤 2점 간의 길이를 거리라 하며 거리를 관측하는 작업을 거리측량이라고 하며, 고저차가 있는 2점 간을 연결한 직선을 따라 관측한 거리는 사거리이며, 사거리를 수평면에 투영한 길이를 수평거리라 한다. 측량에서 거리라 하면 수평거리를 의미한다.

(2) 수평위치의 결정

1) 삼각측량(triangulation)

지상에서 서로 보이는 삼각점을 설치하고 기선을 결정한 다음 각을 관측하여 다른 두 변의 길이를 계산에 의하여 구하고, 또 한 변의 방향각을 주고 다른 점의 위치를 결정하는 측량법이다.

> **참고**
>
> 측량법상 기본 측량에 해당되는 삼각측량인데 국토지리정보원이 관리하는 1,2,3,4등 삼각측량이다. 1,2,3,4등 삼각점은 사실상 국토의 평면 기준점으로서의 기능을 갖고 있다. 이들 기준점의 좌표를 삼각측량에 의하여 결정하기 때문에 기본 측량이라고 한다.

2) 삼변측량(trilateration)

삼각측량에서 각을 관측하는 대신에 거리관측만으로 수평위치를 결정하는 것으로, 최근 정밀도가 높은 전자기파 거리측량기에 의한 거리관측으로 높은 정확도의 수평위치를 결정하는 측량법이다.

3) 다각측량(travers survey)

1 기지점으로부터 차례로 다음 점의 방향각과 거리를 관측하여 다각형의 각 점의 수평위치를 결정하는 측량법이다.

4) 나반측량(compass)

나반을 사용하여 신속히 행하는 측량이나 각 관측값은 자방위각에서 자오선 편차로 인하여 변화하고 자침이 국소 이상을 일으켜 정확도가 떨어지는 단점이 있다.

5) 트랜싯측량(transit survey)

각관측에 트랜싯를 쓰는 측량을 총칭하며, 그의 대표적인 것은 다각측량이 있다.

6) 육분의 측량(sextant survey)

각관측에 육분의를 쓰는 간단한 측량이며, 천문측량이나 항해할 때 사용한다.

(3) 고저측량(Level survey)

지표면상의 고저차를 구하는 측량으로 직접 및 간접고저측량으로 대별된다.
① 국도변에 4km 또는 2km의 간격으로 표석을 묻고 레벨을 써서 이 점들의 표고 관측
② 지공사 등을 위하여 기점을 정하고 레벨을 써서 그 구역 내의 각 지점의 비고를 관측
③ 트랜싯을 써서 잰 고저각과 따로 관측한 거리를 써서 계산으로 표고를 관측
④ 기압계 등을 사용하여 표고를 관측

(4) 사진측량

사진을 이용하여 여러 가지 관측을 하여 토지, 자원 및 환경의 해석을 할 수 있는 기법으로 항공사진측정, 지상사진측정, 원격측정 등이 포함된다.

(5) 지형도 작성을 위한 측량

1) 평판측량(plane table survey)

평판 및 부속 측기에 의하여 현지에서 직접 평면도를 작성하는 측량으로 평면각을 도해에 의하여 구하고 줄자나 전자기파 거리측량기 등으로 관측한 거리와 조합하여 미지점을 일정한 축척으로 도지 상에서 구하여 도시하는 방법이다.

2) 시거측량(stadia survey)

관측하려는 점에 세워놓은 표척에 대하여 트랜싯의 망원경 내의 시거선에 의한 협장과 고저각의 관측으로 기계의 위치로부터 표척위치까지의 거리 및 고저차를 구하는 측량방법이다.

3) 지형측량(topographic survey)

지모와 지물(자연물, 인공물)을 도면화하는 측량(항공사진 측량이 주로 이용된다.

1.3.6 사용기계에 의한 분류

(1) 체인측량

체인, 헝겊테이프, 등 주로 거리를 직접 측정하는 기구를 사용하는 측량이다.

(2) 트랜싯측량

트랜싯, 데오도라이트 등을 사용하여 주로 수평각 및 연직각을 측정한다.

(3) 수준측량

레벨 등을 사용하여 여러 점 사이의 높이관계를 측정한다.

(4) 평판측량

평판을 사용하여 야외에서 측정과 동시에 제도한다.

(5) 시거측량

트랜싯의 스타디아선(시거선)을 사용하여 거리와 높이를 간접적으로 측정한다.

(6) 트래버스 측량

다각측량이라고도 하며, 중소지역의 골조측량에 많이 이용, 데오도라이트 등으로 수평각을 관측하고 강철테이프, 광파측거기 등으로 수평거리를 측정한다.

(7) 삼각측량(Triangulation)

수평위치를 결정하는 데 있어 가장 정밀한 측량방법으로 광대한 지역의 골조측량에 주로 사용된다.

(8) 사진측량

세부측량의 하나로 공중이나 지상에서 사진촬영을 통해 여러 가지 측량을 한다.

인간과 지형공간정보학

1.3.7 측량대상에 의한 분류

(1) 지형측량

지표상 삼각점의 위치, 고저차, 자연, 인공지물과 지모 상태를 측정 하여 지형도를 제작하기 위한 측량이다.

(2) 도로측량

도로, 철도, 운하 등의 교통로, 수력발전의 도수로측량, 상하수도의 도수관 등 폭이 좁고, 길이가 긴 구역의 측량을 총칭한다.

(3) 하천측량

하천공사를 행하기 위한 제일 중요한 자료인 현황을 명확하게 하기 위하여 행하는 측량이며, 평면측량, 고저측량, 유량측량이 있다.

(4) 항만측량

축항 및 이것을 따르는 매립을 대상으로 하는 경우의 측량이다. 따라서 항만 측량은 해안측량 중에 포함한다.

(5) 터널측량

교통로 또는 수로가 산악에 접할 때 이것을 관통시키는 일체의 측량을 말하며 다음과 같이 나누어진다.
① 답사 및 예측 ② 지표중심측량 ③ 지하중심측량 ④ 수준측량

(6) 광산측량

광산에 관한 일체의 측량으로 항외측량, 항내측량, 항내외연결측량이 있다.

(7) 농지측량

논, 밭의 경계선의 방향 및 길이를 관측하여 도면을 만들고 이 도면으로부터 면적을 계산하여 경지정리, 조해, 배수 등의 공사를 하기 위하여 논, 밭의 고저를 관측하는 등 농지에 관한 측량이다.

(8) 시가지측량

시가지에 대하여 행하는 측량으로 건물, 도로, 철도, 하천 등의 위치나 크기를 관측하여 지도를 만드는 것(정밀한 측량 – 트랜싯측량, 간단한 측량 – 평판측량)이다.

(9) 건축측량

건축물의 계획이나 공사 실시에 관한 측량으로 부지에 관하여 설계의 자료를 모아 조사측량과 설계를 실지로 옮기는 설계로 대별된다.

(10) 지적측량

지적조사에 있어서 제일 중요한 토지등기의 조건인 1필지의 위치와 지적을 결정하는 토지등기를 위한 특수측량을 말한다.
- 중요도시 : 1/600
- 전답 : 1/1,200~1/2,400
- 임야도 : 1/3,000~1/6,000

(11) 천문측량

천체의 고도, 방위각 및 시각을 관측하여 시, 경위도 및 방위각 등을 결정하는 측량을 말한다.

(12) 면적측량

토지의 면적이란 그 토지의 경계선을 어떤 수평면상에 투영하였을 때의 면적을 말하며 사면의 면적은 말하지는 않는다. 이 면적측량에는 현지작업과 계산을 필요로 하며 계산법에는 직접산정법, 도상산정법 및 절충법이 있다.

(13) 체적측량

토목공사를 하는 데 있어서는 체적을 산정할 필요가 있으며 이것에는 세 가지 방법이 있다.
- 단면법 : 가늘고 긴 토지의 토공량 산정
- 점고법 : 넓은 면적의 토공량 산정
- 등고선법 : 저수지용량의 산정

1.3.8 지구물리측량

(1) 중력측량

중력의 관측도 일반적인 물리량의 관측법과 마찬가지로 중력에 의하여 변화하는 현상을 이용하여 이것을 관측하기가 쉬운 '길이' 혹은 '시간'의 변화를 관측하여 중력을 구할 수 있다. 중력에 의하여 변화하는 현상으로서는 물체의 낙하운동과 물체의 중량이

있다. 중력을 관측할 때는 표고를 알고 있는 지점, 즉 고저기준점상에서 행해진다.

(2) 지자기측량

지자기는 방향과 크기를 가진 량으로 벡터량이다. 따라서 지자기는 그의 방향과 크기를 구함으로써 정해진다. 지자기의 3요소는 다음과 같다.
- 편각 : 지자기의 방향과 자오선과의 각
- 복각 : 수평면과의 각
- 수평분력 : 수평면상 내에서의 자기장의 크기

(3) 탄성파측량

지진조사나 광물조사에 이용되는 측량으로 자연지진이나 인공적지진에 의하여 인공지진파를 발생시킨 후 이것의 관측으로 지하구조를 탐사하는 것이다.
- 굴절법 : 지표면으로부터 낮은 곳
- 반사법 : 지표면으로부터 깊은 곳

1.4 측량의 기준

1.4.1 지구의 형상

① 물리적 표면 : 육지나 해양 등의 자연상태의 지표면
② 지오이드 : 등포텐셜면
③ 지구타원체 : 지구형상에 가장 가까운 회전 타원체
④ 수학적지표면 : 중력장에 의해 지표면을 수학적으로 표시, telluroid, quosi Geoid

■ 지구타원체 – 굴곡이 없는 매끈한면

지구의 단축 주위를 회전하는 타원체 가까운 모양, 기하학적 타원체. 지구의 부피, 표면적, 반경, 표준중력, 삼각측량, 경위도 결정, 지도의 제작 기준

지구타원체의 크기는 삼각측량 실측값(Bessrl, Clarke)과 중력측정값을 끌레로(Clairaut)정리에 의해 해석(Helmert, Hayford)에 의해 결정

IUGG에서 국제 지구타원체 결정

■ 준거타원체 – 어느 지역의 측지계에 기준이 되는 타원체

(1) 지구타원체

지구형상에 가장 가까운 회전 타원체이며 굴곡이 없는 매끈한 면이다.

지구는 지축(남북축)을 중심으로 하여 자전하면서 태양의 주위를 공전하는 관계로 남북이 동서보다 약간 평탄한 회전타원체이다.

기하학적 타원체. 지구의 부피, 표면적, 반경, 표준중력, 삼각측량, 경위도 결정, 지도의 제작 기준이 된다.

실제의 지구표면을 물리표면 또는 자연표면이라고 한다. 지구타원체의 크기는 삼각측량 실측값(Bessrl, Clarke)과 중력측정값을 끌레로(Clairaut)정리에 의해 해석(Helmert, Hayford)에 의해 결정하며, IUGG에서 국제 지구타원체를 결정한다.

① **회전타원체** : 회전타원체는 장반경과 단반경 또는 장반경과 편평률 2개의 양이 지정되면 그 형상과 크기를 결정할 수 있다.

② **준거타원체** : 어느 지역의 측지계에 기준이 되는 타원체

③ 한국 Bessel값 이용 $\left(\varepsilon = \dfrac{a-b}{a} = 1 : 299.15\right)$ $a : 6,377,397\text{m}$ $b : 6,356,079\text{m}$

④ **IUGG의 국제타원체** : 이제까지의 측량결과를 완전히 수정하는 데 막대한 비용과 시간이 소요되므로 잠정적으로 각 나라의 준거타원체 사용

$$a = 6378.137\text{km}, \qquad \varepsilon = \dfrac{1}{298.257} \text{로 규정}$$

> **참고**
>
> 지구의 크기를 최초로 측정한 사람은 : B.C. 240년 이집트의 에라토스테네스 → 이집트 남부의 아스완에서 하지(일조시간이 일년 중 가장 긴 날, 7월 22일)의 정오에 태양빛이 우물의 맨 바닥까지 도달하는 것을 발견 → 즉, 그 빛이 지표면에 연직이라는 사실을 발견 → 그로부터 1년 후 아스완의 북쪽 지중해 연안의 알렉산드리아에서, 역시 하지의 정오에 세운 막대기의 그림자로부터 태양의 정점각을 쟀을 때 이 각이 아스완에서 알렉산드리아 사이의 호 b를 포함한 중심각(α)과 같다는 것을 알아내었다. 이상의 사실에서 $\alpha = 7.2° = 360°/50$이라는 사실을 유도할 수 있고 지구를 원으로 간주할 경우 다음 식이 성립한다.
>
> > 지구전체원주를 1로 보았을 때 7.2°는 지구전체각의 1/50
> > 360° : 전체원주 = $\alpha : b$ = 7.2° : (전체원주 / 50)
>
> 즉, 이스완과 알렉산드리아의 거리는 지구 전체 원주의 1/50이라는 것을 밝혔다.

인간과 지형공간정보학

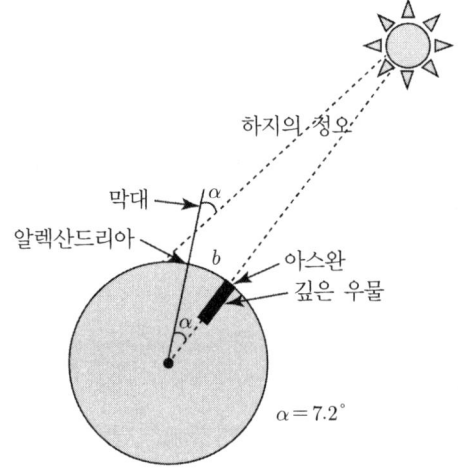

그림 1.2 지구중심과 태양

(2) 지오이드(Geoid)

① 지구는 북극과 남극을 연결한 선(지축)을 축으로 하는 회전타원체(지구자전의 원심력, 지구의 인력 때문에)이다.
② 그러나 엄밀히 말하면 완전한 타원체가 아니라 지표면을 모두 평균해수면(수준면)으로 간주했을 때 생기는 형상이 회전타원체이다.
③ 지구표면의 대부분은 해양이 점유하고 있음에 따라 정지된 평균해수면을 육지까지 연장하여 지구 전체를 덮인 상태로 가상한 곡면을 지오이드라 한다. 지오이드면은 평균해수면과 일치하는 등퍼텐셜면으로 일종의 수면이라 할 수 있다
④ 회전타원체의 크기는 장반경 a와 단반경 b, 그리고 지구의 편평률 m에 의해 결정됨(편평률 $m = (a-b)/a$) → 지구의 장반경과 단반경의 차이는 21.312km로 매우 작은 편임 → 그러므로 1등 삼각측량의 경우 지구반경을 6,370km로 계산한다.

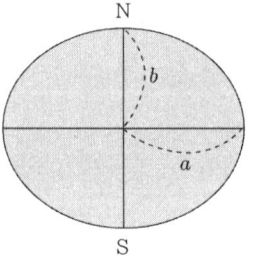

그림 1.3 지구타원체

⑤ 구로 간주

평균 곡률 반경 $R = \dfrac{a+a+b}{3} = \dfrac{2a+b}{3}$

⑥ 회전타원체로 간주

$$\dfrac{x^2}{a^2} + \dfrac{y^2}{b^2} = 1, \quad P = \dfrac{a-b}{a} = 1 - \sqrt{1-e^2}, \quad e = \sqrt{\dfrac{a^2-b^2}{a^2}}$$

여기서, a : 장반경(적도반경)
  b : 단반경(극반경)
  P : 편평률
  e : 이심률(편심률)

표 1.3 지구의 반경 및 편평률

측정년	측정자	적도반경(a) (km)	극반경(b) (km)	편평률(m) (km)	지구표면적 (km^2)
1830	에베레스트	6377.276	6356.075	0.003324	
1840	벳셀	6377.397	6356.079	0.003343	
1866	클라크	6378.206	6356.584	0.003390	
1880	클라크	6378.301	6356.515	0.003408	510,101,000
1920	헤이포드	6378.388	6356.912	0.003367	
1948	크라소프스키	6378.245	6356.863	0.003352	
1960	핏샤	6378.160	6356.778	0.003352	
1967	IUGG	6378.160	6356.775	0.003353	

▶ IUGG : International Union of Geodesy and Geophysics(국제측지 및 지구물리학회)

1) 지오이드의 특징

지오이드는 중력장 이론에 의해 정지된 평균해수면을 육지까지 연장하여 지구 표면을 육지가 없는 것으로 생각하고 해양이 연장된 가상곡면으로, 중력방향의 이면에 수직이다.

① 지오이드는 등포텐셜면이다.
② 지오이드는 연직선 중력방향에 직교한다.
③ 지오이드는 불규칙한 지형이다.
④ 지오이드는 위치에너지($E = mgh$)가 0이다. 즉 "지오이드면의 높이가 0이면 위치에너지($E = mgh$)가 0이다."
⑤ 지오이드는 육지에서는 회전타원체면 위에 존재하고, 바다에서는 회전타원체면 아래에 존재한다.

인간과 지형공간정보학

건설 공사를 위한 실시설계 및 공사측량에서 요구되어지는 높이는 평균해수면, 즉 지오이드를 기준으로 하는 정표고이다.

2) 지오이드의 기대효과

우리나라의 지오이드 모델이 결정 되었을 때 얻어지는 기대효과는 다음과 같다.
① 표고의 기준면을 제공하여 정표고를 보다 정밀하게 결정할 수 있다.
② Bessel 타원체를 검증하고 우리나라에 최적합한 타원체를 판단할 수 있다.
③ 삼각점 성과갱신에 있어서 지오이드고를 고려한 측지망 조정계산을 실시함으로써 좌표결정의 정확도를 높일 수 있다.
④ GPS 측량 시 지오이드 모델을 이용하여 정표고를 알 수 있으므로 GPS측량의 실용화에 기여할 수 있다.
⑤ 인공위성의 발사와 유도물체의 탄도계산 등에 필요한 중력의 분포특성을 알 수 있다.
⑥ 장기적으로 우리나라 측지 기준계의 재정립에 기여할 수 있다.

(3) 구면삼각형(spherical triangle)과 구과량

1) 구면삼각형

세 변이 대원의 호로 된 삼각형을 말한다.

　　　　내각의 합이 > 180°

　• 대원 : 구의 중심을 지나는 평면과 구면의 교선

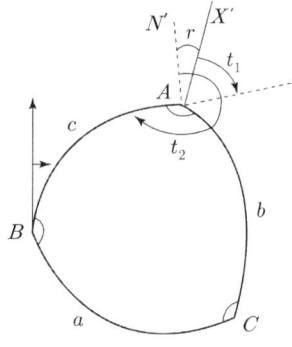

그림 1.4 구면 삼각형

2) 구과량(spherical excess)

지구를 구체로 취급하여 측량할 경우, 지구의 반경은 그 측량 구역의 중앙점인 위도를 기준으로 하고 이것을 중등곡률 반경 R로 표시하면 $R = \sqrt{M \times N}$ 이 될 것이다(M : 장반경, N : 단반경). 구면삼각형의 내각의 합은 180°가 넘고 180 + ε이 된다. 이 값 ε을 구과량이라 하며 다음 식으로 구한다.

$$\angle A + \angle B + \angle C > 180°$$

구과량 $\varepsilon = A + B + C - 180°$ 즉 $\varepsilon = bc \cdot \sin\alpha / 2R^2$

b, c : 구면 삼각형의 변장, α : b, c의 협각

여기서, F : 구면 삼각형의 면적이 $\left[\frac{1}{2}ab\sin\alpha\right]$ 라면 구과량은

$$\varepsilon'' = \frac{F}{r^2}\rho''$$

$$\rho'' : 1\,rad = \left(\frac{180}{\pi} \times 60 \times 60\right) = 206265'',\ r : 6370km$$

즉 구과량은 구면삼각형의 면적 F에 비례하고 구의 반경 r의 제곱에 반비례한다.

3) 구면삼각법(spherical trigonometry)

구면삼각형 A, B, C에서 각 정점의 각을 ∠A, ∠B, ∠C 각 변 길이를 a, b, c 각 변에 대한 중심각을 α, β, γ 구의 반경을 r로 놓으면 $\alpha = a/r$, $\beta = b/r$, $\gamma = c/r$이 되며 여기서 α, β, γ는 라디안이다.

반경 $r = 1$일 경우에는 $\alpha = a$, $\beta = b$, $\gamma = c$가 되어 a, b, c는 각각 구면삼각형의 세 변을 나타내는 동시에 세 변에 대한 중심각의 호도를 나타낸다. 구면삼각형의 공식은 아래와 같고, 천문 삼각형의 해석이나 대지 측량의 삼각망 계산에 적용된다.

- sine법칙 : $\dfrac{\sin a}{\sin A} = \dfrac{\sin b}{\sin B} = \dfrac{\sin c}{\sin C}$

- cosine법칙 : $\cos a = \cos b \cos c + \sin b \sin c \cos A$
  $\cos b = \cos c \cos a + \sin c \sin a \cos B$
  $\cos c = \cos a \cos b + \sin a \sin b \cos C$

1.4.2 지구의 좌표계

(1) 측지 좌표계(경위도 좌표계)

지구상의 절대적 위치를 표시하는 데 일반적으로 가장 널리 쓰이는 좌표계로서 경도(λ)와 위도(ϕ)로 수평위치를 표시한다.

기본측량과 공공측량에 있어서 기준타원체(준거타원체)에 대한 지점위치를 경도, 위도 및 평균해수면으로부터의 높이로 표시한 것을 측지측량 좌표라 부른다.

일반적으로 지리좌표를 말한다. 즉 경위도는 지구를 구체로 보고 표현한 것이다. 위도와 경도는 타원체 상의 위치를 표시하는 데 아주 간편한 좌표계를 만든다.

① 위도(ϕ) : 지구의 적도면으로부터 북극과 남극 방향으로 90°를 이루는 선으로 위도와 같은 선을 평행선이라 부르며 위도는 어떤 지점에서 준거타원체에 내린 법선이 적도면과 이루는 각 ϕ로 표시하고 타원체상에 작은 원을 만든다.

② 경도(λ) : 지축을 중심으로 영국의 그리니치 천문대의 표석을 통과하는 자오선(지구상에서 북극과 남극을 연결하는 최단거리)을 0°로 하고, 동 또는 서쪽으로 180°까지의 각도를 지구상의 위치로 표현, 경도 0°는 1884년에 국제적으로 공인되었다. 경도는 자오선이라 부르며, 본초자오선을 기준으로 하여, 어떤 지점을 지나는 자오선까지의 각거리 λ로 표시하고, 원체의 표면 위에 타원(자오선 타원)을 형성한다.

점 P의 위도(ϕ)는 P를 통과하는 타원상의 연직선과 적도면이 이루는 각으로 두 극점을 향하여 북극점에 대하여 $\phi = 90°$ N, 남극점에 대하여 $\phi = 90°$ S를 통과한다.

경도(λ)는 그리니치를 통과하는 자오선과 어느 특정 지점을 포함하는 자오선 간의 각도로 간단히 표시된다. 이것은 적도를 따라 그리니치 ($\lambda = 0°$)에서 동쪽으로 360° 또는 동편으로 180°와 서편으로 180°로 측정된다. 위도와 경도는 그림 1.5에서와 같이 점 P의 위치를 정의하는 데 사용된다.

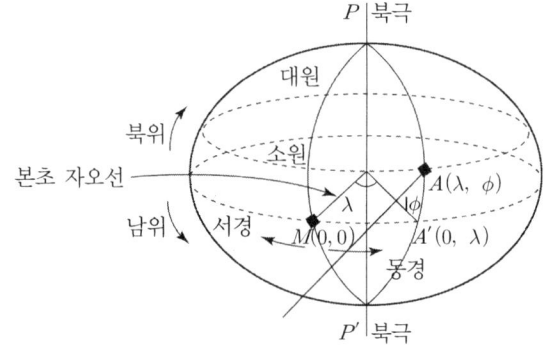

그림 1.5 경도 위도

(2) 평면직각좌표계(Plane Orthogonal Coordinates)

평면좌표는 측량지역에 대해 적당한 일점을 좌표의 원점으로 정하고→그 평면상에서 원점을 지나는 자오선을 X축, 동서방향을 Y축이라 하고, 이것을 평면에다 옮긴 것이 평면직각좌표이다. 각 지점의 위치는 직교좌표값 x, y로 표시된다.

평면직교좌표에서 어떤 지점에서 다른 지점을 표시하는 방향은 그 지점에서 X축에서 평행한 축의 북방을 기준으로 해서 오른쪽으로 잰 각을 표시하는 데 이것을 방향각이라 한다. 이것에 대해 자오선의 북방을 기준으로 한 것을 방위각이라고 한다.

- 좌표원점에서는 양자는 일치하지만 원점에서 동서로 멀어질수록 이 차이는 커진다.
- 대표적인 평면직각좌표계는 메르카토르도법과 횡축메르카토르도법(TM)이 이용된다.
- 우리나라에서는 1910년경부터 Gauss의 등각이중투영법에 의해 세 평면직교좌표원점(서부, 중부, 동부원점)이 이용되고 있으며→1980년대부터 Gaus-Kruger 도법인 횡축메르카토르(TM) 도법을 이용하고 있다.

각 평면직교좌표계에서 모든 지역의 좌표가 양수(+)로 되게 하기 위해 종축(X축)에는 500,000m(제주도 550,000m), 횡축(Y축)에는 200,000m를 더한다.

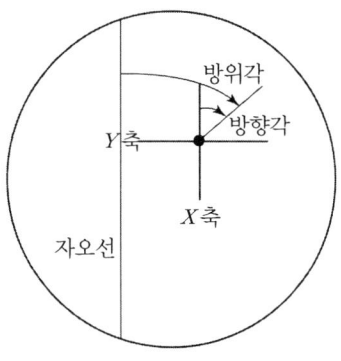

그림 1.6 평면직각좌표

(3) UTM(Universal Transverse Mercator Projection) 좌표와 UPS(Universal Polar Stereographic Projection)

국제횡축메르카토르 투영법에 의하여 표현되는 좌표계로서 적도를 횡축, 자오선을 종축으로 한다. → 이 방법은 지구를 회전타원체로 보고, 지구 전체를 경도 6°씩 60개 구역(종대, colum)으로 나누고, 위도는 적도를 기준으로 8° 간격으로 20등분하고 각 종대의 중앙 자오선과 적도의 교점을 원점으로 하여 원통도법인 횡축메르카토르 투영법으로 등각 투영한다. UTM은 2차 대전시 군용좌표로 고안되었으며, 우리나라는 51 및 52지대에 해당된다.

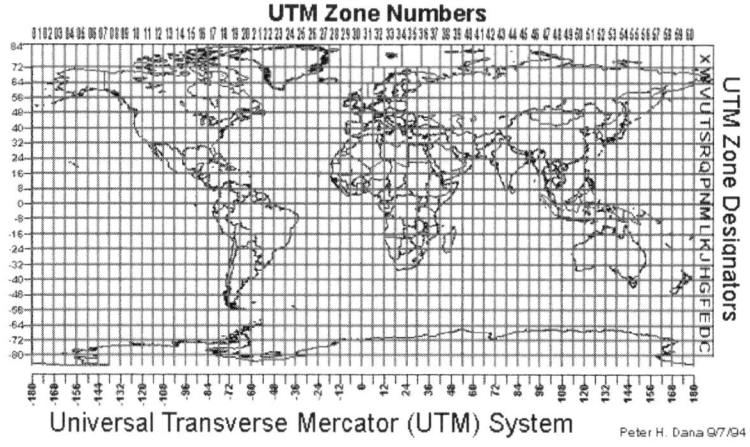

그림 1.7 UTM 좌표

표 1.4 TM과 UTM

	TM좌표계	UTM좌표계
축척계수	10,000	0.9996
$m=1$이 되는 길이	$Y=0$km	$Y=180$km
허용범위	$\Delta \lambda \leq 1°(2°)$	$-8 \leq \lambda \leq +8$ $\Delta \lambda \leq 3° +40$km
우리나라의 경우	중부·서부·동부원점에 해당하는 지역	51지대 $128° E$ 52지대 $129° E$ 종대, $ST \rightarrow$ 횡대

1.4.3 우리나라의 측량 원점

(1) 경위도 원점

① 지구상 제점의 수평위치는 경도와 위도로 표시함을 원칙으로 한다.
② 경위도는 삼각점을 기준으로 대지측량, 천문측량, 위성측량을 통해 값을 구한다.
③ 한국 최초의 경위도원점은 1985년 발표되었으며, 수원 국토지리정보원 내에 위치하고 있다.

1) 대한민국 경위도원점(건설부 국토지리정보원 고시 제57호)

정밀천문측량에 의한 원점관측(1981~1985)
- 위도 : 37° 16′ 31″.9034N
- 경도 : 127° 03′ 05″.1451E
- 원방위각 : 170° 58′ 18″.190(태안면 동학산의 2등 삼각점)

2) 과거 우리나라의 대삼각본점

표 1.5 우리나라 삼각본점

	절영도(목도산)	거제도(옥녀봉)
위도	35° 04′ 46″.066N	34° 50′ 56″.755N
경도	129° 03′ 16″.246E	128° 41′ 34″.197E

- 대마도 1등 삼각망 기선장 : 41,759.98m

(2) 평면직각좌표도원점

① 지표면상의 점을 표면상의 위치로 표시하는데 평면직각좌표를 사용
② 남북축을 X축, 동서축을 Y축으로 하는 측량 좌표계
③ 우리나라는 3개의 가상도원점을 사용
④ 각 가상도원점에는 동일한 좌표 값을 주고 있다.

표 1.6 평면직각좌표원점

경도	위도
125° 00′ 00″ E(동경)	서부원점 : 38° 00′ N(북위)
127° 00′ 00″ E(동경)	중부원점 : 38° 00′ N(북위)
129° 00′ 00″ E(동경)	동부원점 : 38° 00′ N(북위)

(3) 수준원점(Original Bench Mark : OBM)

평균해수면은 일종의 가상면으로서 수준측량에 직접 사용할 수 없으므로 그 위치를 지상에 영구표석으로 설치하여 수준원점으로 삼고 이곳으로부터 전국에 걸쳐 수준망을 형성한다.

우리나라의 표고 기준면(평균해수면)을 정하기 위하여 1911~1916년까지 표 1.7의 5개 항구에 검조장을 설치하여 조석관측을 실시하였으며, 그 때 얻어진 값은 아래의 표 1.7과 같다.

또한 육지표고의 기준은 전국 각지에서 다년간 관측한 조석결과를 평균 조정한 평균해수면을 사용한다. 우리나라 수준원점은 인천만의 평균해수면을 연결하여 표고원점은 26.6871m이다. 이 값은 1963년 인천시 남구 인하로 100번지(인하전문대 구내)에 설치하였다.

표 1.7 평균 해면 측점점

소재지	인천	진남포	청진	목포	원산	현재인천원점
높이(m)	5.477	6.140	2.636	2.155	1.931	26.6871
설 치 년월일	1913.12~ 1916.6	1913.11~ 1916.5	1911.8~ 1915.5	1912.6~ 1916.6	1911.9~ 1616.3	1963.12~

1.5 실측요령 및 주의사항

1.5.1 측량의 순서

측량은 계획, 외업, 내업의 3과정을 거쳐 이루어진다.

(1) 계획

측량을 실시하여 소기 목적을 달성하기 위해 다음 항목들이 검토되어야 한다.
① 목적의 파악 : 무엇을 위해 측량할 것인가?
② 측량의 정도 : 측량 목적의 달성을 위해 어느 정도의 측량을 하여야 하는가?
③ 방법의 결정 : 구하는 정도를 얻기 위해 어떤 측량 방법이 좋은가?
④ 기계의 선정 : 구하는 정도를 얻기 위해 어떤 측량 기계가 좋은가?
⑤ 측량경과의 검토 : 주어진 측량경비와 요하는 측량경비를 적절히 조정
⑥ 구체적인 측량방법의 검토 : 조직, 일정, 경비 등

⑦ 작업지도/감독방법의 검토 : 초기목적에 맞게 측량이 실시되고 있는 가를 효과적으로 알 수 있는 방법의 모색
⑧ 결과 검사방법의 검토 : 어떤 검사 방법이 가장 능률적이고 효과적인지 검토

(2) 외업

외업(field work)이란 측량 계획에 의하여 결정된 기계나 측량방법으로 먼저 골조측량을 한 후 세부측량을 하는 것을 말한다. 즉 야외에서 거리, 각, 고저차를 측정하거나 지형도를 만들기 위하여 필요한 사항을 조사하는 작업이며, 측량작업의 기초자료를 얻는 제일 중요한 작업이다.

1) 외업의 계획과 준비에 관한 사항
① 측량지역의 지형 및 여건에 대한 충분한 정보 수집
② 측량목적에 따른 최적의 정도 결정
③ 검토된 정도에 알맞은 기계, 자료 및 기술자 확보
④ 기계 및 재료의 점검
⑤ 측량 순서, 측량지역의 배분 등을 상호 조정
⑥ 기상, 기타 외적 조건의 변화에 대해 고려

2) 일반적 기계 취급 사항
측량기계는 대부분 정밀기계이므로 그 원리 및 구조를 충분히 이해하고 신중하게 취급해야 한다.
① 기계의 운반이나 이동 시 반드시 양손으로 조심스럽게 취급한다.
② 기계의 보관이나 운반 시는 각 부의 조임나사 등 충격을 받는 곳은 무리한 충격을 가하지 않게 가볍게 조여준다.
③ 자침을 사용하지 않을 때는 자침이 멈추도록 고정하고, 지지침의 첨단이 둔화되지 않도록 한다.
④ 사용 후에는 헝겊으로 먼지를 닦고, 비를 맞았을 경우 시계기름을 조금 발라서 닦아두며, 렌즈는 렌즈닦기 만을 사용, 먼지를 제거해 둔다.
⑤ 비가 들이칠 경우 비닐 등의 방수구를 준비해 둔다.

3) 기계의 운반, 이동 시 주의사항
① 기계의 머리 부분을 앞으로 하여 양팔을 껴안은 상태로 운반
② 고정나사는 만약의 경우 기계가 충격을 받더라도 무리한 충격을 받지 않게 가볍게

조여준다.
③ 기계를 삼각에 장치시킨 대로 이동시킬 경우는 다리를 지면에 조심스럽게 내려서 기계에 충격을 주지 않도록 한다.
④ 원거리 이동 시 반드시 보관상자에 넣어 이동한다.
⑤ 자동차 운반 시 보관상자를 무릎 위에 놓고 껴안은 상태로 운반한다.

(3) 내업

내업(office work)이란 외업의 결과를 사용하여 이것을 정리하고 계산하여 제도하는 작업을 말한다. 즉, 야장 및 조사된 자료에 의하여 도면을 작성, 거리, 면적, 체적 및 고저 차의 계산 및 설계 등의 제반작업을 말한다.

① 계산을 위한 데이터는 야장에 옮길 때 기록상의 잘못이 없도록 유의한다.
② 계산은 계산 용지에 정리하여 다음의 점검에 편리하도록 한다.
③ 내업 결과에 오차가 생긴 경우는 즉시 재측하여 계산을 점검한다.
  – 예를 들면 야장기록착오, 계산 잘못, 표인용의 잘못, 부호의 차이 등이 있을 때 앞에서 기록한 계산 용지, 계산표를 무시하고 재조사
④ 가능한 한 계산의 점검은 사람을 바꾸어 행하는 것이 좋다.
⑤ 계산 점검 후 오차가 허용범위를 넘을 경우 오차의 원인을 조사하여 확실히 규명한 후 재측 시에 외업 계획에 참조한다.

1.5.2 실측의 요령

(1) 실지답사

지형지물 등의 현지 상황을 미리 파악하여 측량을 하는데 장애물의 유무, 측량의 용이성을 등을 미리 살펴야 한다.

(2) 기계의 준비

실측 전에 필요한 기계, 기구 등을 빠짐없이 준비하고 기계의 손질 및 검사 등을 수행하여야 한다.

(3) 측량조의 편성

측량인원이 정해지면 측량조를 편성하고 각 조원에게 측량계획, 기계의 취급, 기타 업무 등에 대한 지침을 하달하고 실행에 들어간다.

(4) 외업

외업의 주목적은 거리, 각도, 고저차의 측정 및 야장 기입이며, 다음에 따른다.
① 기본측량 : 실측에 있어서 근본이 되는 측량, 즉 기본측량을 먼저 실시한다.
② 세부측량 : 기본측량을 바탕으로 안쪽의 세부를 차례로 측량하고 외업을 마친다.
③ 그 외 자료 : 측량 외에 필요한 지형지물, 시설물 등을 기록하거나 사진에 담는다.

(5) 내업

외업을 마치면 야장에 따라 실내에서 여러 가지 계산 및 제도작업을 행한다. 실내작업은 조심스럽고 주의 깊게 하며, 자신의 예상을 첨가해서는 안 된다.
① 계산 : 거리, 면적, 표고 및 고도차 등을 계산
② 제도 : 계산된 수치를 이용하여 제도를 실시
③ 오차점검 : 측량의 정확성을 검증한다. 허용오차보다 오차가 클 경우 재측량을 실시한다.

1.6 측량의 요소 및 단위

측량학에 있어서 제점 간의 위치관계를 해석하거나 대상물과 현상의 특성을 파악하려면 길이, 각, 질량, 중력, 온도 등의 기본적인 요소와 함께 진동, 자기, 전기, 농도, 광도 등의 제반요소를 정확하게 측정하고 이들 요소를 적절히 결합하여 정량화 하는 과정이 중요하다.

(1) 길이(Lenght)

길이 또는 거리는 두점 간의 위치의 차이를 나타내는 가장 기초적인 량으로, 평면길이, 곡면길이, 항간길이 등이 있으며, 단위는 meter이다.

(2) 각(Angle)

호와 반경의 비율로 표현되는 평면각, 구면 또는 타원체 면상의 성질을 나타내는 곡면각, 구면상에서의 성질을 나타내는 입체각 등이 있다.

1) 평면각

일반 측량에서는 60진법 표시와 호도법이 주로 사용되며, 군에서는 mil(milliemes)

인간과 지형공간정보학

을 사용하며, 구미각국에서는 계산에 편리한 100진법(grade)도 사용된다.

2) 곡면각

정밀삼각측량이나 천문측량 등에서와 같이 곡면 또는 타원체면상에서는 위치결정에 평면삼각법을 적용할 수 없으므로 구과량이나 구면 삼각법의 원리를 적용해야 하며, 이때 곡면각의 특성을 잘 파악해야 한다.

(3) 시(Time)

지구의 자전 및 공전운동 때문에 관측자가 지구상의 절대적 위치가 주기적으로 변화함을 표시하는 것으로 측량에서는 매우 중요하다.

(4) 질량과 중력

질량은 물체의 관성에 따라 나타내는 관성질량과 만유인력법칙으로 정해지는 중력질량으로 분류된다. 지구상의 물체에 작용하는 중력은 지구의 질량에 의한 인력과 자전에 의한 원심력의 합력으로서의 위도의 함수이다.

(5) 온도

물질의 분자가 운동하는 정도를 표시하는 것으로서 분자운동의 속도가 빨라지면 그 물체의 온도는 높아진다.

표 1.8 SI 기본단위

관측량	관측단위	기 호
길 이	meter	m
질 량	Kilogram	kg
시 간	second	s
전 류	ampere	A
열역학적 온도	kelvin	K
물 량	mol	mol
광 도	candela	cd

1.7 측량의 원리 및 기초

어느 지점의 위치는 기준이 되는 점, 선, 면에서의 거리, 각, 고저차를 측정함에 따라 결정한다. → 점의 위치를 결정하려면 기존의 도면과 도면 위에서 결정된 둘 또는 세 개의 기준이 되는 점이나 선, 면이 있어야 한다.

- 위치결정의 기준이 ┬ 점 − 기준점 : 측 점
  ├ 선 − 기준선 : 측 선
  └ 면 − 기준면 : 수평면

1) 동일 평면상에 점이 있는 경우

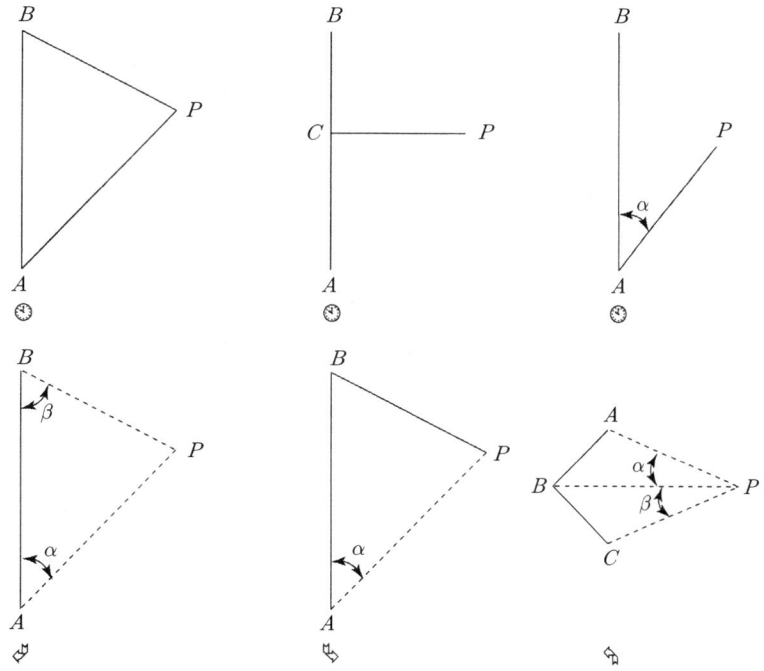

그림 1.8 동일평면점

인간과 지형공간정보학

2) 동일 평면상에 점이 있지 않은 경우(표고가 다른 경우)

$$D = S\cos\beta, \quad H = S\sin\beta$$

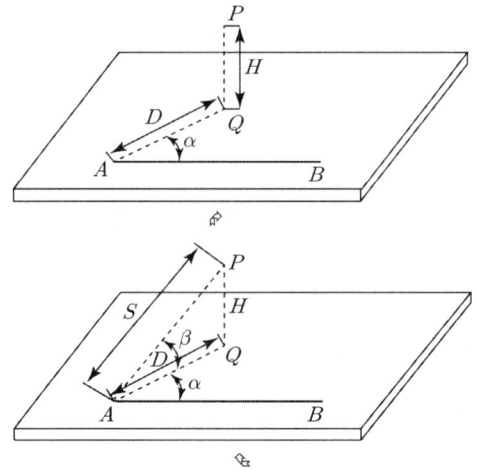

그림 1.9 동일 평면점이 아닌 경우

1.7.1 거리 측정법

거리에는 수평거리와 사거리의 두 가지가 있으나, 측량에서의 거리는 수평거리를 의미한다. 그림 1.10에서 $A-C$의 길이를 수평거리, $A-C$를 사면거리(사거리)라고 한다. 사거리 S와 연직각 α 또는 고저차 H를 이용하여 수평거리 D를 구한다.

$$D = S\cos\alpha, \quad D = \sqrt{S^2 - H^2}$$

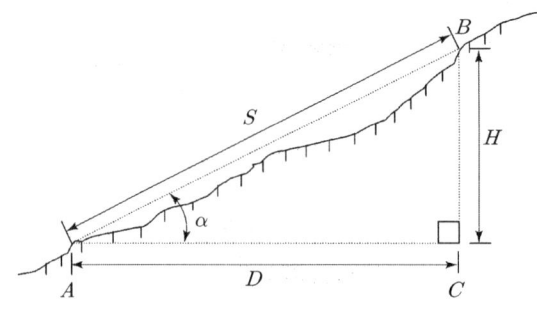

그림 1.10 거리 측정

1.7.2 각(Angle)

각은 수평각(우각, 좌각)과 연직각(앙각, 부각)으로 나눌 수 있다.
① 그림 1.11처럼 A점으로부터 $A-B$, $A-C$ 두 직선이 이루는 각을 말한다.(그림 ①)
② 수평각은 수평선을 중심으로 하여 좌우 방향으로 잰 각이다.(그림 ②)

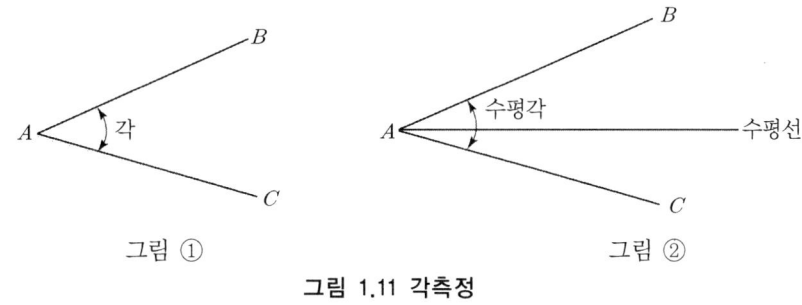

그림 ①   그림 ②

그림 1.11 각측정

③ 수평각 중 수평선을 기준으로 우측으로 잰 각을 우각, 좌측으로 잰 각을 좌각
④ 연직각은 수평선을 원점으로 하여 상하 방향으로 잰 각이다.(그림 ③)
⑤ 연직각 중 수평선을 원점으로 하여 위로 잰 각을 앙각, 아래로 잰 각을 부각이라 한다.(그림 ④)

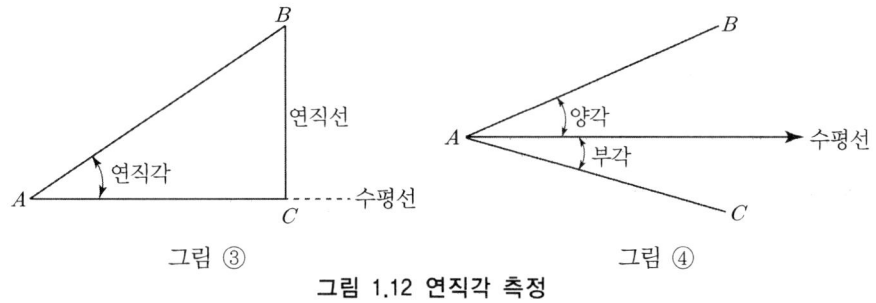

그림 ③   그림 ④

그림 1.12 연직각 측정

⑥ 측량에는 보통 5가지의 각이 이용된다.

표 1.9 수평 및 연직각

수평각	교각	내각
		외각
	편각	우각
		좌각
	방위각	
	방위	
연직각	경사각	

인간과 지형공간정보학

(1) 교각

어느 측선과 다음에 연결된 측선과의 각 → 계속되는 측선이 폐합할 때는 각이 안에 있는지, 밖에 있는지에 따라 내각과 외각으로 구분됨

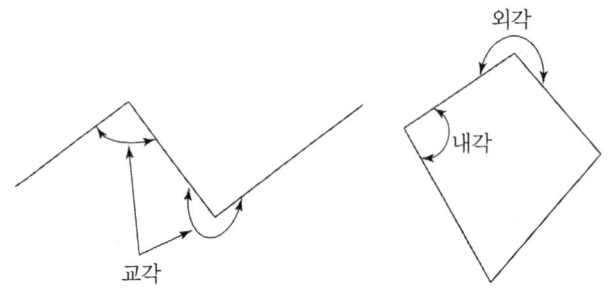

그림 1.13 교각

(2) 편각

도로, 철도와 같은 노선측량에서 종단측정에 많이 사용된다.

트래버스에서 한 측선의 연장선과 다음 측선이 만드는 각 → 측선의 연장과 다음 측선에 대하여 우측으로 잰 각을 우편각(연장선의 우측에 만들어진 각, +각), 좌측으로 잰 각을 좌편각(연장선의 좌측에 만들어진 각, -각)이라고 한다.

(3) 방위각

북의 방향을 기준으로 하여 우측으로 어느 측선까지 잰 각을 말한다.

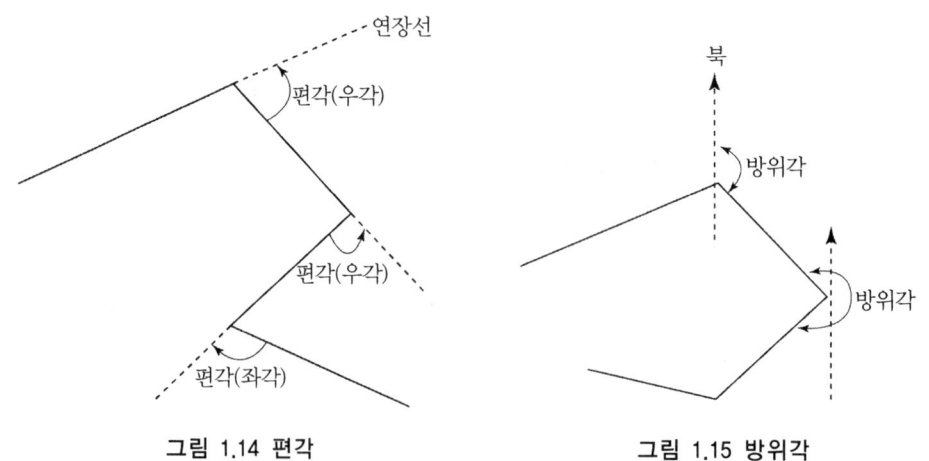

그림 1.14 편각   그림 1.15 방위각

44

(4) 방위

북(N) 또는 남(S)을 기준으로 하여 동(E) 또는 (W)의 어느 측선 까지 잰 각이다.

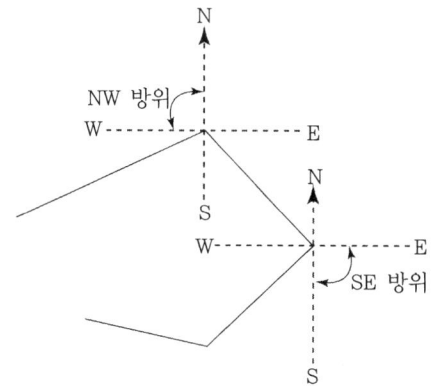

NE	북을 기준으로 동쪽으로 잰 각 (ex. NE40°30′)
NW	북을 기준으로 서쪽으로 잰 각
SE	남을 기준으로 동쪽으로 잰 각
SW	남을 기준으로 서쪽으로 잰 각

그림 1.16 방위

1.8 측량에 사용되는 일반적인 공식(삼각법 및 호도법 기초)

오래전부터 측량에 관한 모든 문제의 해결에는 삼각법이 많이 이용되며, 각도의 계산에는 라디안(호도법)이 많이 이용되고 있다. 측량에 이용되는 삼각법과 호도법 기초

(1) 직각삼각형

직각삼각형의 각을 A, B, C로, 각의 대변을 a, b, c로 나타낸다.(그림 ⓐ)
∠A에 대하여 각각의 변에 명칭을 붙이면 다음 그림과 같다.(그림 ⓑ)
∠B에 대하여 각각의 변에 명칭을 붙이면 다음 그림과 같다.(그림 ⓒ)

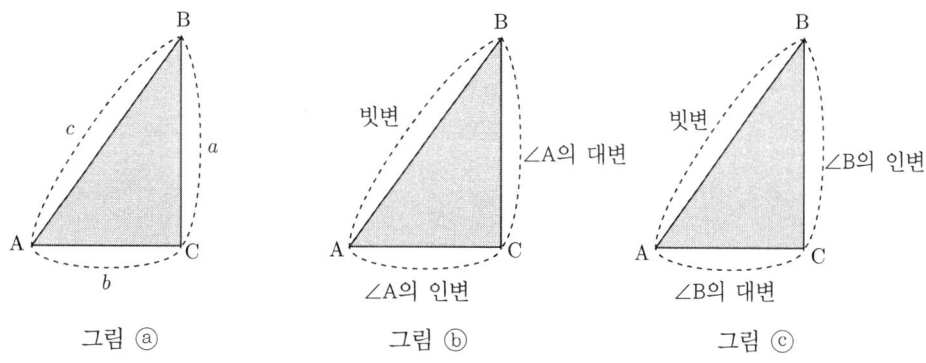

인간과 지형공간정보학

▶ 정리

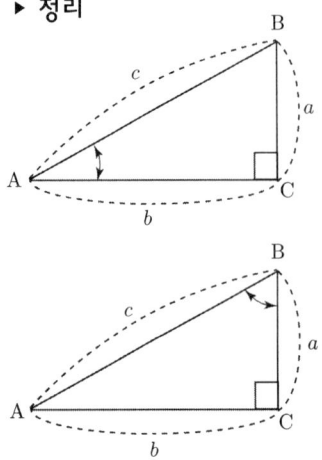

$$\sin A = a/c \quad \operatorname{cosec} A = 1/\sin A = c/a$$
$$\cos A = b/c \quad \sec A = 1/\cos A = c/b$$
$$\tan A = a/b \quad \cot A = 1/\tan A = b/a$$

$$\sin B = b/c \quad \operatorname{cosec} B = 1/\sin B = c/b$$
$$\cos B = a/c \quad \sec B = 1/\cos B = c/a$$
$$\tan B = b/a \quad \cot B = 1/\tan B = a/b$$

즉 $\tan\theta = \sin\theta/\cos\theta$
$\cot\theta = \cos\theta/\sin\theta$

그림 1.17 직각 삼각형

표 1.17 삼각함수의 의미

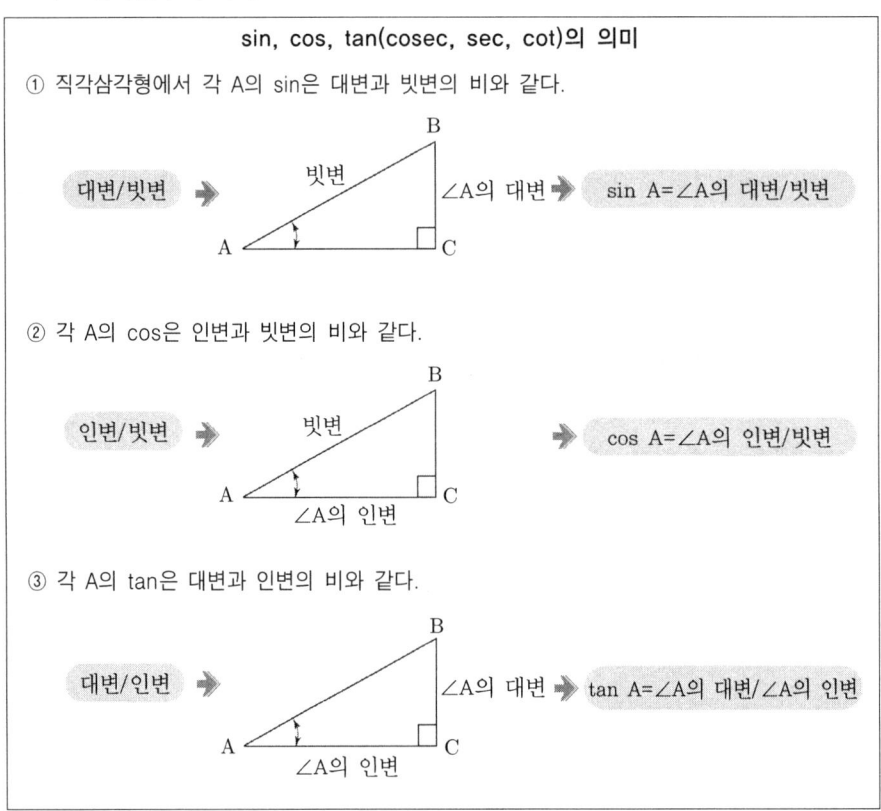

제1장 측량학 총론

> **참고** 삼각함수의 기본 성질
>
> (1) 기본 공식
>   1) 역수관계
> $$\csc\theta = \frac{1}{\sin\theta}, \ \sec\theta = \frac{1}{\cos\theta}, \ \cot\theta = \frac{1}{\tan\theta}$$
>   2) 상제관계
> $$\tan\theta = \frac{\sin\theta}{\cos\theta}, \ \cot\theta = \frac{\cos\theta}{\sin\theta}$$
>   3) 제곱관계
> $$\sin^2\theta = \cos^2\theta = 1, \ \tan^2\theta + 1 = \sec^2\theta, \ \cot^2\theta + 1 = \csc^2\theta$$

예제 01

다음 그림에서 값을 구하라.

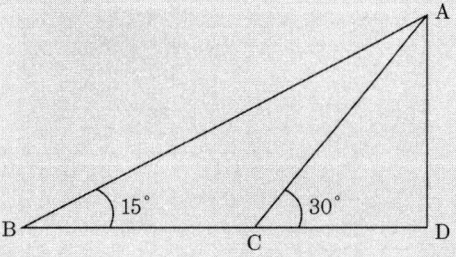

sin 15° cos 15° tan 15°?

● 해설

특수각에 대한 삼각비의 값

θ	30°	45°	60°	90°	180°
$\sin\theta$	$\frac{1}{2}$	$\frac{1}{\sqrt{2}}$	$\frac{\sqrt{3}}{2}$	1	0
$\cos\theta$	$\frac{\sqrt{3}}{2}$	$\frac{1}{\sqrt{2}}$	$\frac{1}{2}$	0	−1
$\tan\theta$	$\frac{1}{\sqrt{3}}$	1	$\sqrt{3}$	×	0

① $AD = a$로 놓는다.
② $\tan\theta = AD/CD$이므로 $CD = AD/\tan\theta = AD/\tan 30 = \sqrt{3}\ AD = \sqrt{3}\ a$
③ $\cos\theta = CD/AC$이므로 $AC = CD/\cos 30 = \sqrt{3}\ a/(\sqrt{3}/2) = 2a$
④ $AC = BC = 2a$

인간과 지형공간정보학

⑤ $AB = \sqrt{((AD)^2 + (BD)^2)} = \sqrt{(a^2 + (2a + \sqrt{3}a)^2)}$
$= \sqrt{(a^2 + 4a^2 + 4a^2\sqrt{3} + 3a^2)} = a\sqrt{(8 + 4\sqrt{3})}$

따라서 $\sin 15° = AD/AB = a/a\sqrt{(8 + 4\sqrt{3})} = 0.2588$
$\cos 15° = BD/AB = a(2 + \sqrt{3})/a\sqrt{(8 + 4\sqrt{3})} = 0.9659$
$\tan 15° = AD/BD = a/a(2 + \sqrt{3}) = 0.2679$

참고 삼각함수의 부호

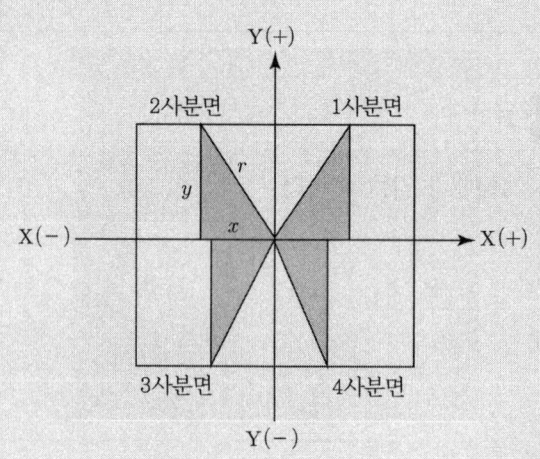

삼각형의 사거리 r은 항상 (+)로 하고 x, y는 그 좌표의 부호를 따른다.

$\sin\theta = y/r,\ \cos\theta = x/r,\ \tan\theta = y/x$

	1 사분면	2 사분면	3 사분면	4 사분면
sin cosec	$\dfrac{y(+)}{r(+)}=$양(+) $\dfrac{r(+)}{y(+)}=$양(+)	$\dfrac{y(+)}{r(+)}=$양(+) $\dfrac{r(+)}{y(+)}=$양(+)	$\dfrac{y(-)}{r(+)}=$음(-) $\dfrac{r(+)}{y(-)}=$음(-)	$\dfrac{y(-)}{r(+)}=$음(-) $\dfrac{r(+)}{y(-)}=$음(-)
cos sec	$\dfrac{x(+)}{r(+)}=$양(+) $\dfrac{r(+)}{x(+)}=$양(+)	$\dfrac{x(-)}{r(+)}=$음(-) $\dfrac{r(+)}{x(-)}=$음(-)	$\dfrac{x(-)}{r(+)}=$음(-) $\dfrac{r(+)}{x(-)}=$음(-)	$\dfrac{x(+)}{r(+)}=$양(+) $\dfrac{r(+)}{x(+)}=$양(+)
tan cot	$\dfrac{y(+)}{x(+)}=$양(+) $\dfrac{x(+)}{y(+)}=$양(+)	$\dfrac{y(+)}{x(-)}=$음(-) $\dfrac{x(-)}{y(+)}=$음(-)	$\dfrac{y(-)}{x(-)}=$양(+) $\dfrac{x(-)}{y(-)}=$양(+)	$\dfrac{y(-)}{x(+)}=$음(-) $\dfrac{x(+)}{y(-)}=$음(-)

예제 02

다음 그림에서 값을 구하라.

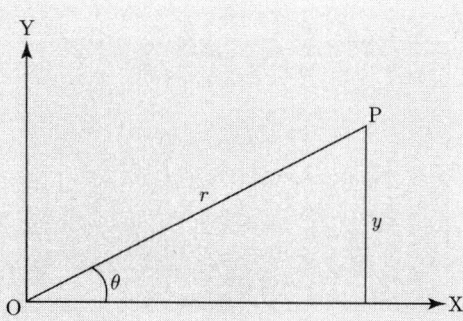

① $\sin^2\theta + \cos^2\theta = ?$　　② $\tan^2\theta = ?$　　③ $1 + \cot^2\theta = ?$

●해설

① $\sin^2\theta + \cos^2\theta = \left(\dfrac{y}{r}\right)^2 + \left(\dfrac{x}{r}\right)^2 = \dfrac{x^2+y^2}{r^2} = \dfrac{r^2}{r^2} = 1$

② $\tan^2\theta + 1 = \left(\dfrac{y}{x}\right)^2 + 1 = \dfrac{x^2+y^2}{x^2} = \dfrac{r^2}{x^2} = \dfrac{1}{\cos^2\theta} = \sec^2\theta$

③ $1 + \cot^2\theta = 1 + \left(\dfrac{x}{y}\right)^2 = \dfrac{x^2+y^2}{y^2} = \dfrac{r^2}{y^2} = \dfrac{1}{\sin^2\theta} = \csc^2\theta$

예제 03

다음 그림에서 $\sin\theta$는 3/5일 때 $\cos\theta$, $\tan\theta$를 구하라.

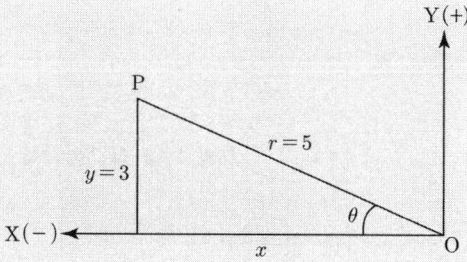

●해설

$\sin^2\theta + \cos^2\theta = 1$에서 $\cos^2\theta = 1 - \sin^2\theta = 1 - \left(\dfrac{3}{5}\right)^2 = \dfrac{16}{25}$

2사분면이므로 $\therefore \cos\theta = -\sqrt{\dfrac{16}{25}} = -\dfrac{4}{5}$　$\therefore \tan\theta = \dfrac{\sin\theta}{\cos\theta} = \dfrac{\dfrac{3}{5}}{-\dfrac{4}{5}} = -\dfrac{3}{4}$

인간과 지형공간정보학

예제 04

$\tan\theta$는 $-5/12$일 때 $\sin\theta$, $\cos\theta$를 구하라.

● 해설 ① $\tan^2\theta + 1 = \sec^2\theta$에서

$\sec^2\theta = \left(-\dfrac{5}{12}\right)^2 + 1 = \dfrac{169}{144}$ 이므로 $\sec\theta = \pm\dfrac{13}{12}$

$\tan\theta$가 음(−)의 값을 가지므로 2사분면이나 4사분면에 존재함을 의미하고 2,4사분면에서 $\cos\theta$값은 음(−) 또는 양(+)의 값을 가지므로 ±로 표시

$\therefore \cos\theta = \dfrac{1}{\sec\theta} = \pm\dfrac{12}{13}$

② $\sin^2\theta = 1 - \cos^2\theta = 1 - \left(\pm\dfrac{12}{13}\right)^2 = \dfrac{25}{169}$

이 경우 역시 2,4사분면에서 $\sin\theta$값은 양(+) 또는 음(−)의 값을 가지므로 ±로 표시

$\therefore \sin\theta = \sqrt{\dfrac{25}{169}} = \pm\dfrac{5}{13}$

(2) 직각삼각형의 해석방법

직각삼각형에는 다음과 같은 기지수(측정된 값)에서 다른 미지수를 해결할 수 있다.

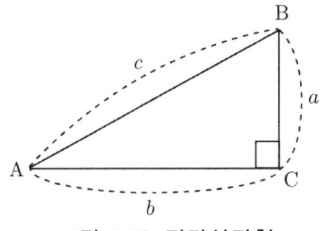

그림 1.18 직각삼각형

기지수 : 빗변 c, 다른 한 변 a

① 피타고라스 정리에 따라 $c = \sqrt{a^2 + b^2}$ 이므로 $b = \sqrt{c^2 - a^2}$ 또는

② $\sin A = \dfrac{a}{c}$ 이므로 각 A를 구하고 $\cos A = \dfrac{b}{c}$ 이므로 $b = c\cos A$

③ 각 A를 알면 각 $B = 90 - \angle A$

예제 05

두 점 AB간의 사거리가 96.3m, 고저차가 30.2m일 때 AC의 수평거리 및 경사각은?

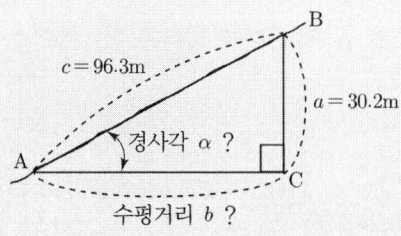

● 해설 sin A = 30.2/96.3 = 0.313603 ∴ A=18°16′ 34″
cos A = b/c이므로 b = 96.3×cos 18°16′ 34″= 91.4m

예제 06

수평거리 99.98m, 고저차 70.01m의 사면에 수도관을 설치하고자 한다. 관로의 길이와 경사각은?

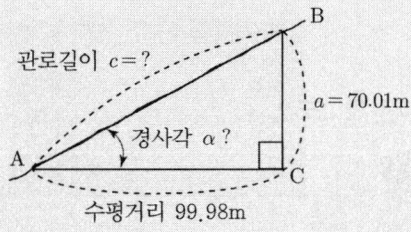

● 해설 tan A =a/c = 70.01/99.98 = 0.7002 ∴ A=35°00′ 12″
sin A =a/c이므로 $c=a/$sin A = 70.01/sin 35°00′ 12″=122.06m

예제 07

다음 그림에서 두 점 A, B간의 수평거리 및 경사거리를 구하시요.

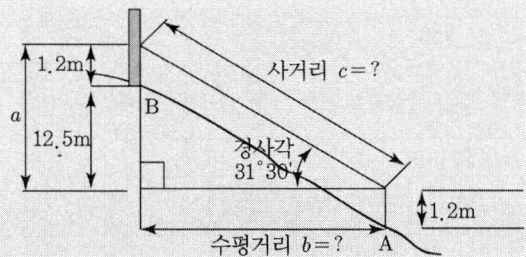

● 해설 tan A = 13.7/b 즉 b = 13.7/tan 31°30′ = 22.356m
sin A = 13.7/c이므로 c = 13.7/sin A = 26.22m

인간과 지형공간정보학

(3) 호도법(라디안)

원곡선상의 호의 길이에 포함되는 중심각을 구하거나 어느 일정한 중심각에 대응하는 호의 길이를 구할 때 이용 → 원의 크기와 관계없이 원의 반경과 같은 원호를 포함하는 중심각을 1radian이라 함 → 이 크기의 각도를 단위로써 나타내는 것을 호도법이라 한다.

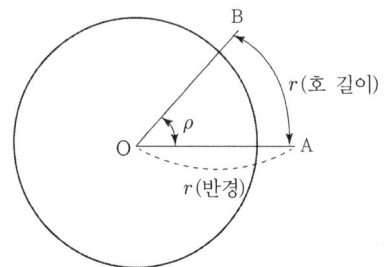

반경(r)과 같은 호 길이에 포함된 중심각(ρ)을 1라디안이라 하며, 원의 크기와 관계없이 일정함

그림 1.19 호도법

1) 1라디안의 크기

> **참고**
>
> ① 원의 원주 : $2\pi R$
> ② 반원의 원주 : πR
> ③ 4분원의 원주 : $\pi R/2$
>
> ■ 호도법과 60분법 각의 비교
>
> $$\pi \text{ rad} = 180°$$
>
> ① $1\text{rad} = \dfrac{180°}{\pi} \fallingdotseq 57° \ 17' \ 45''$
>
> ② $1° = \dfrac{180°}{\pi} \fallingdotseq 0.01745\text{rad}$
>
> 위와 같은 원리를 이용하면 다음의 비교표를 얻을 수 있다.
>
> | 60분법 | 0° | 30° | 45° | 60° | 90° | 120° | 135° | 150° | 180° | 270° | 360° |
> |---|---|---|---|---|---|---|---|---|---|---|---|
> | 호도법 | 0 | $\dfrac{\pi}{6}$ | $\dfrac{\pi}{4}$ | $\dfrac{\pi}{3}$ | $\dfrac{\pi}{2}$ | $\dfrac{2}{3}\pi$ | $\dfrac{3}{4}\pi$ | $\dfrac{5}{6}\pi$ | π | $\dfrac{3}{2}\pi$ | 2π |

반경 r인 원의 중심을 O라 하고, 원호 AB의 길이를 r로 할 때 현 AB에 대한 중심각을 1rad이라고 한다면 몇 도가 되겠는가?

rad의 값을 $\rho°$라 하면

$$\rho° : 360° = r : 2\pi r$$

$$\text{또는 } \frac{\rho°}{360°} = \frac{r(\text{1radian의 호 길이})}{2\pi r(\text{전체 원주})}$$

$$\rho° = \frac{r}{2\pi r} \times 360° = \frac{180°}{\pi} = 57.2957795° = 57°17'44.8062'' ≒ 57.3°$$

$$57°17'45'' ≒ 206265''$$

예제 08

1. 60분법을 호도각으로 바꾸어라.

● 해설

① $35° = 35 \times \pi/180 = 0.194\pi$ rad
② $72° = 72 \times \pi/180 = 0.4\pi$ rad
③ $145° = 145 \times \pi/180 = 0.81\pi$ rad
④ $268° = 268 \times \pi/180 = 1.49\pi$ rad

2. 호도각을 60분법으로 바꾸어라.

● 해설

① 0.24 rad $= 0.24 \times 180/\pi = 13.75°$
② 0.79 rad $= 0.79 \times 180/\pi = 45.26°$
③ 1.34 rad $= 1.34 \times 180/\pi = 76.78°$
④ 5.46 rad $= 5.46 \times 180/\pi = 312.83°$

2) arc는 중심각을 호도법으로 나타낸 것

예를 들어 $\alpha = 50°$, $r = 5$cm, 원주 $b = 4.36$cm라면, 호도법에 의한 값은?
arc α = arc $50 = b/r = 4.36/5.0 = 0.872$radian

인간과 지형공간정보학

(4) 각도의 환산

1) 60분법을 이용하여 각도를 호도법으로 환산

예제 09

$\alpha = 75°21'58''$을 호도법(라디안)으로 환산하라.

● 해설 α와 라디안(ρ)의 단위를 같게 한다.(여기서는 분으로 맞춤)
$75° = 75 \times 60' = 4500'$
$21' \qquad\quad = 21'$
$58'' = 58/60 = 0.966'$
즉 $4521.966'$
$1 \text{radian} = 57.3° = 3438'$이므로
$\text{arc } \alpha = 4521.966/3438 = 1.3154 \text{radian}$

2) 호도법에 의한 값을 60분법으로 환산

예제 10

지표면에 있는 자오선(경선) 상의 두 점 A, B간의 거리를 다음 값을 기초하여 계산하라.

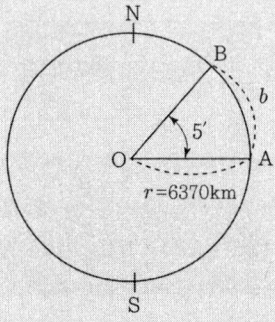

● 해설 $b : 6370 = 5' : 3438'$, 즉 $b = 9.264 \text{km}$

예제 11

경도차가 1°인 적도상의 두 점 A, B간의 거리를 112km라고 하면, 지구의 장반경 a는?

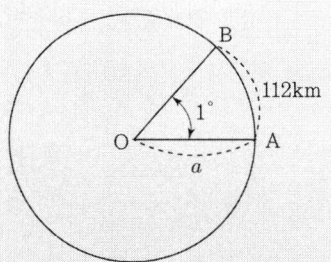

●해설 $a : 112 = 57.295 : 1$, 즉 $a = 6417$km

경도 1°의 적도상의 거리 약 111km   원주율 $2\pi r$ $r = 6370$

경도 1′의 적도상의 거리 약 1.85km   1° 거리 $= \dfrac{2 \times 6370 \times \pi}{360°} = 112$km

경도 1″의 적도상의 거리 약 30.88m

제2장 오차론

2.1 측량의 오차

오차란 참값과 관측값과의 차이를 말하며 특징은 다음과 같다.
  ① 모든 측정 작업에는 오차가 개입되어 있다.
  ② 같은 거리를 몇 회에 걸쳐 측정해도 항상 같은 값이 나오지 않는다.
  ③ 사각형의 내각을 아무리 측정해도 내각의 합이 360°가 나오지 않는다.
  ④ 측정 작업에서 오차는 반드시 발생한다.

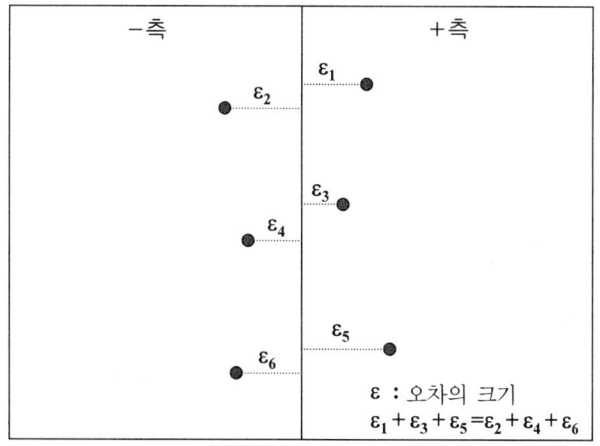

그림 2.1 탄착점오차

위 그림과 같이 어느 표적(가운데 직선)에 어느 횟수만큼 사격을 한다하면 다음 사항을 확인할 수 있다. 즉, (ⅰ) (+)와 (-) 측의 오차발생 횟수는 확률적으로 거의 같으며, (ⅱ) 작은 오차의 발생횟수는 큰 오차의 발생횟수 보다 많다.

이러한 전제를 그래프로 정리하면 다음과 같다.

인간과 지형공간정보학

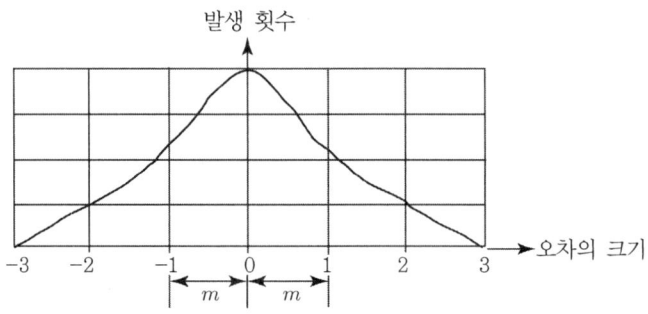

그림 2.2 확률곡선

즉, 각각의 크기의 오차가 발생한 횟수를 연결하면 위의 그림과 같이 종 모양의 커브가 완성되며, 이것을 오차곡선이라 한다.(원점에 가까울수록 오차는 작다.) (i) 측정치에 대한 오차가 작으면 작을수록 정확하다는 의미이며, (ii) 이러한 측정치의 정확성을 나타내는 방법은 다음과 같이 두 가지가 있다.

① 측정오차의 크기(오차가 작으면 정확도는 높다)
② 여러 측정치의 평균값과 일정한 법칙으로 계산된 오차(평균제곱근오차 또는 확률오차 등)
→ 평균값 중 개개 측정치가 동일 조건에서 얻어진 것이라면 산술평균값
→ 다른 조건에서 얻어진 것이라면 개개 측정치의 신뢰도를 감안하여 평균값을 계산

2.1.1 오차의 원인

(1) 자연적 원인

온도, 습도, 기압변화, 광선 조절 바람 등 자연 현상에 의해서 발생한다.

(2) 기계적 원인

기계상승, 팽창, 수축 성능에 의해서 발생한다.

(3) 인위적 원인

조작미숙, 측정자의 시각 감각 등 불안정에 의해서 발생한다.

2.1.2 오차의 종류

관측은 대상물의 요소나 현상을 재거나 추정하는 것을 말하며, 관측을 아무리 주의하여 실시해도 소거되지 않는 오차가 있다. 그러므로 관측 시 어떠한 오차가 개입될 소지가 있는지 알 필요가 있다.

- 오차 = 참값 – 관측값
- 관측에서 포함된 오차에는 착오, 정오차, 부정오차가 있음.

(1) 착오(과실, Mistake)

① 착오는 관측자의 과실이나 미숙에 의하여 생기는 오차이다.
② 눈금 읽기 실수, 야장 기입의 실수가 원인이다.
③ 관측값에 큰 오차가 있을 때, 반드시 착오가 있다.

(2) 정오차(통계적오차, Constant Error)

① 일련의 관측에 항상 일정량이 포함되어 있는 오차를 말한다.
② 같은 방향과 같은 크기로 오차가 발생되므로 통계적오차가 발생한다.
③ 오차가 누적되므로 누차(cumulative errors)라고도 한다.
④ 오차의 원인과 상태만 알면 오차를 제거할 수 있다.
- 기계적오차 : 관측기계(성능 및 구조)에 의해 발생되는 오차
- 자연적오차(물리적오차) : 기상조건(온도, 습도, 바람, 안개 등)과 같은 자연현상에 의해 생기는 오차
- 개인적오차 : 관측자의 습관(기계조작 미숙, 부주의, 시각 등)에 따라 생기는 오차, 관측방법에 따라 대부분은 소거 가능

(3) 부정오차(우연오차, Accidental Error)

① 위의 오차를 전부 소거한 후에 남은 오차
② 원인이 확실하지 않고, 관측 조건이 순간적으로 변화하므로 발생 원인을 찾기 힘든 오차
③ 예측이 어렵고 뚜렷한 보정 방법이 없다.
④ 대체로 확률법칙에 의해 처리되는 데 최소제곱법이 널리 이용됨
⑤ 부정오차는 정규분포를 이루므로 최소제곱법의 원리를 이용해 참값이 추정가능하며, 이 같이 추정된 값을 최확값(Most Probable Value)이라고 한다. 이러한 최확값과 측정값의 차이를 잔차(Residuals)라고 한다. 그러므로 이러한 잔차들의 제

인간과 지형공간정보학

곱의 합이 최소가 되도록 측정값을 조정하는 것을 최소제곱법이라 한다.
⑥ 아무리 주의해도 없앨 수 없고 계산상으로도 완전히 제거할 수 없다.

부정오차(우연오차)는 정규분포(Normal Distribution)를 이루고 확률적으로 다음의 법칙을 따른다고 가정한다.

(ⅰ) 크기가 작은 오차는 큰 오차보다 자주 발생한다. (ⅱ) 일정한 크기를 가지는 부호가 서로 다른(+ 혹은 −) 오차가 동일 빈도로 일어난다. (ⅲ) 매우 큰 오차는 발생하지 않는다. (ⅳ) 오차들은 확률법칙을 따른다.

즉, 측정횟수를 무한히 증가시켰을 때의 오차 ε(엄밀한 의미에서는 오차를 알 수 없으므로 잔차를 사용)과 확률밀도 함수 y는 다음과 같은 정규곡선식으로 주어진다.

$$y = \frac{h}{\sqrt{\pi}} e^{-h^2 \varepsilon^2} \quad (h : 정밀도)$$

즉, 위 식은 다음 사항을 나타낸다.

① 오차 $\varepsilon \rightarrow \pm \infty$에 따라, $y \rightarrow 0$(즉, 전체 영역에 걸쳐 균등분포)

② $\varepsilon \rightarrow 0$에 따라, $y \rightarrow \dfrac{h}{\sqrt{\pi}}$

③ ε의 모든 확률에 대한 값은 1(100%)이다

④ h가 커짐에 따라 $y_{\max}$도 커진다.

⑤ 정밀한 측정일수록 ε이 0일 확률이 높아진다. 즉, 아래 그림에서 (I)이 (II)보다 정밀도가 높다.

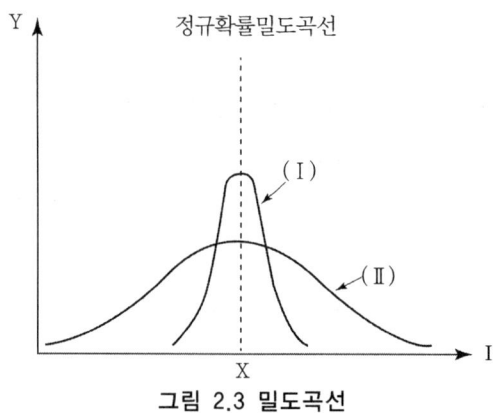

그림 2.3 밀도곡선

2.1.3 정확도와 정밀도(accuracy and precision)

(1) 정확도(Accuracy)

① 정확도는 측정값이 얼마나 참값에 가까운지를 나타난다.
② 주로 정오차를 포함한 오차의 크기를 나타난다.

(2) 정밀도(Precision)

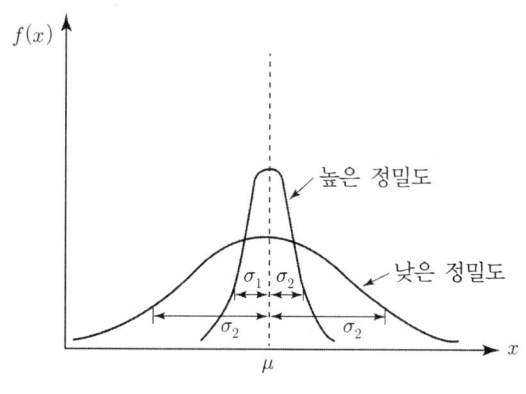

그림 2.4 정밀도

① 정밀도는 측정값이 얼마만큼 퍼져있는가를 의미하며,
② 위의 그림에서 $\sigma_1 < \sigma_2$ 이므로 σ_1은 높은 정밀도를 σ_2는 낮은 정밀도를 나타낸다.
③ 즉, 표준편차(σ, 중등오차)가 정밀도를 나타내는 척도인 것이다.
④ 따라서 정밀도는 반복관측 시 각 관측값 사이의 편차를 의미하며,
⑤ 주로 우연오차의 크기를 나타낸다.

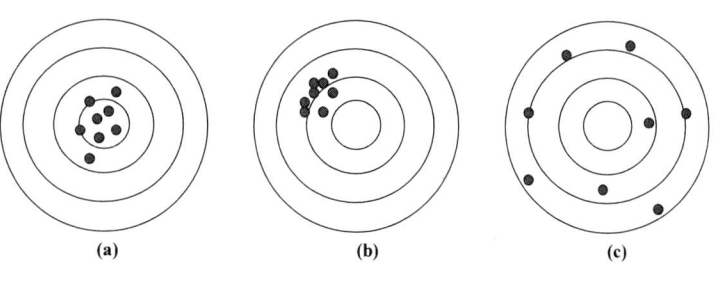

(a) : 정확+정밀   (b) : 부정확+정밀   (c) : 부정확+부정밀

그림 2.5 정밀도와 정확도

> **참고**
> 정확하다고 해서 꼭 정밀한 것은 아니며, 반대로 정밀하다고 해서 꼭 정확한 것은 아니다.

■ 정리
① 정밀도는 우연오차(σ)와 관련이 있다.
② 정확도는 우연오차뿐 아니라 편이(bias, β)가 함께 적용, 즉 $M^2 = \sigma^2 + \beta^2$

2.2 관측값의 조정

2.2.1 최확값(Most Probable Value)

① 참값을 계산하는 것은 실질적으로 불가능하다.
② 개개 측정치를 평균화하면 확률적으로 참값에 접근 가능하다.
③ 측량은 요구 정밀도에 따라 최확값의 계산방식이 달라져야 한다.
 → 높은 정밀도가 요구되는 측량 : 측정횟수가 많은 최확값
 → 낮은 정밀도로도 충분한 측량 : 측정횟수가 적은 최확값 또는 1회 측정값

1) 정도가 같은 관측값의 최확값

어떠한 양을 같은 조건으로 반복 측정하였을 때 그의 최확값은 그 측정값의 산술평균이다.

$$최확값 \quad L_o = \frac{l_1 + l_2 + l_3 + \cdots\cdots + l_n}{n} = \frac{\sum l}{n}$$

여기서, l : 각각의 측정값
 n : 측정횟수

예제 01

어느 거리를 같은 조건에서 6회 측정한 경우의 최확값은?

단, $l_1 = 134.426$ $l_4 = 134.457$
$l_2 = 134.492$ $l_5 = 134.482$
$l_3 = 134.390$ $l_6 = 134.415$ 이다.

● 해설 최확값 $L_o = \dfrac{l_1 + l_2 + l_3 + \cdots + l_n}{n} = \dfrac{\sum l}{n}$
$= \dfrac{806.662}{6} = 134.444$

2) 경중률을 달리하여 반복 관측했을 때 최확값

동일경중률의 측정값을 산술평균한 값에 그 경중률을 곱하고 그 값을 전체 경중률로 나눈 값

$$L_o' = \dfrac{1s_1 + 2s_2 + 3s_3}{1 + 2 + 3} = \dfrac{P_1 S_1 + P_2 S_2 + P_3 S_3}{P_1 + P_2 + P_3} = \dfrac{\sum PS}{\sum P}$$

예제 02

$l_1 = 134.426$ $l_4 = 134.457$
$l_2 = 134.492$ $l_5 = 134.482$
$l_3 = 134.390$ $l_6 = 134.415$

이고 $s_1 = l_1$, $s_2 = \dfrac{l_2 + l_3}{2}$, $s_3 = \dfrac{l_4 + l_5 + l_6}{3}$ 일 경우 최확값은?

● 해설 $L_o' = \dfrac{1s_1 + 2s_2 + 3s_3}{1 + 2 + 3} = \dfrac{P_1 S_1 + P_2 S_2 + P_3 S_3}{P_1 + P_2 + P_3} = 134.444$

인간과 지형공간정보학

2.2.2 최소제곱법을 이용한 측정값의 조정

최소제곱법은 오차론과 확률론에 따라 측정값을 합리적으로 조정·배분하여 최확값을 구하는 것으로 최확값에 대한 오차(정밀도 또는 정확도)를 수량적으로 검토하는 것을 목적으로 한다. 최소제곱법에서는 참값에 대한 추정값으로 최확값을 도입하였는데, 최확값이란 잔차의 제곱의 합이 최소가 되는 값을 의미하는 것이다. 이상의 의미를 확률론으로 설명하면 다음과 같다. 우연오차의 정규확률밀도 함수는 다음 식으로 주어진다.

$$y = \frac{h}{\sqrt{\pi}} e^{-h^2 \varepsilon^2}$$

여기서 $A = \frac{1}{\sqrt{\pi}}$ 로 놓으면, $y = Ahe^{-h^2\varepsilon^2}$

다시 h에 대해 미분하면,

$$\frac{dy}{dh} = Ae^{-h^2\varepsilon^2} + Ah(-2h\varepsilon^2 e^{-h^2\varepsilon^2}) = Ae^{-h^2\varepsilon^2}(1 - 2h^2\varepsilon^2) \cdots\cdots ①$$

y가 최대(식 ①)가 되기 위해서는 다음 조건이 만족되어야 한다.

$$\frac{dy}{dh} = 0 \text{ 또는 } 1 - 2h^2\varepsilon^2 = 0 \quad 즉, \therefore \varepsilon^2 = \frac{1}{2h^2}$$

개개 측정은 서로 독립적이므로 오차를 고려하면

$$\varepsilon_1^2 + \varepsilon_2^2 + \cdots\cdots + \varepsilon_n^2 = \frac{1}{2h_1^2} + \frac{1}{2h_2^2} + \cdots\cdots + \frac{1}{2h_n^2}$$

즉, $\sum \varepsilon^2 = \sum \frac{1}{2h^2}$ 이므로

가장 양호한 정확도는 $\sum \varepsilon^2 = \sum \frac{1}{2h^2}$ 가 최소일 때이다.

이 식은 잔차의 제곱의 합이 최소가 됨을 말해주며, 이것이 최소제곱법의 원리이다. 또한 최확값에 대한 오차 ε를 사용할 수 없을 경우가 많으므로 평균값에 대한 오차 (잔차, v)를 대신 사용하면

$$\sum v_n^2 = \sum \frac{1}{2h_n^2} = 최소일 때 가장 정확도가 좋다고 할 수 있다.$$

제2장 오차론

예제 03

동일 정확도로 삼각형 ABC의 내각을 측정하였다. 최소제곱법의 원리를 적용하여 각각의 최확값을 구하라.

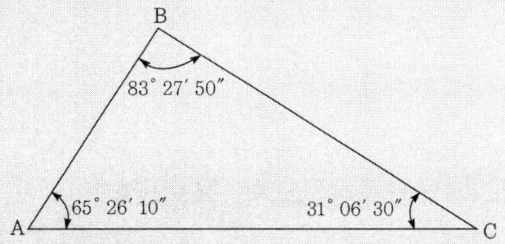

● 해설 개개 각의 최확값을 각각 $\angle A = x_1$, $\angle B = x_2$, $\angle C = x_3$라 하고 개개 실제 관측값을 l_1, l_2, l_3라 하면

$$v_1 = x_1 - l_1, \ v_2 = x_2 - l_2, \ v_3 = x_3 - l_3$$

여기서 삼각형의 내각의 합이 180°이므로

$$x_1 + x_2 + x_3 - 180 = 0$$

즉, $(l_1 + v_1) + (l_2 + v_2) + (l_3 + v_3) - 180 = 0$

이때 세 각의 총 측정값 오차는

$l_1 + l_2 + l_3 - 180 = 30''$ 이므로
$v_1 + v_2 + v_3 = -30''$ 가 된다.

v_1을 소거하면,

$$v_1 = -v_2 - v_3 - 30'', \ v_2 = v_2, \ v_3 = v_3 \text{이므로}$$

최소제곱법의 원리 $\sum v_i^2 =$ 최솟값을 적용한다.

즉, $(-v_2 - v_3 - 30'')^2 + v_2^2 + v_3^2 =$ 최솟값

위 식은 v_2와 v_3의 함수이므로 각각에 대해 편미분하면,

① 전개 $2v_2^2 + 2v_2 v_3 + 2v_3^2 + 60 v_2 + 60 v_3 + 900$
② v_2에 대한 편미분 $4v_2 + 2v_3 + 60 = 0$ ∴ $2v_2 + v_3 + 30'' = 0$
③ v_3에 대한 편미분 $2v_2 + 4v_3 + 60 = 0$ ∴ $v_2 + 2v_3 + 30'' = 0$
   $v_2 + 2v_3 + 30'' + 2v_2 + v_3 + 30'' = 0$ 즉, $3v_2 + 3v_3 + 60'' = 0$

이 두 식으로부터 v_2와 v_3를 구하면

$3v_2 + 3v_3 = -60$이므로 $v_2 = v_3 = -10''$

인간과 지형공간정보학

세 각의 총오차 $30''$를 배분하면, $\therefore v_1 = -10''$
그러므로 최확값은
$\angle A = x_1 = l_1 + v_1 = 65°26'10'' + (-10'') = 65°26'00''$
$\angle B = x_2 = l_2 + v_2 = 83°27'50'' + (-10'') = 83°27'40''$
$\angle C = x_3 = l_3 + v_3 = 31°06'30'' + (-10'') = 31°06'20''$

2.2.3 중등오차(평균제곱근오차, 표준편차)

어떤 일정한 양(거리, 각도)을 동일 조건에서 무한히 반복 측정하면 다음과 같은 그래프를 얻는다.

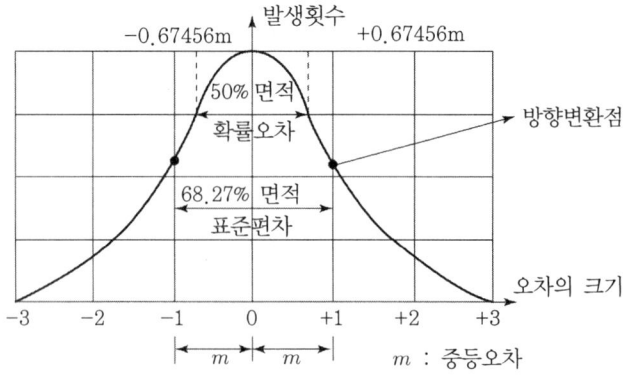

그림 2.6 중등오차(확률곡선)

이 그래프의 (+) 또는 (-) 측에서 오차곡선의 방향이 변화되는 점까지의 크기 오차(m)를 중등오차(표준편차)라 한다.(둘 사이에 정확한 값이 2/3에 있다고 보는 오차, 밀도함수는 전체의 68.26%)

(1) 참값에 관한 측정값의 중등오차(표준편차)

참값을 X, 측정값을 l, 오차를 ε로 하면 다음 식으로 중등오차를 계산한다.

$$m = \sqrt{\frac{\sum \varepsilon^2}{n}}$$

예제 04

어느 거리의 참값 $X = 89.300\text{m}$에 대해 아래와 같은 측정값을 얻었다. 측정치의 중등오차는 얼마인가?

$$l_1 = 89.282$$
$$l_2 = 89.316$$
$$l_3 = 89.294$$

●해설

$$m = \sqrt{\frac{\sum \varepsilon^2}{n}}$$

$$= \sqrt{\frac{(89.3-89.282)^2 + (89.3-89.316)^2 + (89.3-89.294)^2}{3}}$$

$$= 0.01433\text{m} = 14.33\text{mm}$$

(2) 1관측에 의한 측정값의 중등오차

① 삼각형에 대한 내각의 합과 같이 정확한 값을 사전에 알고 있는 경우는 많지 않다.
② 그러므로 한정된 몇 가지의 측정값을 평균한 값을 정확한 값으로 사용하는 경우가 많다.
③ 그러나 이 값은 실제로는 정확한 값이 아니므로 평균값과 개개 측정값의 차도 엄밀한 의미에서 참 오차값이 아니다.
④ 하지만 참값을 알지 못할 때는 어쩔 수 없이 평균값을 참값으로 이용하는 수 밖에 없다.

측정값의 평균값을 이용해 중등오차를 계산하는 식은 다음과 같이 유도된다.

$$\varepsilon_1 = X - l_1, \quad \cdots\cdots\cdots\cdots\cdots\cdots\cdots \quad 즉 \quad \varepsilon_n = X - l_n$$

$$v_1 = L_o - l_1, \quad \cdots\cdots\cdots\cdots\cdots\cdots\cdots \quad 즉 \quad v_n = L_o - l_n$$

여기서, X : 참값
　　　　ε : 참오차
　　　　l : 개개 측정값
　　　　v : 평균값(최확값)과 개개 측정값의 차 즉, 잔차
　　　　L_o : 평균값(최확값)

위 식에서 $\varepsilon_n - v_n = (X - l_n) - (L_o - l_n) = X - L_o$를 유도, 다음에

인간과 지형공간정보학

$$\varepsilon_1 = v_1 + (X - L_o)$$
$$\varepsilon_2 = v_2 + (X - L_o)$$
$$\vdots$$
$$\varepsilon_n = v_n + (X - L_o)$$

$$\sum \varepsilon = \sum v + n(X - L_o)$$

$$\Rightarrow$$

$$\varepsilon_1^2 = v_1^2 + 2v_1(X - L_o) + (X - L_o)^2$$
$$\varepsilon_2^2 = v_2^2 + 2v_2(X - L_o) + (X - L_o)^2$$
$$\vdots$$
$$\varepsilon_n^2 = v_n^2 + 2v_n(X - L_o) + (X - L_o)^2$$

$$\sum \varepsilon^2 = \sum v^2 + 2(X - L_o) \sum v + n(X - L_o)^2$$

잔차의 합계는 항상 0이므로 $\sum v = 0$으로 놓고 다시 풀면

$$\sum \varepsilon = n(X - L_o) \qquad \sum \varepsilon^2 = \sum v^2 + n(X - L_o)^2 = \sum v^2 + \frac{\sum \varepsilon^2}{n}$$

$$m = \sqrt{\frac{\sum \varepsilon^2}{n}} \text{ 이므로, } m^2 = \frac{\sum \varepsilon^2}{n} \rightarrow \sum \varepsilon^2 = nm^2 \rightarrow$$

$$m^2 = \sum v^2 + \frac{\sum \varepsilon^2}{n} = \sum v^2 + m^2 \rightarrow \sum v^2 = nm^2 - m^2 = m^2(n-1)$$

그러므로 $m^2 = \frac{\sum v^2}{n-1}$ 즉,   ∴ 중등오차(표준편차) $m = \pm \sqrt{\frac{\sum v^2}{n-1}}$

예제 05

다음 측정값의 중등오차를 구하라.

$$l_1 = 134.426 \qquad l_4 = 134.457$$
$$l_2 = 134.492 \qquad l_5 = 134.482$$
$$l_3 = 134.390 \qquad l_6 = 134.415$$

최확값(산술평균값) : 806.662 / 6 = 134.444

관측횟수	관측값(m)	잔차(v)	$v^2(m^2)$
1	134.426	0.018	0.000324
2	134.492	−0.048	0.002304
3	134.390	0.054	0.002916
4	134.457	−0.013	0.000169
5	134.482	−0.038	0.001444
6	134.415	0.029	0.000841
Σ	806.662		0.007998

● 해설

$$m = \pm \sqrt{\frac{\sum v^2}{n-1}} = \sqrt{\frac{7998(\text{mm})}{6-1}} = 40\text{mm}$$

> **참고** 오차전파의 법칙
>
> - 아무리 정확히 측정한다 하여도 측정치(I)에는 (+) 또는 (-)의 오차(m)가 포함되어 있다.
> - 측정치를 a배하면 측정치에 포함된 오차 m도 a배로 늘어난다.
> - 따라서 1을 a배한 최종의 값(Y)과 그 중등오차(M)는 다음과 같이 나타낼 수 있다.
>
> $$Y = al \qquad M = a(\pm m)$$
>
> - 상호 별도로 측정된 두 개의 측정량 L_1과 L_2가 있으면 그 합계를 Y로 한다.
>
> $$Y = L_1 + L_2$$
>
> - L_1과 L_2의 중등오차를 각각 $\pm m_1, \pm m_2$라 하면 Y의 중등오차(M)은 다음과 같다.
>
> $$M = \sqrt{m_1^2 + m_2^2}$$

(3) 산술평균값(최확값)의 중등오차

일정한 양에 대한 모든 측정값이 동일한 정밀도로 측정된 경우 최확값 L_o는 다음과 같다.

$$최확값\ L_o = \frac{l_1 + l_2 + l_3 + \cdots\cdots + l_n}{n}$$

위 식에서 각각의 측정값이 동일 정도로 측정되었으므로 각각의 중등오차는 같다고 본다. 즉

$$m_1 = m_2 = \cdots\cdots = m_n$$

그러므로 이 경우의 중등오차는 오차전파의 법칙에 따라 다음과 같다.

$$M = \sqrt{\left(\frac{m_1}{n}\right)^2 + \left(\frac{m_2}{n}\right)^2 + \cdots\cdots + \left(\frac{m_n}{n}\right)^2} = \sqrt{n\left(\frac{m}{n}\right)^2} = \sqrt{\frac{m^2}{n}}$$

$$= \frac{m}{\sqrt{n}} = \pm\sqrt{\frac{\sum v^2}{n-1}}\frac{1}{\sqrt{n}} = \pm\sqrt{\frac{\sum v^2}{n(n-1)}}$$

인간과 지형공간정보학

예제 06

동일조건에서 ∠AOB를 4회 측정한 결과는 다음과 같다. 측정치의 중등오차와 최확값의 중등오차를 구하라.

	측정값
1	120° 50′ 28″
2	120° 50′ 31″
3	120° 50′ 27″
4	120° 50′ 30″

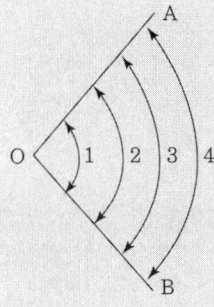

관측횟수	관측값	잔차(v)	v^2
1	120° 50′ 28″	1″	1
2	120° 50′ 31″	−2″	4
3	120° 50′ 27″	2″	4
4	120° 50′ 30″	−1″	1
Σ			10

● 해설

$$L_o = 120°\,50' + \frac{28'' + 31'' + 27'' + 30''}{4} = 120°\,50'29''$$

$$m = \pm\sqrt{\frac{\sum v^2}{n-1}} = \sqrt{\frac{10}{4-1}} = \pm 1.83''$$

$$M_{L_o} = \pm\sqrt{\frac{\sum v^2}{n(n-1)}} = \sqrt{\frac{10}{4(4-1)}} = \pm 0.91''$$

(4) 경중률을 고려한 중등오차

관측방법과 관측기기에 의해 결정되는 경중률(W : Weight)을 고려한 1관측의 중등오차 m과 최확값의 중등오차 m_M는 다음과 같이 주어진다.

경중률을 고려한 1관측에 의한 중등오차 $m = \pm\sqrt{\dfrac{\sum Wv^2}{n-1}}$

경중률을 고려한 최확값에 의한 중등오차 $m_M = \pm\sqrt{\dfrac{\sum Wv^2}{(n-1)\sum W}}$

예제 07

쇠줄자를 이용하여 10m를 관측한 결과 관측자의 교대로 인해 관측값의 차이가 있으므로 아래 표와 같이 경중률 W를 고려한 최확값과 1관측에 의한 중등오차와 최확값에 의한 중등오차 그리고 최종 최확값을 구하라.

관측횟수	관측값(m)	경중률(W)	잔차(v)	v^2	Wv^2	lw
1	10.124	1	1	1	1	10,124
2	10.128	3	−3	9	27	30,384
3	10.123	2	2	4	8	20,246
4	10.129	4	−4	16	64	40,516
5	10.121	3	4	12	48	30,363
Σ	50.625	13			128	131,633

● 해설

최확값 $L_o = \dfrac{\sum lw}{\sum w} = \dfrac{131{,}633}{13} ≒ 10{,}125.6\mathrm{m}$

1관측에 의한 중등오차 $m = \pm \sqrt{\dfrac{\sum Wv^2}{n-1}} = \pm \sqrt{\dfrac{128}{5-1}}$

$= \pm 5.657\mathrm{m} ≒ \pm 5657\mathrm{mm}$

최확값에 의한 중등오차 $m_M = \pm \sqrt{\dfrac{\sum Wv^2}{(n-1)\sum W}}$

$= \pm \sqrt{\dfrac{128}{(5-1)13}} = \pm 1.569\mathrm{m} ≒ \pm 1569\mathrm{mm}$

따라서 최종 최확값은 $= 10{,}125.6\mathrm{m} \pm 1569\mathrm{mm}$

2.2.4 확률오차(Probable Error)

① 확률오차는 중등오차(표준편차)의 67.45%를 나타낸다.
② 확률오차는 우연오차로 어떤 관측에서 큰 오차가 일어날 확률과 작은 오차가 일어나는 확률의 크기가 같다고 간주
③ 관측값에 확률오차를 더한 값과 뺀 값 사이에 최확값이 있을 확률이 1/2이라고 간주

$$확률오차\ \gamma = 중등오차 \times 0.6745$$

(1) 1회 관측 값에 대한 확률오차

1) 관측정밀도가 같은 때

$$M_m = \pm 0.6745 \times 중등오차 = \pm 0.6745 \sqrt{\frac{\Sigma vi^2}{(n-1)}}$$

2) 관측정밀도가 다를 때(경중률이 다를 때)

$$M_m = \pm 0.6745 \times 중등오차 = \pm 0.6745 \sqrt{\frac{\Sigma Wv^2}{(n-1)}}$$

(2) 최확값에 대한 확률오차

1) 관측정밀도가 같은 때

$$M_m = \pm 0.6745 \times 중등오차 = \pm 0.6745 \sqrt{\frac{\Sigma vi^2}{n(n-1)}}$$

2) 관측정밀도가 다를 때(경중률이 다를 때)

$$M_m = \pm 0.6745 \times 중등오차 = \pm 0.6745 \sqrt{\frac{\Sigma Wv^2}{(n-1)\sum W}}$$

확률오차는 관측값이 대단히 많을 때 얻어지는 것이다.

예제 08

어떤 측선의 길이를 관측하여 아래의 결과를 얻었다. 확률오차와 정확도는?

관측군	관측값(m)	관측횟수
1	100.352	4
2	100.348	2
3	100.354	3

●해설

관측군	관측값(m)	최확값	잔차(v)	v^2	W	Wv^2
1	100.352		0	0	4	0
2	100.348	100.352	4	16	2	32
3	100.354		−2	4	3	12
∑					9	44

관측정밀도가 다르므로

최확값 $L_o = \dfrac{l_1 w_1 + l_2 w_2 + l_3 w_3}{w_1 + w_2 + w_3}$

$= \dfrac{(100.352 \times 4) + (100.348 \times 2) + (100.354 \times 3)}{4+2+3} = 100.352\text{m}$

확률오차 $M_m = \pm 0.6745 \sqrt{\dfrac{\sum Wv^2}{(n-1)\sum W}} = \pm 0.6745 \sqrt{\dfrac{44}{(3-1)9}}$

$= \pm 1.05\text{m}$

그러므로 정확도는 $\dfrac{M_m}{L_o} = \dfrac{1.05}{100.352} = 0.0000105$

(3) 관측값을 합계한 값의 확률오차

각 관측값의 확률오차를 $m_1, m_2, \cdots\cdots, m_n$ 라 하면 이들 관측값을 합계한 값의 확률오차 M_s는 다음과 같이 구해진다. 오차전파의 법칙에 따라

$M_s = \sqrt{m_1^2 + m_2^2 + \cdots\cdots + m_n^2}$ 이므로

$M_s^2 = m_1^2 + m_2^2 + \cdots\cdots + m_n^2$

각 관측값의 확률오차가 같을 때, 다시 말해서 각 관측값의 정확도가 같을 때 $(m_1 = m_2 = \cdots\cdots = m_n)$는

$M_s^2 = nm^2 \quad M_s = m\sqrt{n}$ 이다.

2.2.5 계산처리

측량을 할 때는 필요한 정도에 맞는 측정과 계산을 하되, 정확하게 해야 될 숫자를 소홀히 하거나 필요하지 않은 숫자를 나열해서 시간만을 낭비하는 일이 없어야 한다. 실제로 계산을 해보면 측정값의 정도는 그 값의 유효숫자가 많을수록 좋아짐을 알 수 있다.

(1) 숫자를 더하거나 뺄 때

측정값의 단위가 큰 숫자에 따라 계산결과의 정도가 결정된다.

예를 들어 36.2m에다 429m를 더할 때 그 합에서 465.2m와 같이 0.1m 단위까지는 필요 없고 465m로 하는 것이 적당하다.

(2) 곱하거나 나누는 계산을 할 때

계산결과도 유효숫자가 작은 숫자의 끝 단위에 따라 정도가 결정된다. 따라서 모든 측정값은 유효숫자를 같게 측정하는 것이 이상적이다.

예를 들면 세로 78.46m, 가로 2.84m일 때의 면적은 $222.826m^2$이나 유효숫자 세 자리 이하의 0.826은 정도에 미치는 영향이 적다. 이때는 $223m^2$가 적당하다.

(3) 계산에서 끝자리의 조정방법

어떤 숫자의 소수점 이하를 필요한 자리까지 취하고 그 이하를 버릴 때, 이 때문에 생기는 오차를 최소화하기 위하여 측량의 계산에서는 다음과 같이 한다.

① 버리는 숫자가 4나 4보다 작을 때는 버리고,
② 버리는 숫자가 5보다 클 때는 앞자리에 1을 올린다.

제3장 거리측량

3.1 거리측량의 정의

거리측량은 2점 간의 거리를 직접 또는 간접으로 1회 또는 여러 회로 나누어 측량하는 것을 말한다. 넓은 범위의 측량을 대상으로 하지 않는 경우에 사용한다. 측량에서 말하는 거리는 수평거리(horizontal distance)이고→때로는 경사거리(inclined distance)를 측정하는 수가 있으나, 지도를 그리거나 면적을 계산할 때에는 반드시 수평거리로 사용한다.

다시 말하자면 관측 가능한 거리는 사거리이므로 관측거리(사거리)를 기준평면에 투영한 수평 거리로 고쳐서 사용한다.

① 길이 또는 거리 : 한 직선 또는 곡선 내의 두 점의 위치(또는 좌표)의 차이를 나타내는 양
② 준거타원체면 상에서 대응점 간의 최단거리

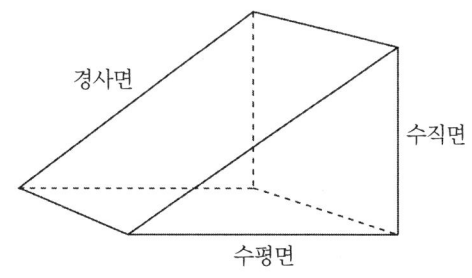

그림 3.1 수직 경사 수평

3.1.1 평면거리

수평면상의 두 점 간의 최단길이로 수평, 수직, 경사 거리

3.1.2 곡면거리

구면상의 대응점 간의 대호원, 자오선, 평행권에서의 길이
① 대원 : 지구중심을 포함하는 임의 평면과 지표면의 교선
② 소원 : 그 밖의 평면과 지표면의 교선
③ 자오선 : 양극을 지나는 대원의 절반(경선)
④ 평행권 : 적도와 나란한 평면과 지표면과의 교선(위선)
⑤ 측지선 : 지표상 두 점을 포함하는 대원의 일부
⑥ 항정선 : 자오선과 항상 일정한 각도를 유지하는 지표의 선
⑦ 경도(λ : 자오선) : 본초자오면과 지표상 한 점을 지나는 자오면이 만드는 적도면 상의 각거리
⑧ 위도(ϕ : 평행권) : 지표면상 한 점에 세운 법선이 적도면과 이루는 각

3.1.3 공간거리

위성측량, 항공측량, 공간삼각측량 등 삼차원 공간상 선형을 고려한 길이

3.2 거리측량에 의한 세부측량

3.2.1 거리측량 시 주의사항

① Tape는 수평으로 한다.
② Tape 측정 시 바람의 영향에 주의한다.
③ 같은 거리를 최소한 2회 이상 측정하고 측정값을 확정한다.

3.2.2 경사지의 거리측정

산지나 농지의 측량일 경우 경사가 5° 이내이면 비탈거리를 수평거리로 사용해도 무방하다.

(1) 계단식 방법(직접 측량하는 방법)

① 강측법(Chaining Downhill Method) : AB 사이의 수평거리를 단계적으로 높은 지점에서 낮은 지점으로 측정

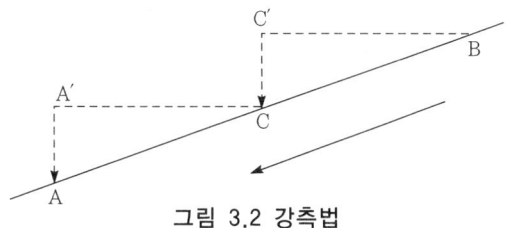

그림 3.2 강측법

② 등측법(Chaining Uphill Method) : 강측법과 반대로 AB 사이의 수평거리를 단계적으로 낮은 지점에서 높은 지점으로 측정

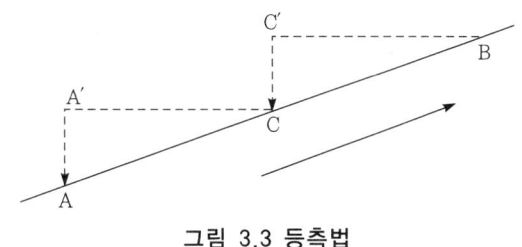

그림 3.3 등측법

(2) 비탈거리를 수평거리로 환산

경사거리와 각을 알고 있다면 수평거리를 구할 수 있다.

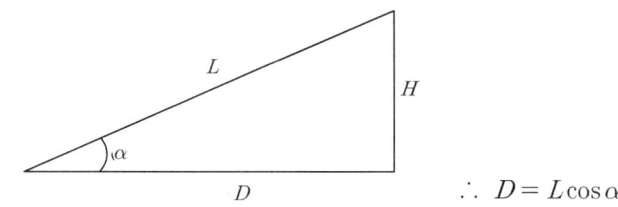

$$\therefore D = L\cos\alpha$$

그림 3.4 사거리를 수평거리로 환산

3.2.3 세부적인 거리측정 방법

테이프를 이용한 측량은 도근측량(골격측량)과 세부측량(지거측량)으로 세분 → 통틀어 체인측량이라고도 한다.
① 세부 거리측량 : 거리측량 기구만으로 어떤 지형 및 지물의 위치를 측정하는 것을 말함.
② 측점(station mark) : 모든 거리와 각을 측정하는 데 기준이 되는 점

③ 측선(course) : 측점과 측점을 연결하는 선
④ 트래버스(traverse) : 측선과 측선이 여러 개 이어져 만들어진 다각형

■ 외업의 순서
  답사 ▶ 선점 ▶ 도근측량 ▶ 세부측량

(1) 답사 및 선점

① 측량을 하기 전에 미리 측량구역을 다니면서 지형을 살피고, 최소의 노력과 비용 및 짧은 시간에 목적하는 측량을 할 수 있도록 한다.
② 측점의 설치장소, 기구 및 측량방법 등을 대략적으로 결정한다.
③ 측점에는 임시용일 경우 가로, 세로 3~6cm, 길이 25~50cm 가량의 나무 말뚝을 박고, 영구용과 같이 중요한 점에는 가로, 세로 15~20cm 가량과 길이 70cm 정도의 돌 또는 콘크리트에 표지

> **참고** 선점 시 유의사항
> - 측점 간의 거리는 100m 이내가 좋고 측점 수는 가능한 한 적게
> - 측점 간의 시통 확보
> - 장애물이나 교통방해는 받지 않도록
> - 세부측량에 가장 편리하게 이용되는 곳

(2) 도근측량(골격측량)

측점(다각망 또는 삼각망) 상호 간의 상대위치를 정하는 측량법이다. 답사에서 결정된 측점 위치에 말뚝을 박으면 다각형의 트래버스가 생기며, 이 트래버스상 각 측점의 상호 위치를 결정하는 작업이다. 줄자와 같은 도구만을 사용하여 결정하는 방법은 다음과 같다.

1) 삼각구분법(Triangle Division Method)

삼각 구분법은 삼변법이라고도 한다. 측량구역 안에 장애물이나 기복이 없고 평평하며, 구역 전부가 잘 보이는 장소에 적당한 방법이다. 다수의 삼각형으로 구분하여 각 삼각형의 세변의 길이를 재어서 형상을 결정한다. 그림 3.5와 같은 모양을 측량하는 방법을 설명하면 다음과 같다.

제3장 거리측량

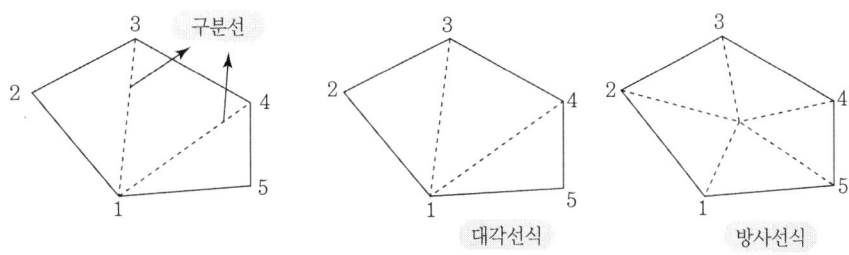

그림 3.5 삼각 구분법

　모양을 삼각형으로 구분할 때에는 될 수 있는 대로 정삼각형에 가까운 꼴로 구분한다. 모양을 삼각형으로 구분하는 방식은 대각선식과 방사선식의 두 종류가 있다. 측량의 정밀도를 검사하기 위하여 그림 3.6과 같이 2~5의 점을 잇는 길이를 측정한다. 이 2~5선을 검사선(check line)이라 한다.

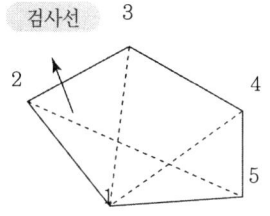

그림 3.6 검사법

2) 수선구분법(Per Perpendicular Method)

　수선구분법은 직각법, 삼사법이라고도 한다. 길고 좁은 경우나 구역 안에 장애물이 없고 평탄하여 전 구역이 잘 보일 때 적당하며, 그림 3.8은 면적을 계산하는 예이다.

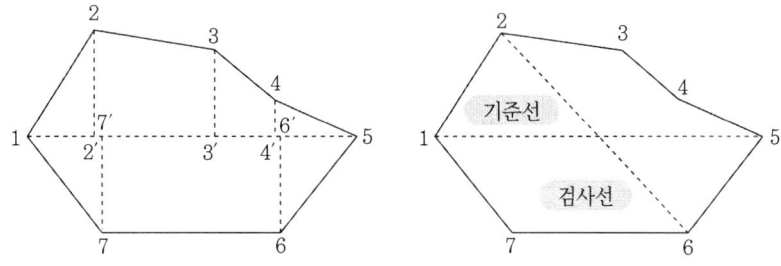

그림 3.7 수선 구분법

79

인간과 지형공간정보학

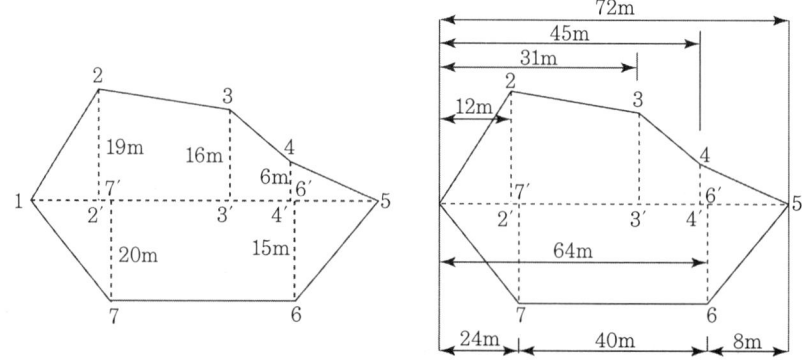

그림 3.8 수선 구분법(면적 계산)

3) 계선법(Tie Line Method)

계선법은 진행법, 측진법, 도선법, 주회법이라고도 한다. 두 변의 벌림각을 측정하기 위해 두 개 직선 위의 임의점 a, b를 연결한 선 $a-b$를 설치한다. 이 선을 계선이라 한다. 구역 안에 장애물과 기복이 있으며, 구역 전부가 잘 보이지 않을 때 다각형의 각 점에 계선을 설치하고 계선으로 이루어진 삼각형의 변의 길이와 다각형의 각 변의 길이를 측정해서 결정하는 방법이다.

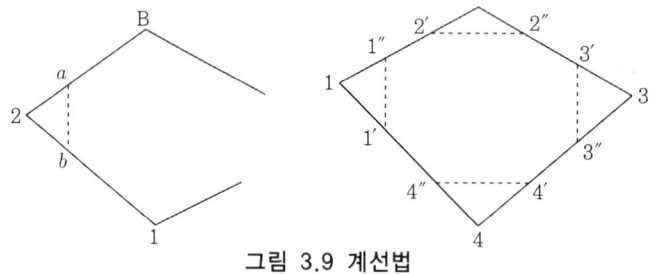

그림 3.9 계선법

(3) 세부측량(Detailing)

트래버스 측정에서 결정된 측점을 기준으로 지형이나 지물을 측정하는 것을 세부측량이라 한다. 세부측량은 다음과 같은 방법이 있다.

1) 지거법(offset)

측선으로부터 직각의 방향으로 관측한 거리를 지거 또는 offset이라 한다. 지거는 지상의 세부위치를 구하고자할 때 사용한다. 지거란 그림 3.10과 같이 측선의 좌우에 있는 지물의 모서리점 또는 굴곡점에서 그 측선에 내린 수선의 거리를 말한다.

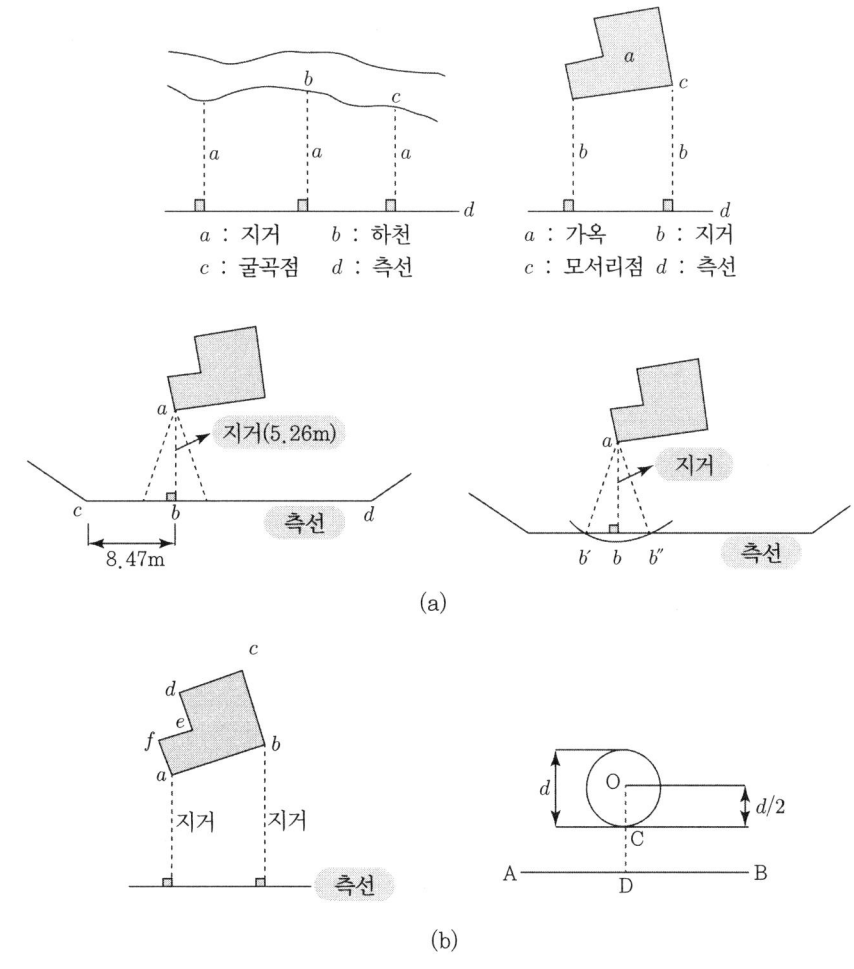

그림 3.10 지거법

2) 사거법(diagonal offset)

그림 3.11처럼 측선의 좌우에 있는 지물의 모서리 또는 굴곡점에서 측선 위의 2점 이상을 측정한 거리, 측선과 지물 사이에 장애물이 있어서 지거를 측정할 수 없을 때, 지물이 측선에서 떨어져 있어서 지거를 정확하게 측정할 수 없을 때, 지물의 위치를 정확하게 측정할 필요가 있을 때 사용한다.

인간과 지형공간정보학

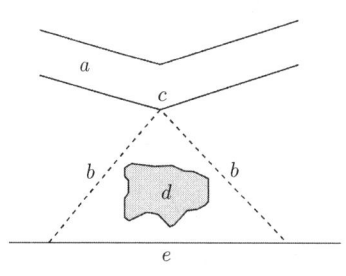

a : 도로　b : 사거　c : 굴곡점
d : 장애물　e : 측선

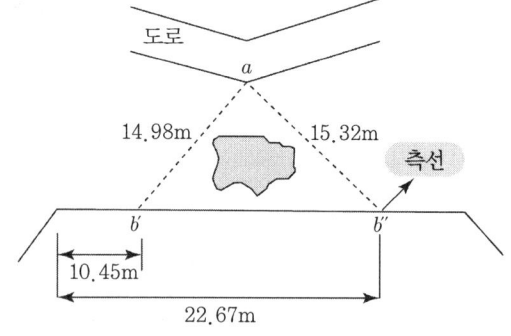

그림 3.11 사거법

3.3 장애물이 있을 때의 거리측정 방법

(1) 측점의 수선을 내려 거리를 측정

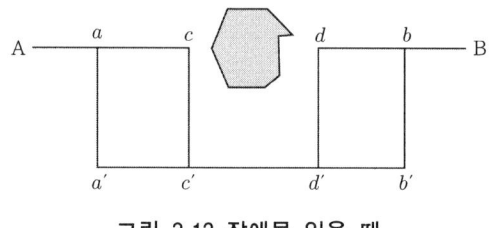

그림 3.12 장애물 있을 때

(2) 연장선에 정삼각형을 적용하여 거리를 측정

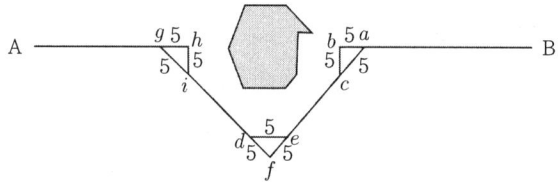

그림 3.13 연장선상

(3) 한 점만 접근할 수 있을 경우의 거리측정

1) 삼각 비례법 I

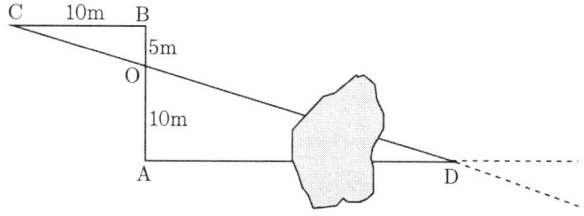

그림 3.14 삼각 비례법 I

$$AO : AD = BO : BC$$
$$\therefore AD = \frac{AO}{BO} \times BC = \frac{10}{5} \times 10 = 20\,m$$

2) 삼각 비례법 II

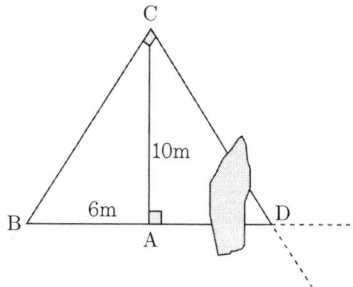

그림 3.15 삼각 비례법 II

$$AC : AD = AB : AC$$
$$\therefore AD = \frac{AC}{AB} \times AC = \frac{10}{6} \times 10 = 16.67\,m$$

인간과 지형공간정보학

3.4 간접거리측량

기구 등을 이용하여 전파, 광학, 삼각 및 기하학적 방법으로 거리를 간접적으로 구하는 방법으로 측량목적, 필요정도, 경비, 지형의 조건 등을 고려하여 선택한다.

(1) 음측(약측)

음속은 기온 0℃일 때 331m/sec이며 기온이 1℃ 올라갈 때마다 0.609m 증가한다. 따라서 t℃일 때 음속은 $331+0.609t$이며, 소리가 목표물까지 도달하는 시간을 초시계로 측정하고 기온을 측정하면 거리를 측정할 수 있다.

- 소리도달시간 : 2.5초,   기온 : 15℃일 때 거리는?
  음속 = $331 + (0.609 \times 15) = 340.14$m/s
  즉 $340.14 \times 2.5 = $ 약 850m

(2) 시각법(Visual angle method, 약측)

닮은 삼각형의 원리를 이용하여 거리를 측정하는 방법이다.

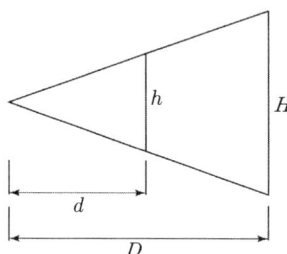

$$h : H = d : D \quad \therefore \quad D = \frac{d}{h}H$$

그림 3.16 시각법(a)

시각법을 이용하여 거리를 측정할 때 수목의 높이는?

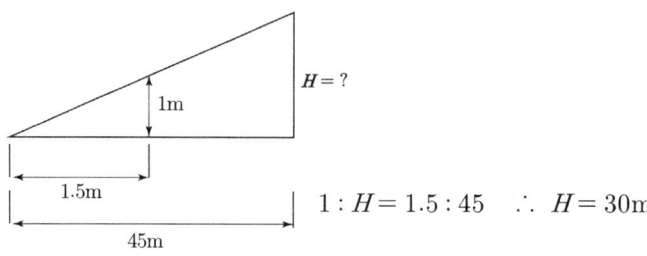

$$1 : H = 1.5 : 45 \quad \therefore \quad H = 30\text{m}$$

그림 3.17 시각법(b)

(3) 수평표척

트랜싯으로 수평시거척(보통 2m 길이의 Invar 금속봉)의 양단을 시준하여 수평협각 α 측정오차가 측정거리의 제곱에 비례, 100m 이하의 근거리측량에 적용한다.

$$H = \frac{b}{2} cot \frac{\alpha}{2}$$

(4) 항공사진 측량(Aerial Photogrammetry)에 의한 거리 측정 방법

① 고정밀 측량이 가능하다.
② 장거리 거리 측정이 가능하다.
③ 관측점과의 시통이 필요하지 않다.
④ 기하학적 위치 보정을 위한 각종 자료(비행자료, 지상기준점 자료 등)가 필요하다.
⑤ 야간 측량이 불가능하고 기상의 영향을 받는다.
⑥ 측량비용이 많이 든다.
⑦ 입체 사진을 이용해 3차원 측량이 가능하다.

(5) GPS(Global Positioning Systems)를 이용한 거리 측정 방법

① 고정밀 측량이 가능하다.
② 장거리 거리 측정이 가능하다.
③ 관측점과의 시통이 필요하지 않다.
④ 날씨의 영향을 받지 않고 야간관측도 가능하다.
⑤ 위성의 궤도 정보가 필요하다.
⑥ WGS84 좌표체계로 얻어지므로 지역 좌표체계로의 변환이 필요하다.
⑦ C/A코드(Coarse Acquisition Code; 진동수 1.023MHz, 파장 약 300m)와 P코드(Presice Code; 진동수 10.23MHz, 파장 약 30m)로 대별된다.

(6) 초장기선간섭계(VLBI : Very Long Baseline Interferometer)

지구상에서 1,000~10,000km 정도 떨어진 전파간섭계를 설치하고 전파원에서 나온 전파를 수신하여 2개의 간섭계에 도달한 전파의 시간을 관측하여 거리를 관측한다.

3.5 전자파거리측량(EDM)

측정하고자 하는 두 점 간에 전자파를 왕복시켜 위상차를 관측하여 거리를 측정한다.

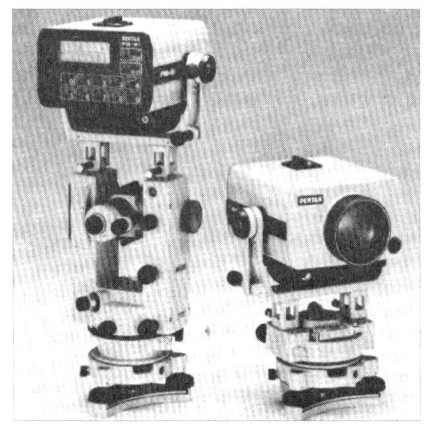

그림 3.18 광파거리측량기와 프리즘

3.5.1 전자파거리 측량기에 의한 거리관측법

1) 광파거리측량기(EODM; Electro-Optical Distance Measuring Equipments)

① 측점에 세운 기계로부터 발사하여 이것이 목표점의 반사경에 반사되어 돌아오는 반사파의 위상과 발사파의 위상차로부터 거리를 구하는 기계이다.
② 자동적으로 각종 주파수 150kHz(주로 가시광선이나 적외선 파장대)를 발사하여 디지털로 기록, 보통 단거리용으로 0.9μm 정도의 파장역을 이용하며, 중거리용으로는 0.63μm 정도의 파장역을 이용한다.
③ 기상 조건(산란, 흡수 등)의 영향을 받는다(안개나 눈 등에 의해 시준 불가능).
④ 지형의 영향은 크게 받지 않는다.
⑤ 100m 이상의 거리라도 높은 정확도를 갖는다(전파거리 측량기보다 정확도가 높다).
⑥ 지오메타(Geodimeter)가 대표적이다.
⑦ 레이저광선방식(60km 이내)과 근적외선, 가시광선방식(5km 이내)이 있다.
⑧ 한변 관측 시 10~20분 소요되며, 1회 관측 시 8초 내외가 소요된다.

3.6 거리측량의 오차와 보정

3.6.1 거리측량의 오차

(1) 정오차의 원인

① 테이프의 길이가 표준길이보다 짧거나 길 때 발생한다.(표준척보정)
② 측정을 정확한 일직선상에서 하지 않을 때 발생한다.(경사보정)
③ 테이프가 바람 혹은 초목에 걸쳐서 직선이 안 되었을 때 발생한다.(경사보정)
④ 경사지 측정에 테이프가 정확하게 직선이 안 되었을 때 발생한다.(경사보정)
⑤ 테이프가 쳐져서 생긴 오차이다.(처짐보정)
⑥ 테이프에 가하는 힘이 검정 시의 장력보다 항상 크거나 적을 때 발생한다.(장력보정)
⑦ 측정 시 온도와 검정 시 온도가 동일하지 않을 때 발생한다.(온도보정)

(2) 우연오차의 원인

① 정확한 잣눈을 읽지 못하거나 위치를 정확하게 표시 못했을 때 발생한다.
② 온도나 습도가 측정중에 때때로 변했을 때 발생한다.
③ 측정 중 일정한 장력을 확보하기 곤란하기 때문에 발생한다.
④ 한 잣눈의 끝수를 정확하게 읽기 곤란하기 때문에 발생한다.

(3) 거리측량에서 확률오차를 이용했을 때의 정밀도 허용범위

① 산지 : $\frac{1}{500} \sim \frac{1}{1000}$

② 평지 : $\frac{1}{1000} \sim \frac{1}{5000}$

③ 시가지 : $\frac{1}{5000} \sim \frac{1}{50000}$

3.6.2 거리측량의 오차 보정

(1) 테이프 길이가 정확하지 않을 경우의 정수보정(특성값 보정)

1) 길이보정

테이프의 길이가 표준길이보다 짧을 경우 (−), 길 경우 (+) 값으로 한다.

$$C_0 = \pm \left(\frac{\varepsilon}{L}\right)l$$

$$l_0 = l \pm C_0 = l\left(1 \pm \frac{\varepsilon}{L}\right)$$

여기서, C_0 : 표준자에 대한 보정량
l_0 : 표준자에 대한 보정길이
L : 사용한 줄자 길이
l : 관측된 길이
ε : 표준자에 대한 쇠줄자의 길이 차, 즉 특성값(정수)

예제 01

어떤 두 점 간의 거리를 측정하여 320m를 얻었다. 측정에 쓴 강철테이프는 50m짜리로써 10mm 늘어져 있다고 하면 정확한 거리는?

●해설
$$C_0 = \pm \left(\frac{\varepsilon}{L}\right)l = \frac{10}{50000} \times 320000 = 64\text{mm}$$

$$l_0 = l + C_0 = 320000 + 64 = 320064\text{mm} \fallingdotseq 320.064\text{m}$$

---

2) 면적보정

$$C_0 = \pm \left(\frac{\varepsilon}{L}\right)A$$

$$A_0 = A \pm C_0 = A\left(1 \pm \frac{\varepsilon}{L}\right)$$

여기서, C_0 : 표준자에 대한 보정량
A_0 : 표준자에 대한 보정길이
L : 사용한 줄자 길이
A : 관측된 면적
ε : 표준자에 대한 쇠줄자의 길이 차, 즉 특성값(정수)

예제 02

30m의 테이프가 표준길이보다 5mm 짧을 때 이 테이프로 300m²인 면적을 측정했다면 정확한 면적은?

●해설 $C_0 = \pm \left(\dfrac{\varepsilon}{L}\right) A = \dfrac{5}{30000} \times 300000000 (\mathrm{mm}^2) = 50000 \mathrm{mm}^2$

$A_0 = A - C_0 = 300000000 \mathrm{mm}^2 - 50000 \mathrm{mm}^2 = 299950000 \mathrm{mm}^2 \fallingdotseq 299.95 \mathrm{m}^2$

3) 온도보정

$$C_t = + dL(t - t_0)$$

정확한 거리 $L_o = L \pm C_t$

여기서, C_t : 온도 보정량
d : 자의 선팽창률(보통 0.000012/℃)
L : 실측거리
t : 측정 시의 평균온도
t_o : 표준온도(보통 15℃)

예제 03

어떤 거리를 측정하여 300.422m를 얻었다. 측정 시의 평균온도는 18℃이고 검정 시의 표준온도가 15℃일 때 온도 보정량과 보정 후 거리는?

●해설 $C_t = dL(t - t_0) = 0.000012 \times 300.422 \times (18 - 15) = 0.01082 \mathrm{m}$
정확한 거리 $L_o = L \pm C_t = 300.422 + 0.01082 = 300.433 \mathrm{m}$

4) 경사보정

① 고저차를 잰 경우

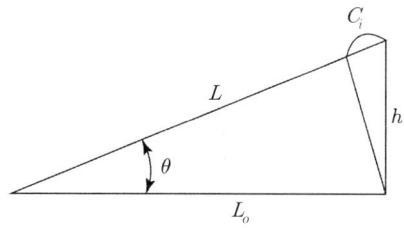

그림 3.19 경사보정

인간과 지형공간정보학

$$L_o = \sqrt{L^2 - h^2}$$

$$= L\sqrt{1 - \left(\frac{h}{L}\right)^2}$$

$$\fallingdotseq L\left(1 - \left(-\frac{1}{2}\right)\left[-\left(\frac{h}{L}\right)^2\right]\right)$$

$$= L - \frac{h^2}{2L}$$

$$C_i = L_0 - L = -\frac{h^2}{2L}$$

$$L_o = L - C_i = L - \frac{h^2}{2L}$$

여기서, C_i : 경사보정량
 h : 줄자 양 쪽의 고저차
 L : 경사거리
 L_i : 수평거리

예제 04

고저차 1.9m인 기선을 측정하여 경사거리 248.484를 얻었다. 경사보정량과 수평거리는?

●해설

$$C_i = -\frac{h^2}{2L} = -\frac{1.9^2}{2 \times 248.484} = -0.00726\text{m} \fallingdotseq -7.26\text{mm}$$

$$L_o = L - \frac{h^2}{2L} = 248.484 - 0.00726 = 248.477\text{m}$$

② 경사각을 관측한 경우

$$L_i = -2L \sin^2\left(\frac{\alpha}{2}\right)$$

$$L_o = L - 2L \sin^2\left(\frac{\alpha}{2}\right)$$

여기서, L_i : 경사보정치
 L_o : 정확한 거리
 α : 경사각

5) 장력보정

$$\Delta P = \pm \frac{(P-P_0)L}{AE}$$

$$L_0 = L \pm \Delta P$$

여기서 ΔP: 장력에 대한 보정량
L : 실측한 길이
L_o : 정확한 거리
P : 측정시의 장력(kg)
P_0 : 표준 장력(10kg)
A : 테이프의 단면적(cm^2)
E : 테이프의 탄성계수(보통 2,000,000kg/cm^2)

6) 처짐보정

$$\Delta S = L - l = -\frac{L}{24}\left(\frac{Wl}{P}\right)^2$$

$$L_0 = L - \Delta S$$

여기서, ΔS: 처짐에 대한 보정량
L : 실측한 길이(구간과 구간수 n)
L_o : 정확한 거리
W : 쇠줄자의 자중(kg/m)
l : 말뚝 사이의 거리
P : 실측 시에 당기는 힘, 즉 장력(kg)

예제 05

길이 50m인 강철자를 5m 간격으로 받치고 장력 15kg을 가하여 기선 180m를 관측할 때 기선 전장에 대한 처짐보정량은(쇠줄자의 자중은 0.00101kg/cm)?

●해설 $\Delta S = L - l = -\frac{L}{24}\left(\frac{Wl}{P}\right)^2 = -\frac{18000}{24}\left(\frac{0.00101 \times 500}{15}\right)^2 = -0.85 \text{cm}$

인간과 지형공간정보학

7) 평균해수면 상의 길이에 대한 보정(표고보정)

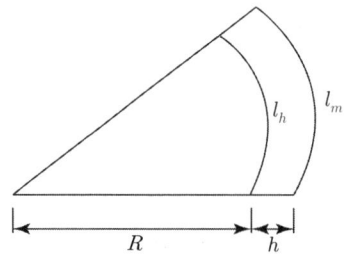

그림 3.20 평균해면

$$C_h = -\left(\frac{h}{R}\right)l_m$$

$$l_h = l_m - C_h = l_m - \left(\frac{h}{R}\right)l_m$$

여기서, C_h : 평균 해수면 상의 길이에 대한 보정량
  R : 지구의 반지름
  h : 평균 표고
  l_h : 평균 해수면 상의 길이에 대한 보정길이
  l_m : 모든 보정이 끝난 기선길이의 평균값

예제 06

기선의 길이 500m로 측정된 지반의 평균표고는 18.5m이다. 이 기선을 평균 해면상의 거리로 환산한 보정량과 최종 보정값은?

● 해설
$$C_h = -\left(\frac{h}{R}\right)l_m = -\frac{18.5 \times 500}{6370000} = -0.00145\text{m} = -0.15\text{cm}$$

$$l_h = l_m - C_h = 500 - 0.00145\text{m} = 499.99855\text{m}$$

---

8) 거리계산의 일반식

$$L' = L + C_0 + C_i + C_t + \Delta P + \Delta S \quad (\text{①~⑤ 보정까지 마치고})$$

$$L_0 = L' + C_h (\text{표고 보정 첨가})$$

제3장 거리측량

예제 07

줄자특성값 50m − 0.0018m인 쇠줄자로 $t=25°C, P=12$kg으로 관측한 값 $D=149.9862$m 정확한 거리는?

$t_0 = 15°C$, $P_0 = 10$kg, $A = 0.028$cm^2, $E = 2 \times 10^6$kg/cm^2,
$\alpha = 0.000011/°C$, $w = 0.023$kg/m, 지지말뚝거리 $d = 10$m
표고차 $h = 45$cm, 평균표고 350m, $R = 6370$km

● 해설

① 특성값보정 $C_0 = \dfrac{\Delta l}{l} \cdot D = \dfrac{-0.0018}{50} \times 149.9862 = -0.0054$m

② 온도보정 $C_t = \alpha(t-t_0)D = 0.000011 \times (25-15) \times 149.9862 = +0.0165$m

③ 경사보정 $C_i = -\dfrac{h^2}{2D} = -\dfrac{(0.45)^2}{2 \times 149.9862} = -0.0007$m

④ 장력보정 $\Delta P = \dfrac{(p-p_0)}{AE}D = \dfrac{(12-10)}{0.028 \times 2 \times 10^6} \times 149.9862 = +0.0054$m

⑤ 처짐보정 $\Delta S = -\dfrac{nd}{24}\left(\dfrac{wd}{p}\right)^2 = -\dfrac{15 \times 10}{24}\left(\dfrac{0.023 \times 10}{12}\right)^2 = -0.0023$m

①~⑤보정까지
$L' = 149.9862 - 0.0054 + 0.0165 - 0.0023 - 0.0007 + 0.0054 = 149.9997$m

⑥ 표고보정 $C_h = -\dfrac{H}{R}L' = -350 \times \dfrac{149.9997}{6370000} = -0.0082$m

최확값 $L_0 = 149.9997 + C_h = 149.9997 - 0.0082 = 149.9915$m

3.6.3 전길이에 대한 오차 보정

정오차는 주로 거리의 길이, 관측횟수에 비례하며, 우연오차는 관측횟수의 제곱근에 비례한다.

(1) 전길이의 정오차

$$e_1 = \dfrac{L}{l}\delta_1 = n\delta_1$$

여기서, e_1 : 전길이의 정오차
L : 측정 전 길이
l : 테이프의 길이
δ_1 : 정오차(누적오차)

(2) 전길이의 우연오차

$$e_2 = \delta_2 \sqrt{\frac{L}{l}} = \pm \delta_2 \sqrt{n}$$

여기서, e_2 : 전길이의 우연오차
L : 측정 전 길이
l : 테이프의 길이
δ_2 : 우연오차

(3) 전길이의 오차

$$\delta = e_1 \pm e_2$$

(4) 평균제곱오차

$$m = \pm \sqrt{정오차^2 + 우연오차^2}$$

예제 08

2000m를 50m 강철테이프로 측정할 때 매회 측정시 정오차 +2.5mm, 우연오차 ±2.5mm가 발생한다면 전 길이에 대한 오차와 최종 보정값은?

해설

정오차 $e_1 = \dfrac{L}{l}\delta_1 = \dfrac{2000000}{50000} \times 2.5 = 100\,\text{mm}$

우연오차 $e_2 = \delta_2 \sqrt{\dfrac{L}{l}} = 2.5 \times \sqrt{\dfrac{2000000}{50000}} = 15.8\,\text{mm}$

전길이에 대한 오차 $\delta = e_1 \pm e_2 = 100 \pm 15.8\,\text{mm}$

최종 보정값 $= 2000000 + 100 \pm 15.8 = 2000100 \pm 15.8\,\text{mm}$

3.6.4 최확값과 표준편차

(1) 거리측정의 최확값

$$L_0 = \frac{L_1 + L_2 + \cdots + L_n}{n}$$

(2) 경중률이 다를 때 최확값

$$L_0 = \frac{P_1 L_1 + P_2 L_2 + \cdots + P_n L_n}{P_1 + P_2 + \cdots + P_n}$$

(3) 경중률(weight): 무게, 중량치

weight $\propto N$(관측횟수) $P_1 : P_2 : P_3 = N_1 : N_2 : N_3$

weight $\propto \dfrac{1}{S}$ (노선거리) $P_1 : P_2 : P_3 = \dfrac{1}{S_1} : \dfrac{1}{S_2} : \dfrac{1}{S_3}$

weight $\propto \dfrac{1}{m^2}$ (m: 평균제곱근 오차) $P_1 : P_2 : P_3 = \dfrac{1}{m_1^2} : \dfrac{1}{m_2^2} : \dfrac{1}{m_3^2}$

(4) 1회 측정치의 표준편차(평균제곱근오차, 중등오차)

$$m_0 = \pm \sqrt{\frac{[\nu\nu]}{n-1}} \qquad 정도 = \frac{m_0}{l_1} \,(l_1 은\ 개별\ 관측값)$$

(5) 최확값에 의한 표준편차

$$m_0 = \pm \sqrt{\frac{[\nu\nu]}{n(n-1)}} \qquad 정도 = \frac{m_0}{L_0} \,(L_0 는\ 최확값)$$

(6) 경중률을 고려한 1회 측정치의 표준편차

$$m_0 = \pm \sqrt{\frac{[P\nu\nu]}{(n-1)}}$$

(7) 경중률을 고려한 최확값에 의한 표준편차

$$m_0 = \pm \sqrt{\frac{[P\nu\nu]}{[P](n-1)}}$$

(8) 확률오차

$$r_0 = \pm 0.6745 m_0$$

(9) 오차전파의 법칙

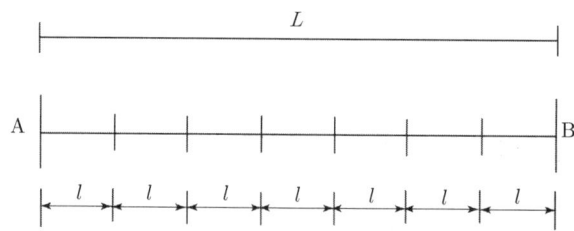

1) 줄자의 길이와 정도의 관계

측선 AB를 n회 분할 관측하였을 경우 전길이에 대한 평균제곱오차는 오차전파 법칙에 의해

$$m_0 = \pm \sqrt{\frac{L}{l}m^2} = \pm \sqrt{nm^2} = \pm m\sqrt{n}$$

2) 측선의 분획 및 관측의 정도

각 구간별로 n회 관측하여 최확값을 얻고 평균제곱오차를 구했을 경우 오차전파 법칙에 의해

$$m_0 = \pm \sqrt{m_1^2 + m_2^2 + \cdots + m_n^2} \qquad (m_1 \neq m_2 \cdots \neq m_n)$$

$$m_0 = \pm m\sqrt{n} \qquad\qquad\qquad\qquad (m_1 = m_2 \cdots = m_n)$$

제4장 수준측량

4.1 수준측량(고저측량)의 정의

4.1.1 정의

① 기준면에 대한 한 점의 높이 결정 및 한 점에 대한 다른 점의 수직위치(표고, 높이)를 결정
② 지표면상의 상호 수직위치 관계
③ 지표하의 지하 깊이 측량
④ 수심측량 및 공간상의 높이 측량
⑤ 고저측량 또는 레벨측량이라고도 부른다.

4.1.2 용어 설명

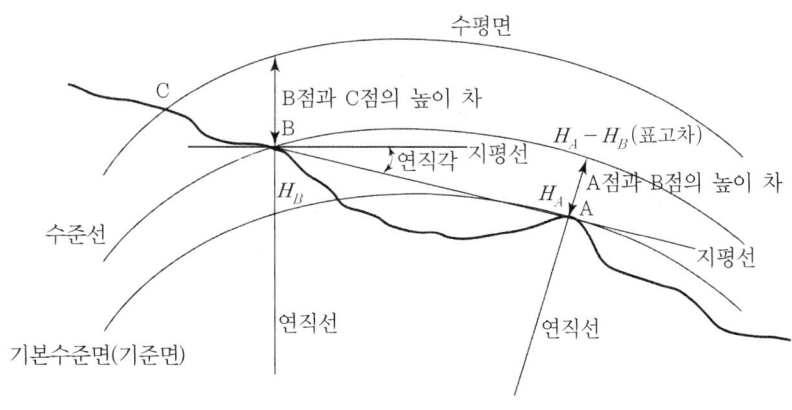

그림 4.1 수준측량의 기준

(1) 수준면(Level Surface)과 수준선(Level Line)

① 점들이 중력방향에 직각으로 이루어진 곡면(중력방향에 연직)을 수준면이라고 한다.
② 즉, 지오이드 면이나 정지한 해수면을 말한다.
③ 수평면은 일반적으로 구면 또는 회전 타원체면이라 가정한다.
④ 하지만 소규모의 측량에서는 수평면을 평면으로 가정하여도 무방하다.(지구곡률을 고려하지 않고 수준측량을 하여도 무방)
⑤ 수준면에 평행한 곡선을 수준선이라고 한다.

(2) 수평면(Horizontal Plane)과 수평선(Horizontal Line)

① 수준면의 한 점에 접한 평면을 수평면
② 수준면의 한 점에 접한 접선을 수평선

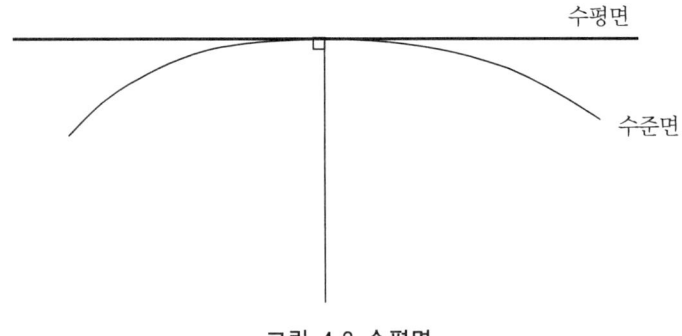

그림 4.2 수평면

- 지평면 : 수평면의 한 점에서 접하는 평면
- 지평선 : 수평면의 한 점에서 접하는 접선

(3) 평균해면(Mean Sea Level, MSL)

① 해수의 파도를 정지시키고 간만의 차(조위관측)에 의한 수위변동을 평균한 수준면을 말한다.
② 보통 평균해면을 국가수준기준면(National Geodetic Vertical Datum)으로 이용한다.

(4) 기준면(Datum Level)

① 높이의 기준이 되는 수준면으로 그 면의 높이를 ±0으로 정한다.

② 기준면은 일반적으로 수년 동안 관측하여 얻은 평균해수면(M.S.L)을 사용한다.
③ 기준면은 계산에 의한 가상면이므로 이용하기에 불편함이 있다.
④ 그러므로, 평균해수면을 측정한 부근에 표지를 만들어 정확한 높이를 측정한 것을 수준기점으로 사용한다.
⑤ 수준기점 중에서도 기준이 되는 표지를 수준원점(Orignal Bench Mark)이라 한다.(한국에서는 인하대학교 구내의 수준원점을 이용 26.6871m)
⑥ 제주도, 도서지방, 항만, 하천공사 시는 별도 기준면(조석 관측으로 결정)을 사용하게 된다.

(5) 표고(Elevation)

① 국가수준기준면으로부터 그 지점까지 연직선을 따라 측정한 길이를 말한다.
② 표고측정은 레벨(기포관이 연직선에 수직으로 작용)을 주로 사용한다.
③ 삼각점의 표고 결정에는 삼각수준측량에 사용한다.
④ 정밀수준측량시에는 중력측정에 의한 보정이 필요하다.

(6) 수준점(Bench Mark : B.M)

기준면으로부터의 높이를 정확히 구하여 놓은 점으로 수준측량의 기준이 되는 점이다(수준기표라고도 함).

그림 4.3 수준점 영구표석

1) 등급

① 측정값의 정확도에 따라 1등 수준점(840개), 2등 수준점(3360개)으로 구분한다.
 • 1등 수준점의 평균간격 : 4km
   2등 수준점의 평균간격 : 2km

- 1등 수준측량 : 시준거리 최대 50m, 읽음단위 0.1mm
   2등 수준측량 : 시준거리 최대 60m, 읽음단위 1mm
② 수준점은 주로 국도 및 주요도로, 철도 옆 혹은 공공기관 장소에 설치되어 있다.

표 4.1 수준측량의 허용오차

허용오차	1등 수준측량	2등 수준측량
왕복차	$2.5\sqrt{S}$ mm	$5.0\sqrt{S}$ mm
환폐합차	$2.0\sqrt{L}$ mm	$5.0\sqrt{L}$ mm
신설점의 폐합차	$15\sqrt{L}$ mm	$15\sqrt{L}$ mm

$\sqrt{S}$: 편도거리(km), $\sqrt{L}$: 환전체거리(km)

2) 수준점 표지

① 표주로만 구성한다.
② 상부 둘레에 보호석을 설치한다.

3) 수준점 성과표

① 국토지리정보원에서 보관·관리한다.
② 위치, 약도, 등급, 높이 등 기록해 둔다.

(7) 수준망(Leveling Net)

두 개 이상의 수준환이 결합한 것이다.
① 각 수준점 간은 왕복 관측하여 그 관측자가 허용오차 이내가 되어야 한다.
② 수준점 수가 많으면 오차가 누적된다.
③ 수준점을 연결한 수준노선이 원출발점으로 돌아가든가(두 수준점이 동일표고이 므로 표고차는 0이 되어야 함), 이미 표고를 알고 있는 다른 수준점에 연결하여 망을 이룬다. 이를 수준망이라 한다.
④ 수준망의 형태
  - 폐합수준측량 : 출발점에서 출발하여 환의 형태로 돌아 다시 그 점으로 돌아오는 수준측량
  - 결합수준측량 : 기지점에서 출발하여 기지점으로 결합하는 수준노선의 측량
  - 왕복수준측량 : 출발점에서 출발하여 왕복하여 다시 출발점으로 돌아가는 수준 측량
  - 가급적 왕복수준측량을 원칙으로 한다.

(8) 수준측량의 기준원점

① 평균 최저 간조면(Mean Lowest Low Water Level) : 해저수심
② 평균 최고 만조면(Mean Highest High Water Level) : 해안선
③ 평균 해수면(Mean Sea Level) : 육지표고의 기준

4.2 수준측량의 분류

4.2.1 측량방법에 따른 분류

(1) 직접수준측량(Direct Leveling)

레벨을 이용하여 두 점 간에 세운 표척의 눈금차로부터 직접 고저차를 구하는 방법이다.

(2) 간접수준측량(Indirect Leveling)

레벨 이외의 기구를 사용하여 고저차를 구하는 방법이다.

① 삼각 수준측량(trigonometrical leveling) : 두 점 간의 연직각과 수평거리 또는 경사 거리를 측정하여 삼각법에 의하여 고저차를 구한다.
② 스타디아 수준측량(stadia leveling) : 스타디아 측량으로 고저차를 고한다.
③ 기압 수준측량(barometrical leveling) : 기압계나 물리적 방법에 따라 기압차를 구하여 고저차를 구하며, 관측 기압을 표준상태(0℃, 760mmHg)로 한다.
④ 항공사진측량(aerial photographic leveling) : 항공사진의 입체 시에 의하여 고저차를 구한다.
⑤ 기타 : 평판의 앨리데이드에 의한 방법, 나반에 의한 방법, 중력에 의한 방법 등이 있다.

(3) 교호수준측량(reciprocal leveling)

강 또는 바다 등으로 인하여 접근이 곤란한 두 점 간의 고저차를 직접 또는 간접수준측량에 의하여 구하는 방법이다.

(4) 개략수준측량(approximate leveling)

간단한 기구로서 정밀을 요하지 않은 두 점 간의 고저차를 구하는 방법이다.

4.2.2 측량의 목적에 따른 분류

(1) 고저차 수준측량(differential leveling)

서로 떨어진 두 점 사이의 고저차만을 측정하기 위한 측량이다.

(2) 단면 수준측량(areal leveling)

① 도로, 철도, 하천(수로) 등의 정해진 선을 따라 일정한 간격으로 표고를 정하므로 단면이나 토량을 계산하기 위하여 실시하는 측량방법이다.
② 종단 수준측량과 횡단 수준측량이 있다.

4.2.3 측량 규격에 따른 분류

(1) 1등 수준측량

국가기준점으로서의 수준측량, 평균 4km 간격을 둔다.

(2) 2등 수준측량

국가기준점으로서의 수준측량, 평균 2km 간격을 둔다.

(3) 공공측량용 수준측량

각종 공사에 필요한 측량이다.

(4) 간이 수준측량

높은 정확도를 요구하지 않는 고저차 측량이다.

4.3 수준측량기계

4.3.1 Hand Level

① 길이 12~15cm의 원통 또는 각통형의 간이 측량기이다.
② 구조가 단순하고 취급이 간편하므로 노선조사나 횡단수준측량에 많이 이용한다.

4.3.2 Clinometer Hand Level

① 경사측정이 가능
② 분도기가 설치

4.3.3 레이저 레벨(Laser Level)

① 원하는 지역에 레이저 빔을 전송하여 표척에 부착된 프리즘을 통해 고저차를 파악한다.
② 시준에 장애가 없는 경우 약 100,000m^2에 달하는 지역을 신속히 측량 가능하다.
③ 100m 당 약 ±10mm의 오차가 발생하므로 정밀한 수준측량보다는 일반적 건설측량에 이용된다.

4.3.4 자동레벨(Self-leveling Level)

① 정준을 기포관에 의해 하지 않고 대략 정준을 하면 자동적으로 시준선이 수평(보정기 : compensator)이 된다.
② 사용이 편리하고 신속하며, 일반적 건설측량에 주로 많이 이용된다.

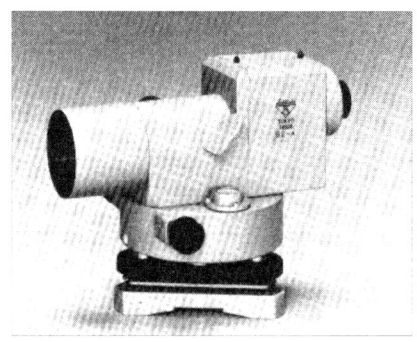

그림 4.4 자동 레벨

인간과 지형공간정보학

4.3.5 기타 간이 측량장비

① 추준기(Plumb Line Level) : 추의 방향에 직각인 평면을 구하여 지평선을 얻는 장비, 주로 건축에서 많이 사용된다.
② 반사시준기(Reflection Level)
③ Water Level : 유리관에 고인 물이 수평과 고저차를 신속하게 측정하게 한다.
④ 표척(Staff)
  - 일반적으로 토목, 건축측량에는 최소눈금 5mm, 길이 5m가 사용된다.
  - 낚시대처럼 3부분 정도로 나누어, 넣고 뺄 수 있는 구조나 접는 구조가 있다.
  - 알루미늄이나 유리섬유로 만든 것을 주로 사용한다.
  - 정밀수준측량에는 Invar(니켈과 강철의 합금)로 만든 Invar 표척이 주로 사용된다.

4.3.6 일반 레벨

① 일반레벨이라 하면 기포관을 이용해 수평시준이 가능하도록 하는 측량기로 자동레벨과 구분한다.
② 보통 망원경(telescope), 수준기(level tube), 정준장치(leveling head)로 구성된다.
③ Y레벨, 덤피레벨, 틸팅레벨(정밀수준측량) 등이 있다.
④ 망원경에는 외부 초점형과 내부 초점형이 있다.
⑤ 기포관은 다년이 경과해도 내부 액체에 의해 변질이 없고 액체의 유동이 용이해야 한다.
⑥ 기포관의 액체는 알코올이나 에테르를 주로 사용하게 된다.
⑦ 망원경의 확대율은 보통 20~30배의 것이 많이 사용한다.
⑧ 망원경의 십자선은 거미줄, 유리판, 백금선, 명주실 등을 이용한다.
⑨ 정준은 기포관을 조정하여 기계가 최대한 수평이 되도록 하는 것을 말한다.
⑩ 정준나사는 3개 또는 4개를 많이 사용한다.

4.4 수준측량의 작업

4.4.1 계획 및 준비

소요의 정도와 경제성 있는 측량을 실시하려면 충분한 계획과 준비가 필요하다.

(1) 도상계획(1:50000 지형도)

도상계획은 이미 설치된 수준점의 위치를 조사하고, 가장 좋은 경로를 선택한다. 이때 유의할 사항은 아래와 같다.

① 측량은 국도상에서 하기 때문에 도로 교통상황 등을 고려해야 한다.
② 수준점(영구표식)을 설치할 도로가 가까운 장래에 개수될 예정인 곳은 되도록 피한다.
③ 수준측량 노선은 거리가 다소 멀어도 경사가 완만한 경로를 택하는 것이 좋다.

(2) 세부계획

① 도상계획이 끝나면 세부계획을 세운다.
② 주어진 점의 성과, 점의 기록(기설 수준점에 대한 위치의 명세를 기록한 것)을 준비한다.
③ 휴대용 기계 및 기구, 소모품 같은 것을 빠뜨리지 않도록 잘 준비한다.
④ 측량장비의 점검, 조정을 충분히 하여 완전한 것만 현장으로 가져간다.

4.4.2 답사 및 선점

① 답사와 선점(영구표석을 설치하는 지점의 선점)은 보통 동시에 행한다.
② 답사에는 계획노선이 적당한지의 여부와 기설점에 이상이 없는가를 확인한다.
③ 노선을 확정하면 소정의 간격으로 설치할 영구표석의 위치를 선정한다.
④ 선점 시 주의할 사항은 다음과 같다.
  - 수준점의 위치는 도로 한쪽이나 혹은, 도로에 근접한 지역 내의 안전하면서도 발견하기 쉬운 지점을 선정한다.
  - 고개, 갈림길, 교차점 등은 선점 대상으로 매우 적당하므로 측량거리에 다소의 신축을 가져오더라도 그 지점을 택한다.
  - 습지, 진흙지 등의 연약 지반이나 제방 위, 도랑의 양단 등은 보존하는 데 부적당하므로 되도록 피한다.
  - 도로상에 택했을 때는 길의 가장자리 등 교통에 지장이 없는 곳을 택한다.

4.4.3 수준점과 매석

① 선점이 끝나면 관측에 앞서 표석을 묻는다.
② 그 하부에 콘크리트로 기초를 튼튼하게 하고 지표상에 나온 표석부분이 보호되도

인간과 지형공간정보학

록 그 주위에 보호석을 놓고 필요하면 콘크리트로 포장을 한다.
③ 시가지 등의 복잡한 곳에서는 지하에 매설하고, 그 위에 뚜껑을 덮어 콘크리트로 보호한다.

4.5 수준측량의 방법

4.5.1 핸드레벨 측량(Hand Leveling)

고저차를 구축하려는 두 점 사이의 거리가 짧고, 그다지 정밀을 요하지 않을 때는 핸드레벨을 사용한다.(약측할 때 적당하다)

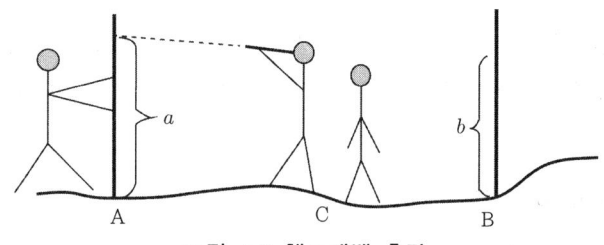

그림 4.5 핸드레벨 측량

(1) 핸드레벨을 사용하여 고저차를 측정하는 방법

① 표척수는 표척을 가지고 A점으로 가고, 관측수는 핸드레벨을 가지고 A, B 두 점의 거의 중앙 C점에, 기장수는 연필과 야장을 가지고 관측수의 옆에 위치한다.
② 표척수는 A점에 표척을 수직으로 세우고 관측수를 보고선다. 이때 표척의 눈금은 핸드레벨을 향하게 한다.
③ 관측수는 핸드레벨을 손에 쥐고, 접안공에 눈을 대고 A점에 세운 표척을 시준한 다음 핸드레벨을 조금씩 위 아래로 움직여 지선에 의하여 기포관의 기포를 2등분 상태로 한다. 지선에 의하여 기포가 2등분될 때 지선과 만나는 눈금을 읽는다. 이 것이 구하려는 A점 표척의 눈금 a이다.
④ A표척의 눈금을 기장수 에게 알리고 기장수는 이를 야장에 기입한다. 다음에 표척수는 B점에 표척을 수직으로 세우고 관측수를 향하여 선다.
⑤ 관측수는 서 있던 위치를 움직이지 말고, 핸드레벨을 사용하여 ③과 같은 방법으로 B점의 표척의 눈금 b를 읽는다.
⑥ 기장수는 관측수가 읽는 B점의 표척의 눈금을 야장에 기입한다.

A, B점 사이의 고저차는 다음과 같다.

(A, B사이의 고저차) = (A표척의 눈금 : a) − (B표척의 눈금 : b)

4.5.2 직접 수준측량

(1) 용어설명

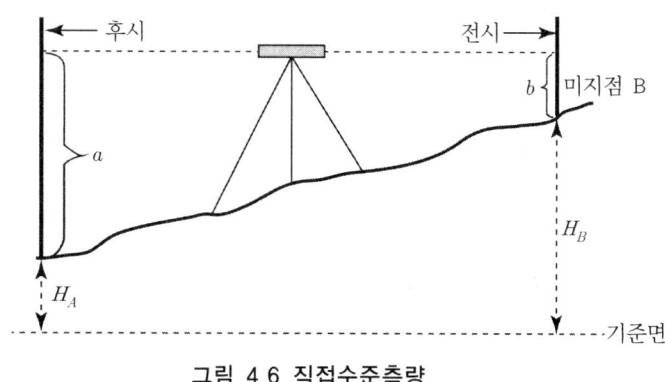

그림 4.6 직접수준측량

① 후시(back sight : B.S) : 기지점에 세운 표척의 눈금을 읽는 것을 말한다.
② 전시(fore sight : F.S) : 표고를 구하려는 점에 세운 표척의 눈금을 읽는 것을 말한다.
③ 기계고(instrument hight : I.H) : 기계를 고정시켰을 때 지표면으로부터 망원경의 시준선까지의 높이를 말한다.
④ 이점(turning point : T.P)
   - 여러 번 기계를 이동시켜 고저차를 구하려고 할 때, 전후의 측량을 연결하기 위하여 전시, 후시를 함께 취하는 표척점을 이점이라 한다. 즉, 전·후시의 연결점이다.
   - 이 점(T.P)은 측량결과에 중대한 영향을 미치는 점이므로 전시, 후시를 취하는 동안에 이동하거나 침하되는 일이 없어야 하므로 적당한 장소를 선택하여야 한다.
⑤ 중간점(intermediate point : I.P)
   - 전시만 관측하는 점으로서 표고만을 관측하는 점을 말한다.
   - 이 점(I.P)의 오차는 다른 점에 영향을 주지 않으며, 시준값은 중간시(I.S)의 값이 된다.

인간과 지형공간정보학

(2) 준비물

레벨, 표척 2개, 표척대 2개, 줄자, 야장 등

(3) 2점이 시준 가능할 때의 수준측량법

① 후시(B.S), 전시(F.S)의 시준거리가 거의 같고 시통이 가능한 점에 기계를 세워 정준한다.
② 십자선이 선명히 보이도록 한다.
③ 망원경을 시준하여 점 A로 향하게 하고, 수평 미동나사로 십자종선을 표척에 맞추어 초점을 맞춘다.
④ 수준 미동나사로 기포를 맞추어 관측치 a(후시)를 읽는다.
⑤ 망원경을 점 B로 향하고 앞의 ②, ③, ④의 요령으로 시준하여 관측값 b(전시)를 읽는다.
⑥ 점 A, 점 B의 고저차를 다음 식으로 구한다.

$$h = a - b$$

⑦ 점 A의 표고를 H_A로 하면 점 B의 표고 H_B를 다음 식으로 구한다.

$$H_B = H_A + a - b$$

 예제 01

아래 그림에서 중간에 담장 PQ가 있어 P점에 표척을 세워 다음과 같이 읽었을 때 A점의 표고가 51.25m라면 B점의 표고는?

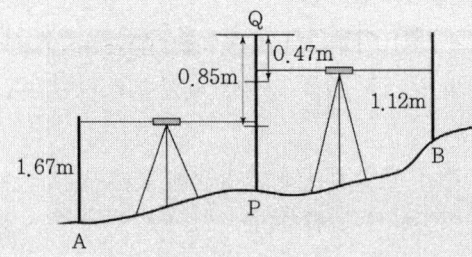

●해설
① $\Sigma B.S - 1.67 + (-0.47) = 1.20$
② $\Sigma F.S = (-0.85) + 1.12 = 0.27$
③ $H_B = H_A + \Sigma B.S - \Sigma F.S$
   $= 51.25 - 1.20 = 52.18m$

(4) 2점을 직접 시준할 수 없을 때의 수준측량법

① 적당한 구간으로 나누어 점 1, 2를 설정한다.
② 표척을 후시할 점 A 및 점 1에 세운다.
③ 레벨을 세운 점 a에서 점 A, 점 1까지의 거리가 대략 같게 한다.
④ 점 a에 기계를 세워 점 A를 시준하여 후시 1.205m를 야장의 후시란에 기입한다.
⑤ 점 A의 표척을 점 2에 옮겨 세운다.
⑥ 망원경을 점 1의 방향으로 돌리어 전시 0.925m를 야장에 기입한다.
⑦ 이하를 앞의 요령으로 작업을 진행한다.
⑧ B점까지의 측량이 완료되면 A점으로 다시 측량을 왕복 실시한다.
⑨ 야장기입 방법은 아래의 표 4.2를 참조한다.

표 4.2 고차식 야장

측점 S.T (m)	후시 B.S (m)	전시 F.S (m)	지반고 G.H (m)	비 고
A	1.205		20.000	A의 지반고 = 20.000
1	1.731	0.925		$\sum$ 후시 = 4.670
2	1.734	1.483		$\sum$ 전시 = 4.090
B		1.682	20.580	0.580
B	1.470		20.582	
2	1.838	1.525		$\sum$ 후시 = 4.549
1	1.241	2.077		$\sum$ 전시 = 5.131
A		1.529	20.000	−0.582
	9.219	9.221		

왕 복 오 차 = 9.219 − 9.221 = −0.002
AB의 고저차 = (0.580 + 0.582) / 2 = 0.581
B의 지반고 = 20.000 + 0.581 = 20.581

(5) 계산정리

① 점 A, 점 B의 고저차를 h, 점 A의 표고를 H_A(기지값), 점 B의 표고를 H_B(미지값)이라 하면 h, H_B를 다음과 같이 구할 수 있다.

$$h = \sum 후시 - \sum 전시$$
$$H_B = H_A + \sum 후시 - \sum 전시$$

② 오차가 허용오차 이내에 있으면 고저차 h, 점 B의 표고 H_B를 복측(復測)의 평균값으로부터 구한다.

인간과 지형공간정보학

(6) 주의사항

① 시준거리는 보통 30~100m로 한다. 이점(T.P)은 견고한 곳을 선택한다.
② 잡아빼는 표척에서 이음 부분의 눈금이 정확한지 주의하며 표척의 눈금은 1mm까지 읽는다.
③ 야장의 기입에서 전시(F.S), 후시(B.S)를 바꿔 쓴다든가, 기타 착오가 없도록 한다.
④ 시준거리는 1등 수준측량에서 50m 이내(40m), 2등 수준측량에서 60m 이내를 유지한다.

예제 02

아래 그림에서 AB 간의 고저차는?

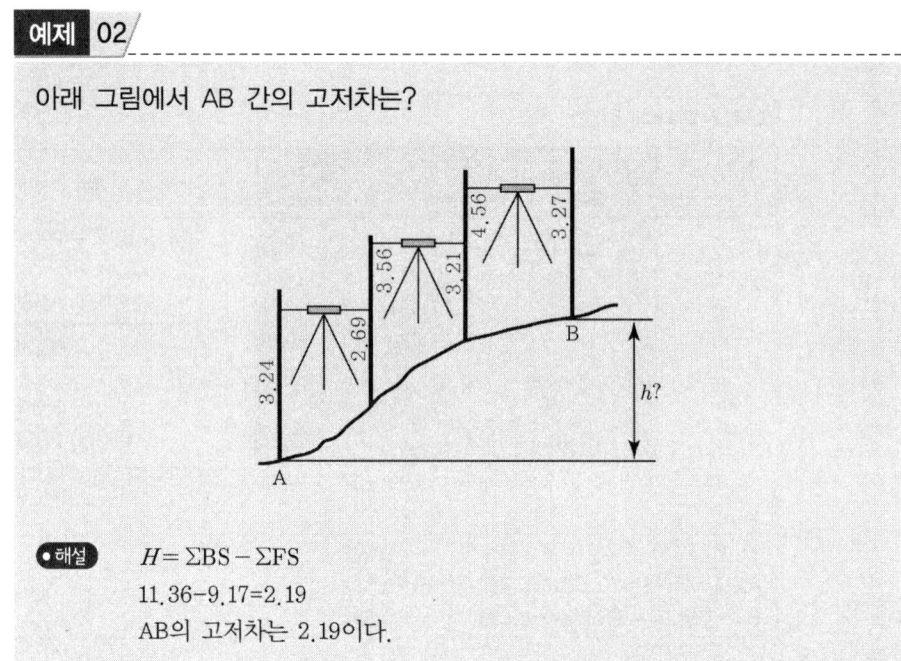

● 해설 $H = \Sigma BS - \Sigma FS$
11.36 - 9.17 = 2.19
AB의 고저차는 2.19이다.

4.5.3 교호 수준측량(Reciprocal Leveling)

(1) 준비물

레벨, 표척 2개, 표척대 2개, 줄자, 야장 등

(2) 측량 방법

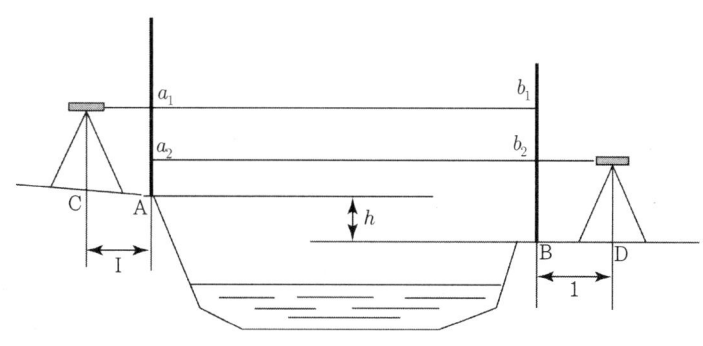

그림 4.7 교호 수준 측량

① 위의 그림에 있어서 레벨과 표척을 위치 C-A, D-B를 대상으로 하여 설치한다.
② 점 C에 기계를 세워서 점 A 및 점 B의 표척의 눈금 a_1, b_1를 읽는다.
③ 기계를 점 D에 옮겨 점 A 및 점 B의 표척의 눈금 a_2, b_2를 읽는다.
④ 점 C, 점 D에 관측한 값을 평균화하여 표고차 h를 구한다.

$$h = a_1 - b_1 = a_2 - b_2$$
$$h = \frac{1}{2}\{(a_1 - b_1) + (a_2 - b_2)\}$$

⑤ 위의 그림에서 DA, CB가 100m 이상일 때는 표척은 타켓이 부착된 것을 사용하여 시준될 수 있도록 타켓을 상하로 유도하여 고정시킨다.

(3) 주의사항

① 위 그림에서 기계점으로부터 표척까지의 거리 l은 3~5m가 좋다.
② 기상조건의 변화에 의한 오차를 제거하기 위해서는 점 C, 점 D에 기계를 세워서 동시에 관측한다.

4.5.4 종단 수준 측량

① 종단 수준측량이란 도로, 수로, 철도 등을 신설할 때, 노선의 중심을 따라 지반고(G.H)를 측정하는 것이다.
② 노선에 따라 일정한 간격마다 표고 차이를 측정한다.
③ 노선의 중심선을 연직으로 절단한 토지의 종단면도를 만드는 것이 목적이다.

(1) 준비물

레벨, 표척(2개), 표척대, 줄자, 야장 등

(2) 방법

① 철도, 도로의 경우는 10~30m, 하천 및 수로의 경우는 20~50m마다 중심말뚝을 박아 노선의 중심을 정한다.
② 중심 말뚝 사이에 지반고의 변화가 있을 경우 플러스말뚝(Plus Peg)을 박고 고저차를 측량한다.
③ 종단수준측량은 한 번 기계를 세우면 그 위치에서 많은 중간점을 관측한다.
④ 더 이상 표척을 시준할 수 없을 때 이 기점 T.P를 선정하여 레벨을 이동한다.
⑤ T.P를 측정하는 정확도는 측량전체에 영향을 미치므로 세심하게 실시하여야 한다.

표 4.3 기고식 야장

측점 S.T(m)	거리 D.T(m)	후시 B.S(m)	기계고 I.H(m)	전시 F.S(m)		지반고 G.H(m)	비 고
				T.P	I.P		
BM1	–	0.715	36.965	–	–	36.250	
No.0	–	–	–	–	0.71	36.26	
No.0+29	29	–	–	–	0.76	36.21	
No.1	40	–	–	–	1.52	35.45	
No.1+12	52	–	–	–	2.63	34.34	
No.2	80	–	–	–	2.70	34.27	
No.2+14	94	–	–	–	2.68	34.29	No. 0의 지반고 = 36.250
No.3	120	–	–	–	1.54	35.43	
T.P.1	–	2.592	38.214	1.343	–	35.622	
No.3+24	144	–	–	–	2.37	35.84	
No.4	160	–	–	–	1.30	36.91	
No.5	200	–	–	–	1.31	36.90	
No.6	240	–	–	–	1.863	6.35	
BM2	–	–	–	2.532	–	35.682	
계		3.307		3.875			

검산 : 후시합(3.307) − 전시합(3.875) = −0.568
$BM_2 - BM_1$ = 35.682 − 36.250 = −0.568

(3) 계산정리

① 기계고의 계산 : 기계고 = 지반고 + 후시

  예) BM1의 기계고

  $36.250 + 0.715 = 36.965$m

  T.P. 1의 기계고

  $35.622 + 2.592 = 38.214$m

② 지반고의 계산 : 지반고 = 기계고 − 전시

  예) No.0의 지반고

  $36.965 − 0.71 = 36.26$m

  No.1의 지반고

  $36.965 − 1.52 = 35.45$m

③ 검산 : (Σ후시 − Σ이점) = (후시의 지반고 − 최초의 지반고)의 값이 같은가 비교 점검

  후시합(3.307) − 전시합(3.875) = −0.568

  $BM_2 − BM_1 = 35.682 − 36.250 = −0.568$

4.6 횡단 수준측량(Cross Sectioning)

① 종단측량에 의하여 정해진 중심선 상의 각 측점에 대해 직각인 방향으로 지표면을 끊었을 때의 횡단면을 얻기 위한 측량이다.

② 중심말뚝을 기준으로 좌우 지반고의 변화가 있는 점까지의 거리 및 그 점의 높이를 측정한다.

(1) 준비물

레벨, 표척, 줄자, 직각기, 폴, 야장 등

(2) 방법

1) 폴을 사용할 경우

① 두 개의 폴을 가지고 그림 4.8과 같이 측량한다.

인간과 지형공간정보학

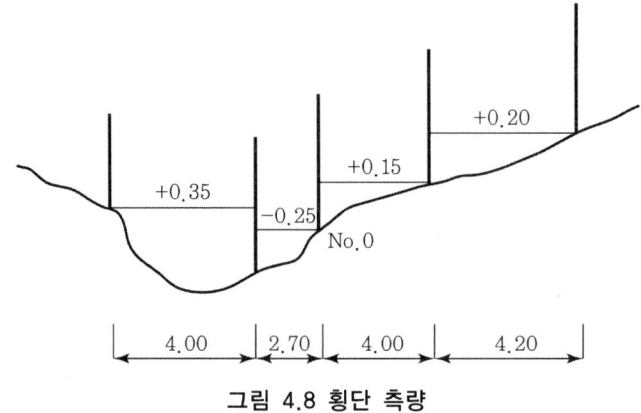

그림 4.8 횡단 측량

② 이때 폴의 수평은 목측으로 하거나 수준기를 이용하여 관측한다.
③ 이때에 "몇 m 가서 몇 m 내려감 또는 올라감"이라고 말한다.
④ 기장수는 거리를 분모로, 고저차를 분자로 하여 야장에 기입한다.
⑤ 올라가면 +, 내려가면 -로 기입한다.
⑥ 위 그림의 야장기입 예는 다음과 같다.

표 4.4 횡단 야장

좌		측점	우	
$\dfrac{+0.35}{4.00}$	$\dfrac{-0.25}{2.70}$	No. 0	$\dfrac{+0.15}{4.00}$	$\dfrac{+0.20}{4.20}$

2) 레벨을 사용할 경우

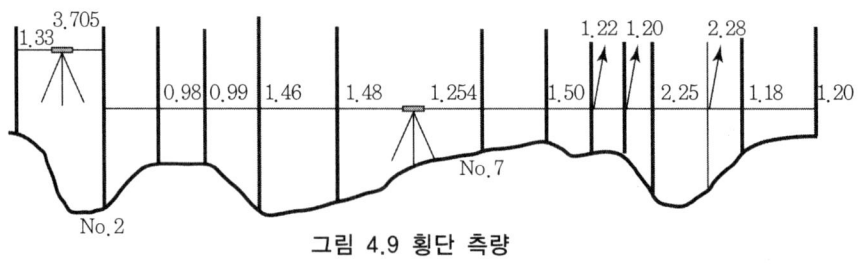

그림 4.9 횡단 측량

① 위 그림처럼 중심말뚝으로부터 직각인 선상에 위치한 경사변환점에 표척을 세운다.
② 경사변환점의 지반고를 구한다. 지반고(표고) = 기계고 - 전시(or 전시)
③ 이때에 거리는 테이프로 측정한다.

표 4.5 횡단측량 야장

중심말뚝에서 측점까지의 거리		후시 B.S(m)	기계고 I.H(m)	전시 F.S(m)		표고		비 고
좌	우			이기점 T.P	중간점 I.P	말뚝 상단	지반고 GH	
0.0		1.254	96.488	−	−	95.234	−	No. 7 말뚝상단
2.0		−	−	−	1.48	−	95.01	
3.0		−	−	−	1.46	−	95.03	
3.5		−	−	−	0.99	−	95.50	
4.0		−	−	−	0.98	−	95.51	
	2.0	−	−	−	1.50	−	94.99	
	2.0	−	−	−	1.22	−	95.27	
	2.5	−	−	−	1.20	−	95.29	
	3.0	−	−	−	2.25	−	94.24	
	4.0	−	−	−	2.28	−	94.21	
	4.5	−	−	−	1.18	−	95.31	
	6.5	−	−	−	1.20	−	95.29	
6.0		3.705	98.939	−	−	95.234	−	No. 2 말뚝상단
9.0		−	−	−	1.33	−	97.61	

4.6.1 삼각수준측량

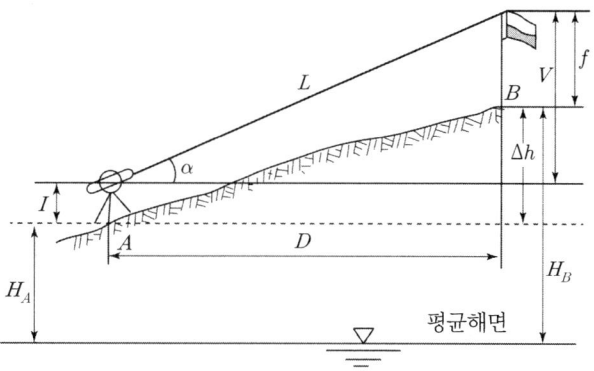

그림 4.10 삼각 수준 측량

① 측각기(transit or theodolite)를 사용, 연직각(α)측정, 수평거리(D), 기계고(I), 시준고(f)를 이용하여 높이를 결정한다.

$$H_B = H_A + D\tan\alpha + I - f$$

② 계산의 편의를 위해 $I = f$가 되는 f를 시준하고, 이때의 α를 측정한다.
③ 주로 삼각점의 표고를 결정할 때 사용한다.

4.7 야장기입법

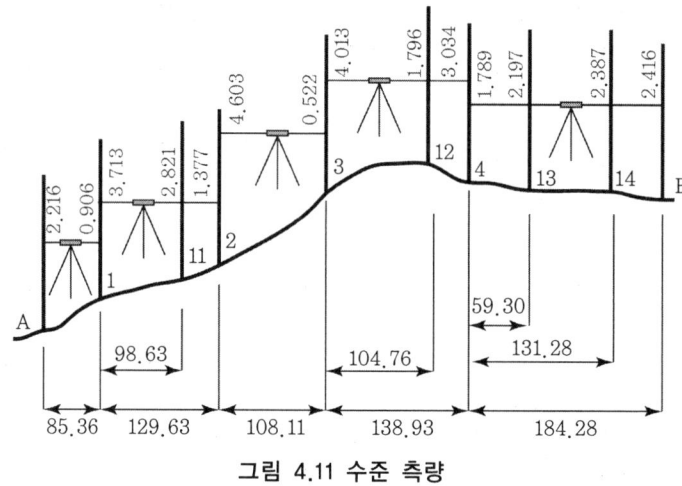

그림 4.11 수준 측량

4.7.1 고차식 야장기입법(differential or two-column system)

① 이 야장법은 후시와 전시의 2단만 있으면 고저차를 알 수 있으므로 2단식이라고도 한다.
② 이 방법은 두 점의 높이만을 구하는 것이 주목적이며 점검이 용이하지 않다.
③ 계산은 미지점의 지반고 = 기지점의 지반고 + Σ(T.P점의 후시) − Σ(T.P점의 전시)
④ 점검계산의 한계성 때문에 가장 낮은 등급에만 이용한다.

표 4.6 고차식 야장

측점(S.P)	거리(Dis)	후시(B.S)	전시(F.S)	지반고(G.H)	비고
A	0	2.216	−	50.00	A의 표고=50m
1	85.36	3.713	0.906		
2	129.63	4.603	1.377		
3	108.00	4.013	0.522		
4	138.93	1.789	3.034		
B	184.28	−	2.416	58.079	50+(Σ후시−Σ전시)
합계		16.334	8.255		

4.8 기고식 야장법(instrumental height system)

① 기고식 야장법은 중간점이 많을 경우에 용이하며, 후시보다 전시가 많을 경우 편리하다.
② 먼저 기계고를 계산한 후 각 측점의 지반고를 계산한다.
③ 승강식보다 기입사항이 적고 고차식보다 상세하므로 시간이 절약된다.
④ 일반적으로 종단수준측량에 많이 이용되고 있다.
  • 검산 : 후시합−전시합(이기점) + A = B
    16.334−8.255+50 = 58.079 = B

표 4.7 기고식 야장

측점 S.T(m)	거리 D.T(m)	후시 B.S(m)	기계고 I.H(m)	전시 F.S(m)		지반고 G.H(m)	비 고
				T.P	I.P		
A	0	2.216	52.216	−		50.000	
1	85.36	3.713	55.023	0.906		51.310	
11	98.63	−			2.821	52.202	
2	129.63	4.603	58.249	1.377		53.646	
3	108.11	4.013	61.740	0.522		57.727	기계고 = 지반고 + 후시
12	104.76	−			1.796	59.944	지반고 = 기계고 − 전시
4	138.93	1.789	60.495	3.034		58.706	
13	59.30	−			2.197	58.298	
14	131.28	−			2.387	58.108	
B	184.28	−		2.416		58.079	
계		16.334		8.255	9.201		

예제 03

종단측량 결과를 기고식 야장법으로 작성하라.(No. 0의 지반고는 30m)

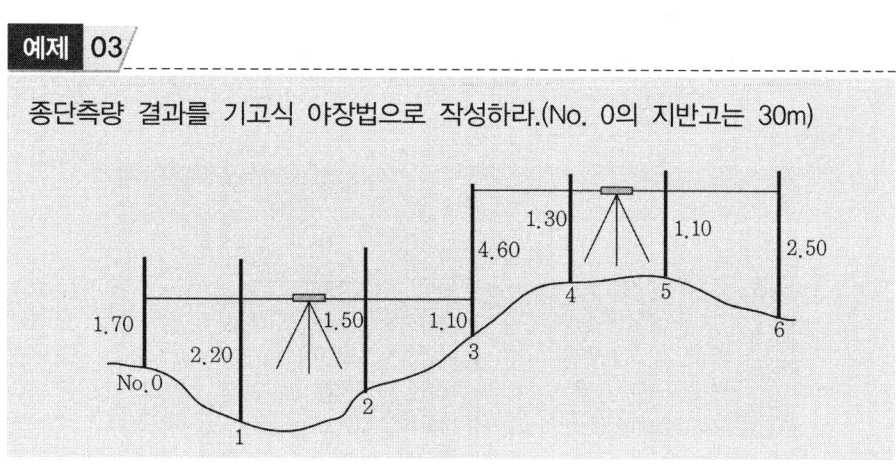

인간과 지형공간정보학

측점 S.T(m)	거리 D.T(m)	후시 B.S(m)	기계고 I.H(m)	전시 F.S(m)		지반고 G.H (m)	비 고
				이기점 T.P	중간점 I.P		
No. 0	0						
1	20						
2	20						기계고 = 지반고 + 후시
3	20						지반고 = 기계고 − 전시
4	20						
5	20						
6	20						
계	120	6.30		2.60			

4.9 승강식 야장법(rise and fall system)

① 기계고를 구하는 대신 각 측점마다의 높고 낮음을 계산하여 지반고를 계산한다.
② 높고 낮음의 총합과 전후시의 총합을 비교하여 검산할 수 있는 장점이 있다.
③ 전시 값보다 후시 값이 클 때는 그 차를 승란에, 작을 때는 강란에 기입한다.
④ 완전한 검산이 가능하므로 높은 정도를 요하는 측량에 적합하다.
⑤ 중간점이 많을 때는 계산이 복잡하여 시간이 많이 소요되는 단점이 있다.
⑥ 공공측량의 기준점측량에 가장 많이 이용된다.
⑦ 위 그림에 대한 승강식 야장법의 예는 아래와 같다.
⑧ 지반고 계산은 측점이 이기점일 경우의 지반고를 기준 지반고로 사용한다.

표 4.8 승강식 야장

측점 S.T(m)	거리 D.T(m)	후시 B.S(m)	전시 F.S(m)		승 (+)	강 (−)	지반고 G.H(m)	비 고
			T.P	I.P				
A	0	2.216	−				50.000	
1	85.36	3.713	0.906		1.31		51.310	
11	98.63	−		2.821	0.892		52.202	
2	129.63	4.603	1.377		2.336		53.646	
3	108.11	4.013	0.522		4.081		57.727	
12	104.76	−		1.796	2.217		59.944	
4	138.93	1.789	3.034		0.979		58.706	
13	59.30	−		2.197		0.408	58.298	
14	131.28	−		2.387		0.598	58.108	
B	184.28	−	2.416			0.627	58.079	
계		16.334	8.255		8.706	0.627		

■ 검산

① 후시합−전시합(이기점)+지반고 A = B
   ∴ 16.334−8.255+50 = 58.079 = B
② 승합(이기점)−강합(이기점)+지반고 A = B
   ∴ 8.706−0.627+50=58.079 = B

예제 04

어느 지역의 종단측량을 한 결과 다음 그림과 같은 실측값을 얻었다. 승강식 야장법으로 작성하라.(No. 0의 지반고는 30m)

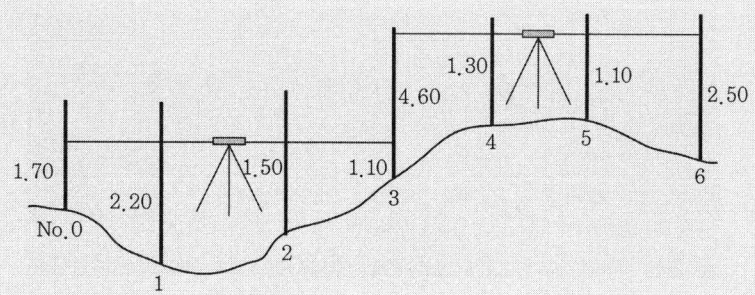

※ 전시 < 후시 = 승
   전시 > 후시 = 강

●해설 지반고 계산은 측점이 이기점일 경우의 지반고를 기준 지반고로 사용한다.

측점 S.T(m)	후시 B.S(m)	전시 F.S(m)		승 (+)	강 (−)	지반고 G.H(m)	비 고
		이기점 T.P	중간점 I.P				
No. 0	1.70					30.000	0점표고
1	−		2.20		0.500	29.500	30m
2	−		1.50	0.200		29.700	
3	4.60	0.10	−	1.600		31.100	
4	−		1.30	3.300		34.400	
5	−		1.10	3.500		37.900	
6	−	2.50	−	2.100		40.000	
계	6.30	2.60	6.10	10.700	0.500		

인간과 지형공간정보학

4.10 수준측량의 오차

4.10.1 망원경

확대율(배율)=대물렌즈 초점거리(F):접안렌즈 초점거리(f) = F/f → 20~30배

초점거리 : 200mm

십자선 : 거미줄, 백금선, 유리판에 새긴 것

4.10.2 기포관

$$\alpha = \frac{\rho l}{nD}$$

$$l = \frac{\alpha'' nD}{\rho''}$$

$$R = d\frac{\rho''}{P''}$$

여기서, α : 기포관의 감도
  ρ'' : 206265″
  l : 기포가 수평일 때 읽음 값과 기포가 움직였을 때의 높이차($l2 - l1$)
  n : 이동눈금수
  D : 수평거리
  R : 기포관의 곡률반경
  d : 한자눈의 눈금
  P'' : 중심각

4.10.3 오차의 원인

(1) 정오차

① 기계조정 불완전
② 지반연약에 의한 오차
③ 표척의 눈금이 잘못될 경우의 오차
④ 광선의 산란이나 굴절에 의한 오차
⑤ 지구곡률에 의한 오차
⑥ 표척을 연직으로 세우지 못했을 경우의 오차

(2) 부정오차

① 시차로 인한 오차(두 눈을 뜨고 읽은 경우나 눈의 초점이 안 잡혔을 경우)
② 일광직사로 인한 오차
③ 기포이동에 의한 오차
④ 진동, 지진에 의한 오차

(3) 착오

① 정확한 눈금을 읽지 않을 경우
② 계산 잘못에 의한 오차(야장 계산시)

(4) 수준측량의 허용오차

$$\text{오차 } E = C\sqrt{N} \quad N = \frac{L}{2S} \quad \therefore E = C\sqrt{\frac{L}{2S}} = K\sqrt{L}$$

여기서, E : 오차
C : 기계를 한번 세우고 1회 측정할 때 생기는 오차
N : 기계를 세운 횟수
S : 일정한 시준거리
L : 시준노선의 전거리
K : 1km에 대한 수준측량의 오차계수 $\left(\frac{C}{\sqrt{2S}}\right)$

예제 05

2km에 대하여 왕복오차의 제한을 ±3mm로 정할 때 4.5km의 왕복관측에 허용되는 왕복오차는?

해설 오차 $E = K\sqrt{L} = K\sqrt{4} = \pm 3\text{mm}$

$\therefore K = \pm \dfrac{3}{2}\text{mm} = \pm 1.5\text{mm}$

4.5km에 대한 왕복관측오차 $= \pm 1.5\sqrt{9} = \pm 4.5\text{mm}$

인간과 지형공간정보학

예제 06

수준측량에서 5km를 왕복측정하여 제한오차가 15mm라 하면 2km 왕복측정에 대한 제한오차는?

●해설 오차 $E = K\sqrt{L}$ $K = \dfrac{E}{\sqrt{L}} = \dfrac{15}{\sqrt{10}} = 4.74\text{mm}$

∴ 2km에 대한 오차 $= 4.74\sqrt{4} = 9.48\text{mm}$

(5) 한국의 허용오차

① 1등 수준측량의 허용오차 : 2km 왕복측정 $\pm 1.5\sqrt{L} = \pm 3\text{mm}$
② 2등 수준측량의 허용오차 : 2km 왕복측정 $\pm 7.5\sqrt{L} = \pm 15\text{mm}$
③ 하천 수준측량의 허용오차 : 4km 거리 당 유조부 10mm, 무조부 15mm, 급류부 20mm

(6) 전후시의 거리를 같게 함으로써 제거되는 오차

① 레벨의 조정이 불완전하여 시준선이 기포관축과 평행하지 않을 때(시준축오차)
② 지구의 곡률오차와 빛의 굴절오차를 제거(일출로부터 오전 9시, 오후 3시부터 일몰, 구름낀 날이 쾌청일보다 양호)
③ 초점나사를 움직일 필요가 없으므로 그로 인해 생기는 오차를 제거

4.11 삼각수준측량에서의 양차

① **구차(곡률오차)** : 삼각수준측량 시 연직각 관측은 지평선을 기준으로 하므로 수평선과 지평선 차이에 의해 실제 높이보다 작은 높이를 계산하게 된다.

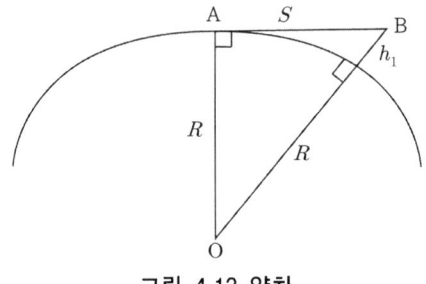

그림 4.12 양차

$$(R+h_1)^2 = R^2 + S^2$$

$$2Rh_1 + h_1^2 = S^2$$

$$h_1 = \frac{S^2}{2R} - \frac{h_1^2}{2R}$$

여기서 $h_1 \ll R$이므로 2항 무시

$$\therefore h_1 \fallingdotseq \frac{S^2}{2R} \qquad 예) \ S = 5\text{km}, \ h_1 = 2\text{m}$$

② **기차(굴절오차)** : 대기밀도가 고도 상승에 따라 감소하면서 시준선이 곡선을 이룸으로써 실제 연직각보다 큰 각을 관측하게 된다(감산이 필요함(-)).

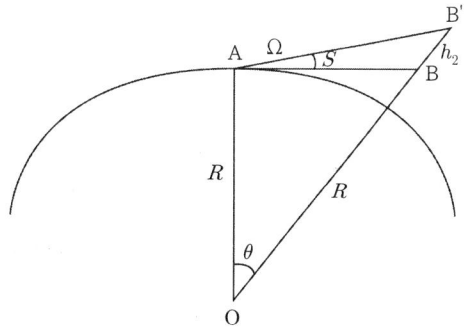

그림 4.13 기차

$$h_2 \fallingdotseq S\Omega \ \cdots\cdots\cdots (1)$$

$$\Omega = k\theta \ \cdots\cdots\cdots (2)$$

k는 대기의 굴절계수(0.12~0.14)

$$\theta \fallingdotseq \frac{S}{R} \ \cdots\cdots\cdots (3)$$

$$(2) + (3) \rightarrow \Omega = \frac{kS}{R}$$

$$\therefore h_2 = \frac{kS^2}{R} \rightarrow \frac{kS^2}{2R} \ \text{의 경우로도 쓰임.}$$

③ **양차** : $h_1 - h_2 = \dfrac{S^2}{2R}(1-2k)$, $h_1 - h_2 = \dfrac{S^2}{2R}(1-k)$로 사용됨.

인간과 지형공간정보학

4.12 오차의 조정

수준측량의 오차가 허용범위 내에 있으면 오차조정을 하여 측정값으로 사용한다.

(1) 최확값 측정에 의한 조정

경중률이 다른 경우의 최확값 $L_O' = \dfrac{P_1L_1 + P_2L_2 + P_3L_3}{P_1 + P_2 + P_3} = \dfrac{\sum PL}{\sum P}$

- 관측값의 비중은 측정거리에 반비례한다. 즉, $P_1 : P_2 = \dfrac{1}{S_1} : \dfrac{1}{S_2}$

예제 07

두 개의 수준점 A, B에서 C점의 높이를 구하기 위해 직접수준측량을 하여 얻은 결과를 이용하여 C점의 높이를 구하라.

A점에서 잰 C점의 높이 : 121.375m, B점에서 잰 C점의 높이 : 121.373m

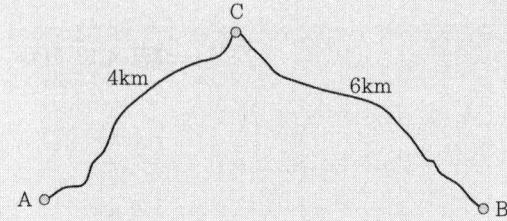

●해설

$P_1 : P_2 = \dfrac{1}{D_1} : \dfrac{1}{D_2}$ 이므로

거리 AC의 비중 : 거리 BC의 비중 $= \dfrac{1}{4} : \dfrac{1}{6} = 3 : 2$

최확값 $L_o = \dfrac{P_1S_1 + P_2S_2}{P_1 + P_2} = \dfrac{(3 \times 121.375) + (2 \times 121.373)}{3+2} = 121.3742\text{m}$

(2) 측정점이 폐합하는 경우의 오차보정

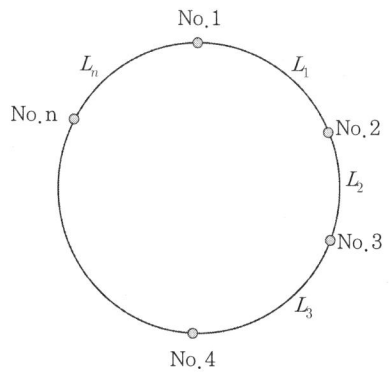

각 측점의 보정치 $e_n = -\dfrac{L_1 + L_2 + L_3 + \cdots + L_n}{\sum L} \Delta h$

여기서, Δh = 폐합오차 $\sum L$ = 총거리 $(L_1 + L_2 + L_3 + \cdots + L_n)$

예제 08

그림과 같이 수준환에 있어서 직접수준측량을 실시하니 표와 같은 결과를 얻었다. D점의 보정 후 표고는? (단, A점의 표고는 20m)

측점	측점 간 거리(km)	측정표고(m)
A		20.00
B	3	12.401
C	2	11.275
D	1	9.780
A	2.5	20.044

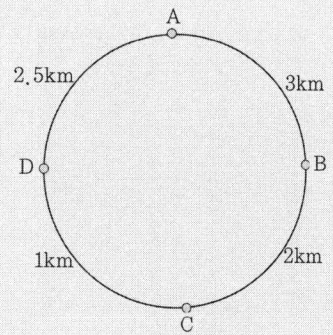

● 해설

각 측점의 보정치 $e_n = -\dfrac{L_1 + L_2 + L_3 + \cdots + L_n}{\sum L} \Delta h$

폐합오차 $\Delta h = 20.044 - 20 = 0.044\text{m}$ D점까지의 거리 = 3+2+1 = 6km

즉 $e_n = -\dfrac{6}{8.5} \times 0.044 = -0.031\text{m}$

∴ D점의 최확표고값 = $9.780 - 0.031 = 9.749\text{m}$

인간과 지형공간정보학

예제 09

그림과 같은 수준망을 관측한 결과, 수준측량의 허용폐합오차가 $1.0\text{cm}\sqrt{L\text{km}}$ (L은 노선의 길이)일 때 재측을 요하는 노선은?

노선	고저차	거리(d)	노선	고저차	거리(d)
(1)	2.474	4.1km	(6)	−2.115	4.0km
(2)	−1.250	2.2km	(7)	−0.378	2.2km
(3)	−1.241	2.4km	(8)	−3.094	2.3km
(4)	−2.233	6.0km	(9)	2.822	3.5km
(5)	+3.117	3.6km			

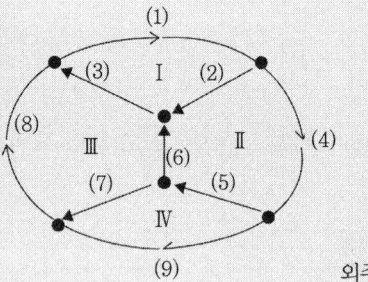

외주환 : 0

● 해설 절댓값 비교

$W_\text{I} = (1)+(2)+(3) = 0.017\text{m} < E_\text{I} = 0.01\sqrt{d_1+d_2+d_3} = 0.029\text{m}$

$W_\text{II} = -(2)+(4)+(5)+(6) = 0.019\text{m} < E_\text{II} = 0.01\sqrt{d_2+d_4+d_5+d_6} = 0.040\text{m}$

$W_\text{III} = -(3)-(6)+(7)+(8) = -0.116\text{m} > E_\text{III} = 0.01\sqrt{d_3+d_6+d_7+d_8} = 0.033\text{m}$

$W_\text{IV} = (5)+(7)-(9) = -0.083 > E_\text{IV} = 0.01\sqrt{d_5+d_7+d_9} = 0.030\text{m}$

$W_0 = (1)+(4)+(9)+(8) = -0.031 < E_0 = 0.01\sqrt{d_1+d_4+d_9+d_8} = 0.040\text{m}$

∴ 절댓값 비교결과 Ⅲ, Ⅳ환 재측요 → 공통노선(7) 재측판정

예제 10

그림은 A점이 표고 281.130m인 수준기표인 소규모의 수준망을 보여주고 있다. 표고에 있어서 다음과 같은 차(differences)가 직접 수준측량을 해서 관측되었다. 모든 관측에 서로 상관관계가 없고 같은 정밀도로 되어 있다고 가정할 때, 점 B, C, D의 표고에 대한 값을 계산하기 위해 최소제곱법을 사용해라.

제4장 수준측량

form(lower point)	to(higher point)	observed difference in elevation(m)
B	A	$l_1 = 11.973$
D	B	$l_2 = 10.940$
D	A	$l_3 = 22.932$
B	C	$l_4 = 21.040$
D	C	$l_5 = 31.891$
A	C	$l_6 = 8.938$

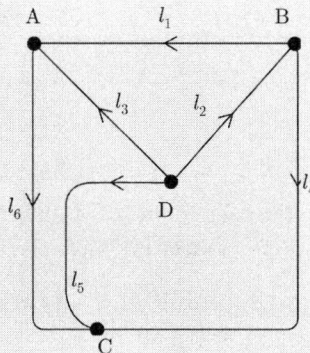

●해설   문제 해결에 필요한 최소 관측 횟수는 $n_0 = 3$이고, 관측 시 여분은 $r = 6-3 = 3$이다. 만약 관측오차가 없다면, 시작점에서부터 순환하다가 다시 시작점으로 되돌아오면 불일치되는 것이 없을 것이다. 그러나 이 경우는 그렇지 못하다.

A에서 B로 다시 D로 그리고 A로 돌아오면 $(-11.973-10.940+22.932) = 0.019$가 산출된다. 그러므로 우리는 이러한 불일치를 고려해야하고, 6개의 오차 $v_1, v_2, v_3, v_4, v_5, v_6$를 삽입함으로써, 각각의 관측에 대해 고려해야 한다. 편의상, 점에 대한 표고는 그 자신의 부호로, 즉 B는 점 B의 표고 등으로 나타내었다.

6개의 조건 방정식은 다음과 같다.

$$B + \hat{\ell}_1 - A = B + \ell_1 + v_1 - 281.130 = 0$$
$$D + \hat{\ell}_2 - B = D + \ell_2 + v_2 - B = 0$$
$$D + \hat{\ell}_3 - A = D + \ell_3 + v_3 - 281.130 = 0$$
$$B + \hat{\ell}_4 - C = B + \ell_4 + v_4 - C = 0$$
$$D + \hat{\ell}_5 - C = D + \ell_5 + v_5 - C = 0$$
$$A + \hat{\ell}_6 - C = 281.130 + \ell_6 + v_6 - C = 0$$

주어진 관측 값을 사용하고 이것을 재배열하면, 조건 방정식은 다음과 같이 된다.

$$v_1 = 269.157 - B$$
$$v_2 = B - D - 10.940$$
$$v_3 = 258.198 - D$$
$$v_4 = C - B - 21.040$$
$$v_5 = C - D - 31.891$$
$$v_6 = C - 290.113$$

최소제곱법에 따라, 최소화시키면

$$\Phi = v_1^2 + v_2^2 + \cdots + v_i^2 = \sum v_i^2 = \min$$
$$(uncorrelated\ unit weight)$$
$$\Phi = w_1 v_1^2 + w_2 v_2^2 + \cdots + w_n v_n^2 = \sum w_i v_i^2 = \min$$
$$(uncoreelated differential\ weight)$$

$$= v_1^2 + v_2^2 + v_3^2 + v_4^2 + v_5^2 + v_6^2$$
$$= (269.157 - B)^2 + (B - D - 10.940)^2 + (258.198 - D)^2$$
$$+ (C - B - 21.040)^2 + (C - D - 31.891)^2 + (C - 290.113)^2$$

이것은 미지수(표고) B, C, D에 대해 ϕ를 편미분하고, 이 도함수를 0으로 놓음으로써 수행될 수 있다.

$$\frac{\partial \phi}{\partial B} = -2(269.157-B) + 2(B-D-10.940) - 2(C-B-21.040) = 0$$
$$\frac{\partial \phi}{\partial C} = 2(C-B-21.040) + 2(C-D-31.891) + 2(C-290.113) = 0$$
$$\frac{\partial \phi}{\partial D} = -2(B-D-10.940) - 2(258.198-D) - 2(C-D-31.891) = 0$$

각 항을 소거하고 정리하면

$$3B-C-D = 259.057 \quad \cdots\cdots \text{(a)}$$
$$-B+3C-D = 343.044 \quad \cdots\cdots \text{(b)}$$
$$-B-C+3D = 215.367 \quad \cdots\cdots \text{(c)}$$

이러한 방정식은 normal equations이고, 이러한 방정식을 풀기 위해, 우선 C를 소거해야 한다. 따라서 (a)로부터

$$C = 3B - D - 259.057 \quad \cdots\cdots \text{(d)}$$

이것을 (b)와 (c)에 각각 대입하면

$$-B + 3(3B - D - 259.057) - D = 343.044$$

또는

$$-B - (3B - D - 259.057) - 3D = 215.367$$

이 두 개의 방정식을 정리하면

$$2B - D = 280.0538 \quad \cdots\cdots \text{(e)}$$
$$-B + D = -10.9225 \quad \cdots\cdots \text{(f)}$$

(e)와 (f)사이에서 D를 소거하면

$B = 269.1313\,\mathrm{m}$

(f)에 B를 대입하면

$D = 269.1313 - 10.9225 = 258.2088\,\mathrm{m}$

마지막으로, (d)에 B와 D를 대입하면

$C = 3(269.1313) - 258.2088 - 259.057 = 290.1281\,\mathrm{m}$

따라서 세 점의 표고에 대한 최소제곱계산 값은 다음과 같다.

B의 표고 = 269.131m, C의 표고 = 290.128m, D의 표고 = 258.209m

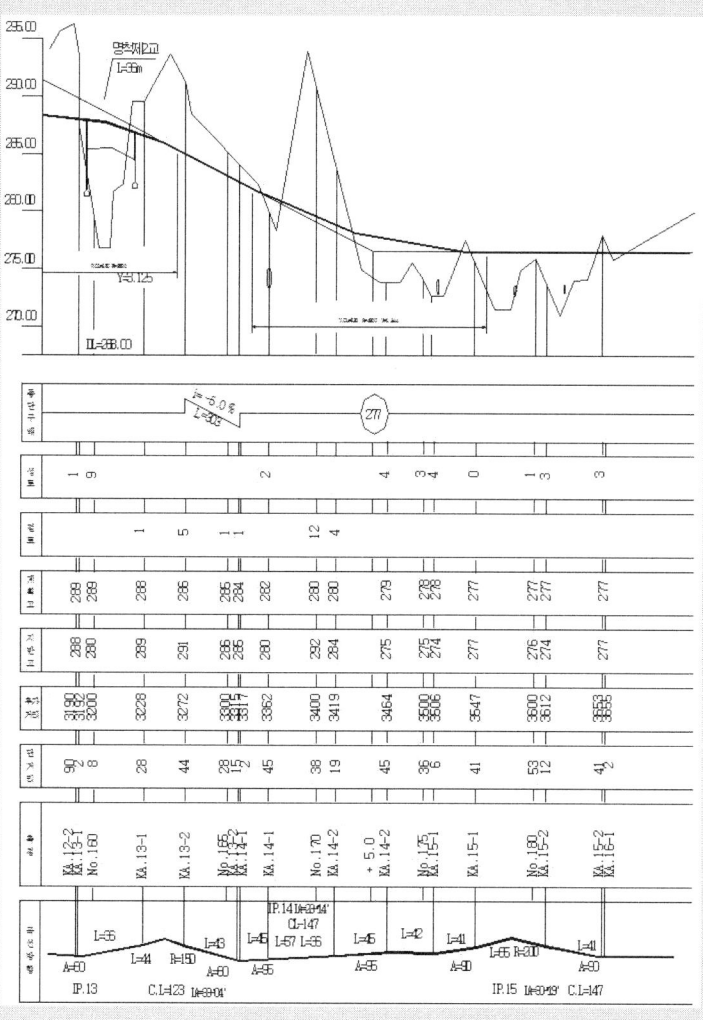

그림 4.14 종단측량 성과표

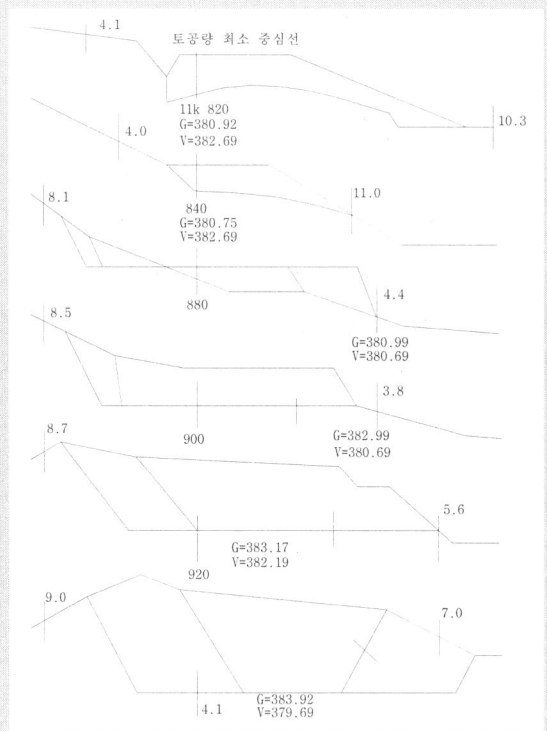

그림 4.15 횡단측량 성과표

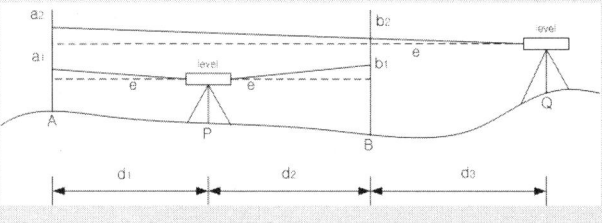

그림 4.16 장비검사 방법

P지점 관측에서,
$\Delta h_{AB} = (a_1 - d_1 e) - (b_1 - d_2 e)$
$d_1 = d_2$ 경우, $\Delta h_{AB} = a_1 - b_1$ ......(1)
Q지점 관측에서,
$\Delta h_{AB} = (a_2 - (d_1 + d_2 + d_3)e) - (b_2 - d_3 e)$
$= (a_2 - b_2) - (d_1 + d_2)e$ ......(2)
(1), (2)에서, e는 시준오차
$$\therefore e = \frac{(a_2 - b_2) - (a_1 - b_1)}{d_1 + d_2}$$

제5장 각측량

5.1 각측량의 정의

5.1.1 정의

어떤 점에서 시준하여 두 점사이에 낀 각을 관측하는 것을 말한다.
① 수평각 : 시준선을 중력방향과 직교하는 평면(수평면)에 투영했을 때 측선의 투영이 이루는 각이다.(방향각, 방위각)
② 고저각(연직각) : 연직면 내에 있어서 수평선을 기준으로 목표점까지 이루는 각이다.(앙각, 부각)
③ 천정각(천정거리) : 천문측량, 연직선 위쪽(천정)을 기준으로 목표점까지 내려 잰 각이다.

5.1.2 각도의 단위

(1) 단위의 종류

① 60진법 원주를 360등분할 때 그 한 호에 대한 중심각을 1도라 하며 다음과 같이 도, 분, 초로 나타낸다.
- 원 = 360°, 1° = 60', 1' = 60"

② 100진법 : 원주를 400등분 할 때 그 한 호에 대한 중심각을 1그레이드(grade)로 정하며 다음과 같이 그레이드(g), 센티그레이드(c), 센티센티그레이드(cc)로 나타낸다. 프랑스, 러시아, 독일에서 사용한다.
- 원 = 400g, 1g = 100c, 1직각 = 100g, 1c = 100cc

③ 호도법 : 원의 반경과 같은 길이의 호에 대한 중심각을 1Radian(라디안, 호도)으로 표시한다.

④ 밀(milliradian) : 군사용 측량기에 사용하며, 원의 둘레를 6,400눈금으로 등분,

인간과 지형공간정보학

눈금하나가 만드는 각을 1밀이라 한다. 1밀은 반지름이 1000인 원에서 호의 길이가 98에 해당하는 중심각의 크기에 해당한다.

- 1rad ≒ 1000mil

(2) 단위의 상호관계

1) 도와 그레이드

- $\alpha° : \beta g = 90 : 100$ 이므로

$$\alpha° = \frac{90}{100}\beta_g \quad \text{혹은} \quad \beta_g = \frac{100}{90}\alpha°$$

- 100grade(g) = 90°
- 1g – 100centi grade(c) = 0.9° = 0°54′
- 1c(센티그레이드) = 100centi centi grade(cc) = 0.54′ = 32.4″
- 1cc = 0.324″
- 1° = 1.111g = 111.1c = 11,111cc
- 1′ = 0.01852g = 1.852c = 185.2cc
- 1″ = 0.000309g = 0.0306c = 3.09cc

2) 호도와 각도

1개의 원에 있어서 중심각과 그것에 대한 호의 길이는 서로 비례하므로 반경 R과 같은 길이의 호 AB를 잡고 이것에 대한 중심각을 ρ로 잡으면

$$\frac{R}{2\pi R} = \frac{\rho°}{360°} \quad \therefore \rho° = \frac{180°}{\pi}$$

이 ρ는 반경 R에 관계없이 정수에 의해서 결정되므로 이것을 각의 단위로 하여 라디안(호도)이라 부른다.

- π = 3.14159265가 되므로

$$\rho° = \frac{180°}{\pi} = 57.29578°, \qquad \log\rho° = 1.7812263$$

$$\rho' = 60 \times \rho° = 3437.7468', \qquad \log\rho' = 3.53627388$$

$$\rho'' = 60'' \times \rho' = 206264.806'', \qquad \log\rho'' = 5.31442513$$

3) 측각오차와 측거오차의 관계

반경 R인 원에 있어서 호의 길이 L에 대한 중심각 θ

$$\theta = \frac{L}{R}(\text{Radian}) \quad \cdots\cdots\cdots\cdots\cdots\cdots\cdots ①$$

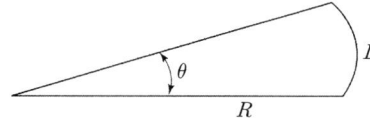

식 ①을 도, 분, 초로 고치면

$$\theta° = \frac{L}{R}\rho°, \quad \theta' = \frac{L}{R}\rho', \quad \theta'' = \frac{L}{R}\rho''$$

∴ θ가 미소각인 경우에 L이 R에 비하여 현저하게 작으므로

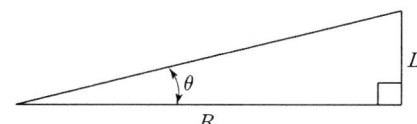

$$\theta'' = \frac{L}{R}\rho'' \quad \cdots\cdots\cdots\cdots\cdots\cdots\cdots ②$$

다시 식 ②를 R대신 S, L대신 l로 하면

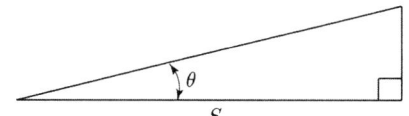

$$\therefore \theta'' = \frac{\rho''}{S} \cdot l$$

$$\therefore l = \frac{\theta''}{\rho''} \cdot S$$

여기서, θ = 각 ρ'' : 2062565″ S : 수평거리 l : 위치오차

예제 01

10cm의 폭을 2km의 거리에서 보았을 때 그 각은?

● 해설 $\theta'' = \frac{\rho''}{S}l = \frac{206265''}{2000} \times 0.1 ≒ 10''$

인간과 지형공간정보학

예제 02

방향이 5″ 틀리면 4km의 앞에서 생기는 위치 오차는?

● 해설 $\theta'' = \dfrac{\rho''}{S} l$ 에서

$l = \dfrac{\theta'' S}{\rho''} = \dfrac{5 \times 4000}{206265} \fallingdotseq 0.1\mathrm{m}$

5.2 각 측정용 기기

수평각 및 연직각 측정에 사용하며, 삼각측량, 다각측량, 삼각수준측량, 시거측량 등에 사용한다.

5.2.1 종류

(1) 트랜싯(Transit)

미국을 중심으로 발달하였으며, 유표(vernier)를 이용하여 각도를 읽으며(10″), 불편하다.

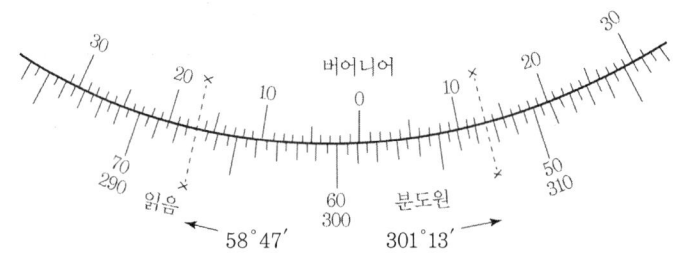

그림 5.1 유표

(2) 데오돌라이트(theodolite)

유럽을 중심으로 발달, 측미경(microscope)을 통해 눈금을 읽는다.(1″~0.1″)

제5장 각측량

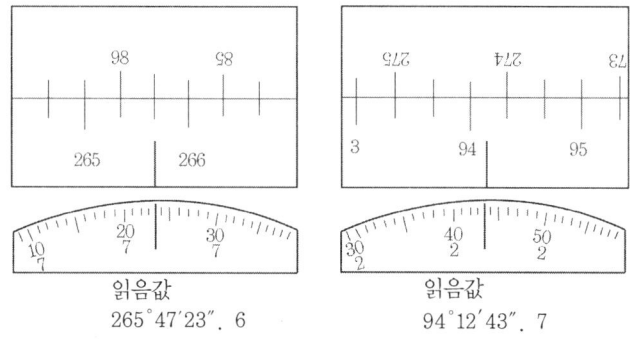

그림 5.2 측미경

(3) 전자식 데오돌라이트(digital theodolite)

각도가 LCD 창에 디지털로 표시되어 눈금 읽기가 훨씬 편리, 광파거리측정기와 연동 가능하다.

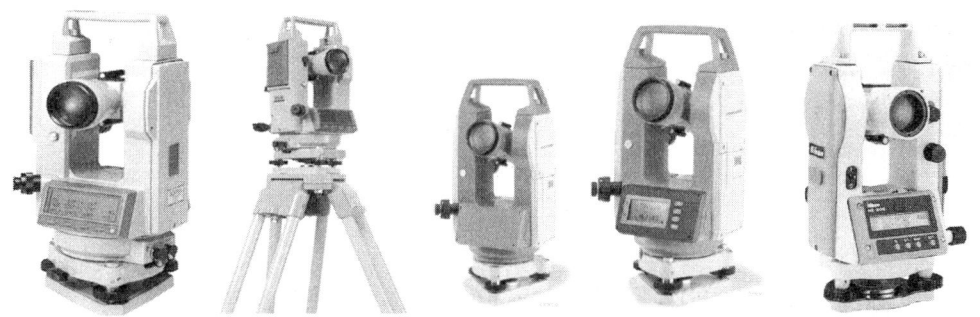

그림 5.3 각 측정기

5.2.2 트랜싯

(1) 트랜싯의 구조

① 수평축 : 수평축은 망원경의 중앙에서 직각으로 고정되어 지주 위에서 회전축의 구실을 하며 연직축과 수평축은 반드시 직교되어야 한다.(H⊥V)

② 연직축 : 망원경은 연직축을 중심으로 회전하며 기포관축과 직교해야 한다.(V⊥L)

③ 분도원 : 트랜싯에는 연직축에 직각으로 장치되어 수평각을 측정하는 수평분도원과 망원경의 수평축에 직각으로 장치되어 연직각 측정에 사용되는 연직분도원의 두 가지가 있다.

④ 시준축 : 시준축(선)과 수평축은 반드시 직교해야 한다.(C⊥H)

인간과 지형공간정보학

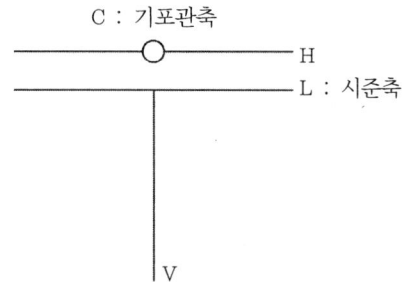

그림 5.4 트랜싯 구조

(2) 버니어(유표)

① 순유표 : 주척의 $(n-1)$ 눈금의 길이를 유표로 n등분하는 것이며 보통 기계에 사용하는 것이 순유표이다.

$$(n-1)S = nV$$

$$\therefore V = \frac{n-1}{n} \cdot S \qquad \therefore C = S - V = S\frac{n-1}{n}S = \frac{1}{n} \cdot S$$

여기서, S : 주척의 1눈금의 크기
V : 버니어의 1눈금의 크기
n : 버니어의 등분수
C : S와 V의 차(최소 눈금)

② 역유표(역버니어) : 주척의 $(n+1)$ 눈금을 n등분한 것이다.

$$(n+1)S = nV \qquad V = \frac{n+1}{n} \cdot S$$

$$C = S - V = \left(1\frac{n+1}{n}\right)S = \frac{1}{n} \cdot S$$

예제 03

분도원의 한 눈금이 20′으로 되었을 때 독표로 30″까지 읽기 위해서 독표의 눈금을 어느 정도로 하면 좋은가?

●해설
$$30'' = \frac{s}{n} = \frac{60'' \times 20}{n}$$

$\therefore n = 40$

∴ 순유표는 분도원의 39눈금을 유표의 40등분으로 하고 역유표는 주척의 41눈금을 유표의 40등분으로 한다.

> **예제 04**
>
> 분도원의 1눈금이 20'일 때 59등분을 독표에서 60 눈금으로 하면 최소눈금은 몇 초인가?
>
> **●해설** 최소눈금 $=\dfrac{s}{n}=\dfrac{20\times 60''}{60}=20''$

5.3 수평각과 수직각

5.3.1 수평각

(1) 수평각의 기준

① 진(북) 자오선(true meridian) : 천문측량, 관성측량

② 자(북) 자오선(magnetic meridian) : 공사측량

③ 도(북) 자오선(grid meridian) : 대규모 건설공사의 좌표계, 평면직각 좌표계, 삼각, 다각측량 좌표계

④ 가상(북) 자오선(assumed meridian) : 작은 범위, 상대적인 값만 필요

(2) 방향각, 방위각, 방위

① 방향각(direction angle; T) : 도북을 기준으로 어느 측지선까지 시계방향으로 잰 수평각

② 진북 방위각 (true azimuth; α) : 진북(N)을 기준으로 어느 측지선까지 시계방향으로 잰 수평각

③ 자오선 편차(자오선 수차: meridian convergence) 또는 진북방향각(true bearing; $\pm r$)

- 도북과 진북의 편차
- 도북(X') 기준, 시계 방향(+), 측점이 측량원점의 서편(+), 동편(−)

④ 자침 편차(magnetic declination; $\pm \Delta$)

- 진북과 자북의 편차
- 진북(N) 기준, 시계방향(+), 서편(−), 동편(+)
  우리나라 $\Delta = 5° \sim 9°$ W

■ 관계식 ; 방향각(T), 진북 방위각(α), 자북 방위각(α_m), 자오선 수차(r), 자침 편차(Δ)

$$T = \alpha + (\pm r)$$
$$\alpha = \alpha m + (\pm \Delta)$$
$$T = \alpha m + (\pm \Delta) + (\pm r)$$

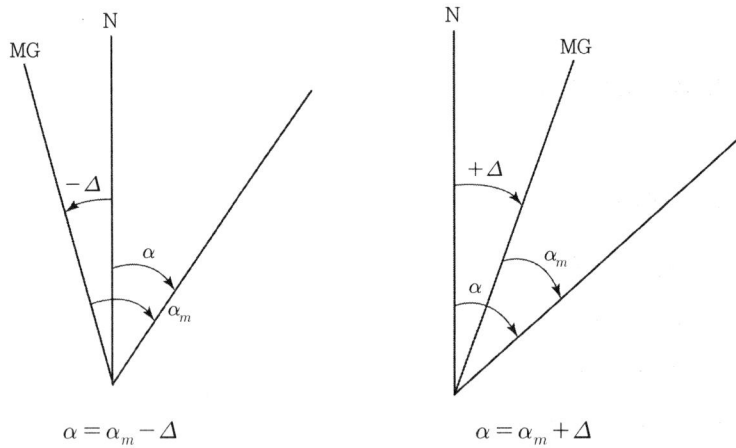

그림 5.5 기본방위

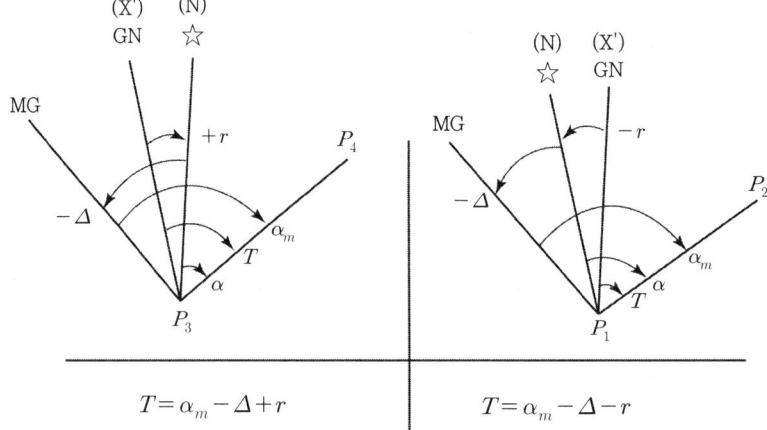

그림 5.6 기본방위도표

⑤ 방위(bearing) : 자오선(NS)과 측선 사이의 각, 0 ~ 90°, 부호로 상한(NE, SW 등)
  ■ 방위각 : 진북(또는 도북)과 측선 사이의 각, 0 ~ 360°로 표시
    ① $N20°E$　　　② $S50°E$
    ③ $S30°W$　　　④ $N40°W$

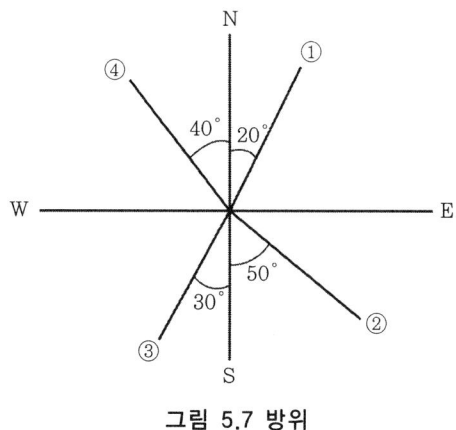

그림 5.7 방위

5.3.2 수직각

(1) 수직각의 기준

중력방향, 연직선과 이에 직교하는 수평선을 기준으로 한다.

(2) 천정각(천정거리, Zenith Angle or Zenith distance; z)

주로 천문측량에서 이용되는 각(천정(연직방향과 천구의 교점), 천극 및 항성으로 이뤄지는 천문삼각형 해석에 이용)으로 연직선 위쪽을 중심으로 목표점까지 내려서 잰 각을 말한다.

(3) 고저각(고도각, 고도, Altitude; h)

일반측량 또는 천문측량의 지평좌표계에서 주로 이용하며, 수평선을 기준으로 목표점까지 올려 잰 각을 상향각(앙각), 수평선을 기준으로 목표점까지 내려 잰 각을 하향각(부각)이라 한다.

$$\therefore h = 90 - z \text{ (천정각과 고저각은 여각관계)}$$

인간과 지형공간정보학

(4) 천저각거리(Nadir Angle, 연직각, 경사각)

항공사진을 이용한 측량에서 많이 이용하며, 연직선 아래를 기준으로 시준선까지 올려 잰 각이다.
① 항측 : 연직사진의 연직선 편차 - 영상좌표변환
② 경사사진 : 경사각 3° 이상

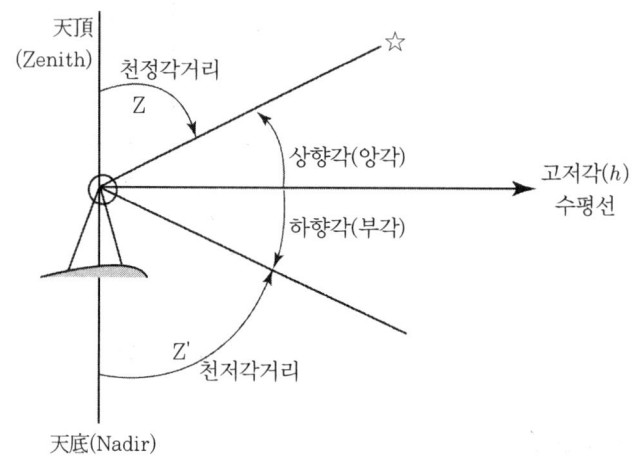

그림 5.8 각의 종류

5.4 각의 관측방법

5.4.1 수평각 관측

수평각 관측에는 단측법, 배각법, 방향각법, 각관측법(조합관측법)이 있다.

(1) 단측법(단각법)

1개의 각을 1회 관측하는 방법이다.

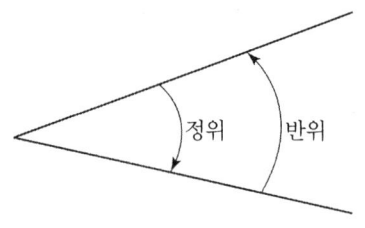

그림 5.9 단측법

(2) 배각법(반복법)

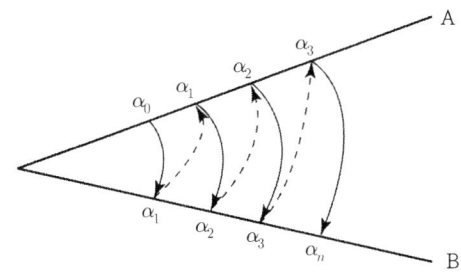

그림 5.10 배각법

1) 방법

배각법은 1각을 2회 이상 관측하여 관측횟수로 나누어서 구하는 방법이다. 최후의 B를 시준한 때의 눈금 값을 α_n이라면

$$\angle AOB = \frac{\alpha_n - \alpha_o}{n}$$

여기서, α_n : 마지막 읽음 값(B점)
α_0 : A점의 맨 처음 시준한 값
n : 관측횟수

2) 배각법의 특징

① 배각법은 방향각법과 비교하여 읽기 오차 β의 영향을 적게 받는다.
② 눈금을 직접 측정할 수 없는 미량의 값을 계적하여 반복회수로 나누면 세밀한 값을 읽을 수 있다.
③ 눈금의 부정에 의한 오차를 최소로 하기 위하여 n회의 반복결과가 $360°$에 가깝게 해야 한다.
④ 배각법은 방향수가 적은 경우에는 편리하나 삼각측량과 같이 많은 방향이 있는 경우는 적합하지 않다.

3) 방향각법(방향 관측법)

이 방법은 오차가 있으면 각각의 각에 평균 분배하며 기계적 오차를 제거하기 위해서는 정·반의 관측 평균값을 취하면 된다. 삼각측량과 천문측량에 많이 이용한다.

인간과 지형공간정보학

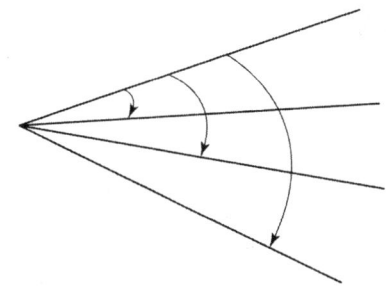

그림 5.11 방향각법

4) 각관측법(조합 관측법)

한 측점에서 모든 방향의 각을 전부 측정하는 방법으로서 1등 삼각측량에 주로 사용하며 정도가 가장 높다.

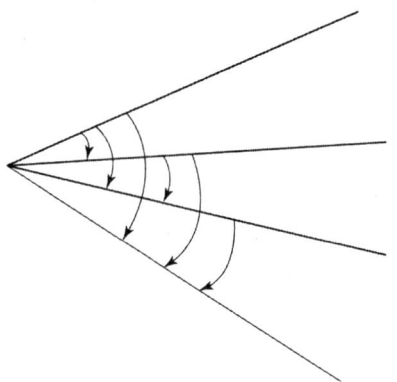

그림 5.12 각관측법

각 관측의 수 $= \frac{1}{2}s(s-1)$, s는 방향선 수

조건 식수 $= (N-1)(N-2)/2$

5.5 수평각 관측의 오차

(1) 단측법에서 시준·읽기 오차

① 1변의 시준·읽기 오차

$$m = \pm \sqrt{\alpha^2 + \beta^2}$$

② 1각의 시준·읽기 오차(2변)

$$m = \pm \sqrt{2(\alpha^2 + \beta^2)}$$

(2) 배각법에서 시준·읽기 오차

① n배각 관측 시 1각에 포함되는 시준오차

$$m_1 = \pm \sqrt{\frac{2\alpha^2}{n}}$$

② 읽기 오차

$$m_2 = \pm \sqrt{\frac{2\beta^2}{n^2}}$$

③ 배각법의 오차

$$m = \sqrt{m_1^2 + m_2^2} = \pm \sqrt{\frac{2}{n}\left(\alpha^2 + \frac{\beta^2}{n}\right)}$$

(3) 방향각법에서 오차

① 1방향에서 생기는 오차

$$m = \pm \sqrt{\alpha^2 + \beta^2}$$

② 각 관측(2방향의 차)의 오차

$$m = \pm \sqrt{2(\alpha^2 + \beta^2)}$$

③ n회 관측한 평균치에 있어서 오차

$$m = \pm \sqrt{\frac{2}{n}(\alpha^2 + \beta^2)}$$

5.6 각 관측에서 생긴 오차와 그의 소거법

표 5.1 정오차의 원인과 처리방법

오차의 종류	원인	처리방법
시준축오차	시준축과 수평축이 직교하지 않는다. (c)= c · sech c : 경사량, h : 시준점의 고도	망원경을 정·반으로 관측하여 평균을 취한다.
수평축오차	수평축이 연직축에 직교하지 않는다. (i) = i · tan h i : 그 경사량, h : 시준점의 고도	망원경을 정·반으로 관측하여 평균을 취한다.
연직축오차	연직축이 정확히 연직선에 있지 않다. (v) = v · sin u · tan h로서 수평눈금의 읽기에 영향이 있다. u : 그 경사의 방향과 시준방향과의 각 v : 경사량	연직축과 수평기포축과의 직교를 조정한다. 정반의 관측으로는 제거되지 않는다.
내심오차	시준기의 회전축과 분도원의 중심이 불일치	180°차이가 있는 2개의 독표를 읽어 평균을 취한다.
외심오차	회전축에 대하여 망원경의 위치가 편심하여 있다	망원경을 정·반으로 관측하여 평균을 취한다.
분도원의 눈금오차	눈금의 부정확	읽은 분도원의 위치를 변화시켜 관측회수를 많이 하여 평균한다.
측점 또는 시준축의 편심에 의한 오차	측점의 중심과 기계의 중심 및 측표의 중심이 동일 연직선에 있지 않다.	편심거리와 편심각을 측정하여 편심보정을 한다.

- 정반 관측으로 소거되는 정오차
    시준축오차, 수평축오차, 내심오차, 외심오차

표 5.2 우연오차의 원인과 처리방법

오차의 종류	원인	처리방법
망원경의 시도 부정에 의한 오차	망원경의 시도 조정이 불충분하여 상이 십자선의 위치와 불일치되어 시차를 만들어 관측오차가 생긴다.	접안경과 대물경을 정확히 조정한다.
목표시준의 불량	기상상태 (안개 또는 연기, 광선의 상태 등)나 배영의 상황에 의하여 시준목표가 흐릿해지는 것 등에 의한 관측오차	측표를 선명한 색채로 하고 관측시기를 선택한다.
빛의 굴절에 의한 오차	공기밀도의 불균일 또는 시준선이 지나치게 지형이나 지물에 접근하여 있는 경우 등	수평각은 아지랑이가 적은 조석에 연직각은 기차의 영향이 적은 정오전후에 관측하도록 시기를 선택하며 또 시준선이 지형지물에서 벗어나도록 한다.
기계의 진동, 삼각의 나사 등에 의한 것	지반의 차약, 풍압, 삼각나사의 느슨함 등으로 인한 오차, 특히 고측표의 관측은 기기의 진동에 영향이 크다.	필요에 따라 각답판을 설치한다. 또 측로복 등을 측기점 주위 등에 설치한다.
관측자의 피로 등에 의한 관측오차	관측자의 정신적·육체적 피로가 직접 관측치의 오차에 영향을 준다.	항상 몸을 주의하여 최량의 상태로서 관측에 임한다.

5.6.1 각 관측의 정도

종합에 대한 오차 : 삼각형, 다각형 또는 1점 주위에 수개의 각이 있을 경우에 그 각 오차의 총합은

$$E_\alpha = \pm \varepsilon_\alpha \sqrt{n}$$

여기서, E_α : n개 각의 총합에 대한 오차
ε_α : 한 각에 대한 오차,
n : 각의 수

5.6.2 관측상의 주의사항

좋은 각 관측(수평각 및 연직각) 결과를 얻기 위하여서는 다음과 같은 사항을 주의해야 한다.
① transit를 잘 조정하고 망원경 정, 반의 위치로 관측할 것

② 관측에 좋은 시각을 택할 것
③ 관측자의 자세, 눈의 위치를 바르게 할 것

(1) 보는 방면

태양을 등지고 있는 목표는 잘 보이지 않고 태양을 향하여 있는 목표는 잘 보이므로 오전의 관측은 서쪽에 있는 목표, 오후에는 동쪽에 있는 목표가 잘 보인다.

(2) 아지랑이

지표면이나 수목 등으로부터 증기가 증발하여 공기가 조밀해지고 그 속을 빛이 통과할 때 복잡한 굴절을 한다. 구름이 끼거나 조석시 등 태양 광선이 약할 때는 아지랑이가 적으나 쾌청일의 한낮에는 매우 심하다.

(3) 기차(氣差)

태양이 강하게 쪼이고 있을 때는 그 복사열 때문에 지표로부터 그다지 높지 않은 곳까지는 기온이 거의 일정하므로 공기의 밀도는 균일하다고 본다. 그러나 해가 지면 지표면은 급히 냉각되고 지면에 접하는 공기가 식어지므로 밀도가 커진다. 기차는 빛이 가장 강한 시각에 가장 작고 이때를 전후해서 기차는 서서히 커진다. 따라서 연직각의 관측은 정오경이 가장 좋고, 그것을 전후로 멀어질수록 부적당하다.

(4) 아지랑이와 기차(氣差)

수평각 관측과 연직각 관측은 어느 것이나 아지랑이가 없는 것이 바람직하다. 아지랑이는 빛이 쪼이고 있는 정오경이 가장 많고, 조석은 적다. 그러나 기차는 반대로 정오경이 가장 적고 조석으로는 많다. 기차는 연직각에 굴절을 주지만 수평각에는 영향이 없으며, 수평각 관측은 조석, 연직각은 정오경에 관측하는 것이 좋다.

5.6.3 각측정의 최확치(L_o)

(1) 어느 일정한 각을 관측한 경우

1) 관측회수를 같게 하였을 경우의 최확치(L_o)

관측회수를 같게 하였을 경우의 최확치는 산술평균에 의하여 구한다.

$$\therefore L_o = \frac{[\alpha]}{n}$$

여기서, n : 측각회수
$[\alpha]$: $\alpha_1 + \alpha_2 + \cdots + \alpha_n$

2) 관측회수(N)를 다르게 하였을 경우의 최확치(L_o)

관측회수(N)를 다르게 하였을 경우의 최확치를 구하려면 우선 경중률(P)을 구해야 한다. 이때의 경중률은 관측회수(N)에 비례하므로

$$P1 : P2 : P3 = N1 : N2 : N3$$

$$\therefore L_o = \frac{P_1 L_1 + P_2 l_2 + P_3 l_3}{P_1 + P_2 + P_3}$$

(2) 조건부의 최확치

1) 관측회수(N)를 같게 하였을 경우

$X_1 + X_2 = X_3$가 되어야 한다는 조건이 성립되므로 조건부의 최확치이다. 그림에서 $X_1 + X_2 = X_3$가 되어야 하는데, 아닌 경우는 그 차가 각오차가 된다. $[(X_1 + X_2) - X_3 = w(각오차)]$

$X_1 + X_2$와 X_3를 비교하여 큰 쪽에는 조정량(d)만큼 빼(−)주고 작은 쪽에는 더(+)해 주면 된다.

$$\therefore 조정량(d) = \frac{w}{n} = \frac{w}{3}$$

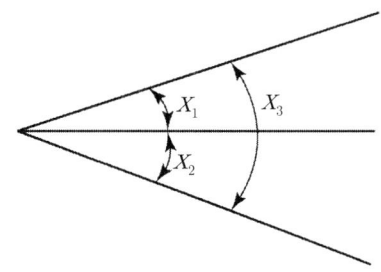

그림 5.13 조건부 최확치

2) 관측회수(N)를 다르게 하였을 경우

1)과 같은 방법으로 하되 조정량(d)을 구하는 방법만 다르게 하면 된다.

조건부의 최확치에서 관측회수를 다르게 하였을 경우의 경중률(P)은 관측회수(N)에 역비례$\left(\dfrac{1}{N}\right)$하므로

$$P1 : P2 : P3 = \dfrac{1}{N_1} : \dfrac{1}{N_2} : \dfrac{1}{N_3}$$

$$\therefore 조정량(d) = \dfrac{오차}{경중률의 \ 합} \times 조정할 \ 각의 \ 경중률 = \dfrac{w}{[P]} \cdot P$$

제6장 다각측량

6.1 다각측량의 정의

6.6.1 정의

다각측량이란 트래버스측량이라고도 하며, 여러 개의 측점을 연결해서 생긴 다각형의 각 변의 길이와 방위각을 순차로 측정하고 그 결과에서 각 변의 위거, 경거를 계산하고 이 점들의 좌표를 결정해서 도상 기준점의 위치(평면위치, 수평위치(x, y))를 정하는 측량이다.

6.6.2 다각측량의 특징

① 삼각점이 멀리 배치되어 있어 좁은 지역에 세부측량의 기준이 되는 점을 추가 설치할 경우에 적합하다.
② 복잡한 시가지나 지형의 기복이 심하여 기준이 어려운 지역의 측량에 적합하다.
③ 좁고 긴 곳의 측량에 적합(도로, 수로, 철도 등)하다.
④ 거리와 각을 관측하여 도식해법에 의하여 모든 점의 위치를 결정하기 때문에 편리하다.
⑤ 삼각측량과 같은 높은 정도를 요하지 않는 골조측량에 사용한다.
⑥ 환경, 삼림, 노선, 지적측량에 적합하다.
⑦ 트랜싯, 컴파스, 평판, 스타디아 이용한다.

6.2 다각측량의 종류

폐합트래버스, 결합트래버스, 개방트래버스, 트래버스 망 등이 있다.

인간과 지형공간정보학

(1) 폐합트래버스(Closed Traverse)

소규모 지역에 적합한 방법, 임의의 한 점에서 출발하여 최후에 다시 시작점에 돌아오는 트래버스로서 시작점과 출발점이 동일 지점이다.

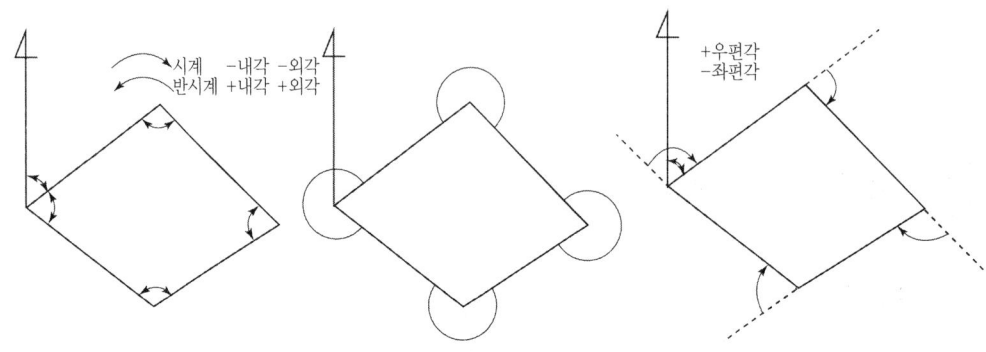

그림 6.1 폐합트래버스

내각 관측; $Ea = [a] - 180°(n-2)$
외각 관측; $Ea = [a] - 180°(n+2)$
편각 관측; $Ea = [a] - 360°$
$[a]$; 관측 각의 합, n; 변의 수

(2) 개방트래버스(Open Traverse)

임의의 한 점에서 출발하여 조건이 없는 다른 점에서 끝나는 트래버스이며, 하천이나 노선의 기준점을 정하는데 사용하지만, 정밀도가 가장 낮은 트래버스로서 출발점과 시작점이 일치하지 않으므로 오차의 정검이 불가능하며 높은 정밀도를 요구하는 측량에는 사용하지 않는다.

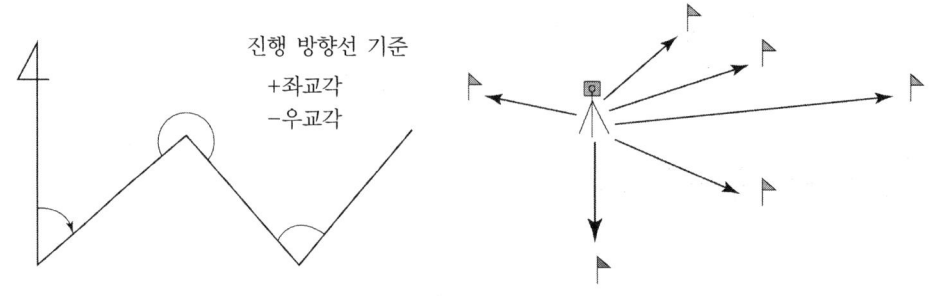

그림 6.2 개방트래버스

(3) 결합트래버스(Decisive Traverse)

어떤 기지점에서 출발하여 다른 기지점에 결합시키는 트래버스이며, 정밀도가 가장 높은 트래버스로서 기지점은 삼각점에 많이 이용된다.

1) 삼각점이 외곽일 경우

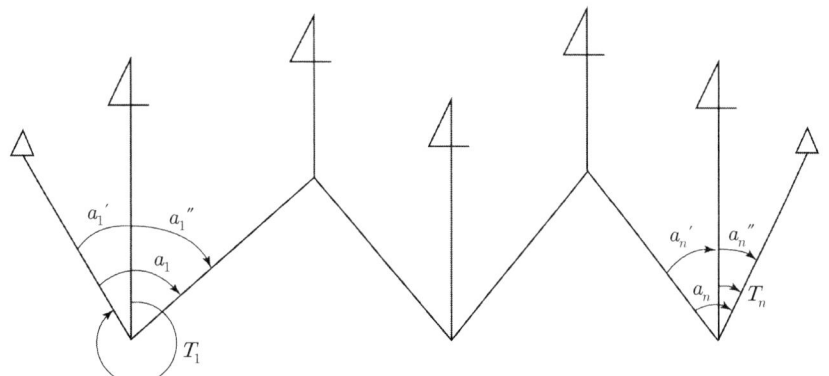

그림 6.3 결합 트래버스

$$a_1'' + a_2' = 180°$$
$$a_2'' + a_3' = 180°$$
$$a_3'' + a_4' = 180°$$
$$\vdots$$
$$a_{n-1}'' + a_n' = 180°$$

n : 교각의 개수

$$\overline{a_1'' + a_2 + a_3 + a_4 + a_{n-1} + a_n' = 180°(n-1)} \cdots\cdots ①$$

여기서, $a_1'' = a_1 - a_1' = a_1 - (360° - T_1)$
$a_n' = a_n - a_n'' = a_n - T_n$ 이므로 ①에 대입하여 정리하면
$$a_1 + a_2 + a_3 + \cdots + a_n + T_1 - T_n = 180°(n-1) + 360° \cdots\cdots ②$$
$$\therefore Ea = [a] + T_1 - T_n - 180°(n+1)$$

2) 삼각점이 왼쪽일 경우

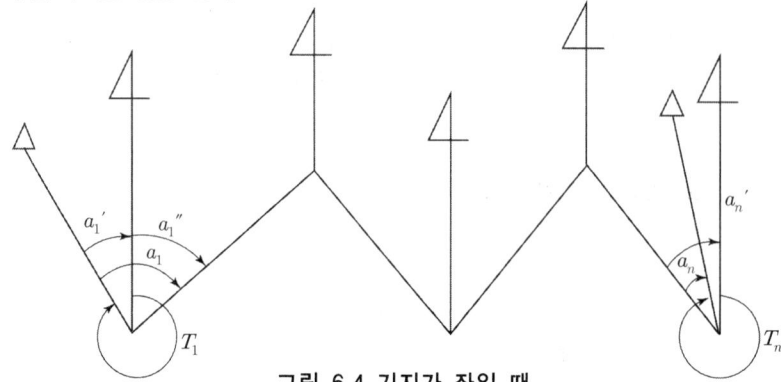

그림 6.4 기지가 좌일 때

$$a_1'' + a_2' = 180°$$
$$a_2'' + a_3' = 180°$$
$$a_3'' + a_4' = 180°$$
$$\vdots$$
$$\underline{a_{n-1}'' + a_n' = 180°}$$
$$a_1'' + a_2 + a_3 + a_4 + a_{n-1} + a_n' = 180°(n-1) \quad \cdots\cdots\cdots\cdots\cdots ①$$

여기서, $a_1'' = a_1 - a_1' = a_1 - (360° - T_1)$
$a_n' = 360° - T_n + a_n$ 이므로 ①에 대입하여 정리하면
$$a_1 + a_2 + a_3 + \cdots + a_n + T_1 - T_n = 180°(n-1) \quad \cdots\cdots\cdots\cdots\cdots ②$$
$$\therefore Ea = [a] + T_1 - T_n - 180°(n-1)$$

3) 삼각점이 오른쪽일 경우

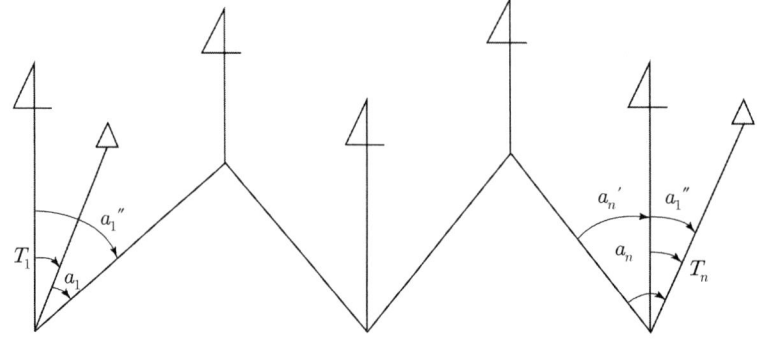

그림 6.5 기지가 우일 때

여기서, $a_1'' = a_1 + T_1$
$a_n' = a_n - a_n'' = a_n - T_n$

4) 삼각점이 모두 안쪽일 경우

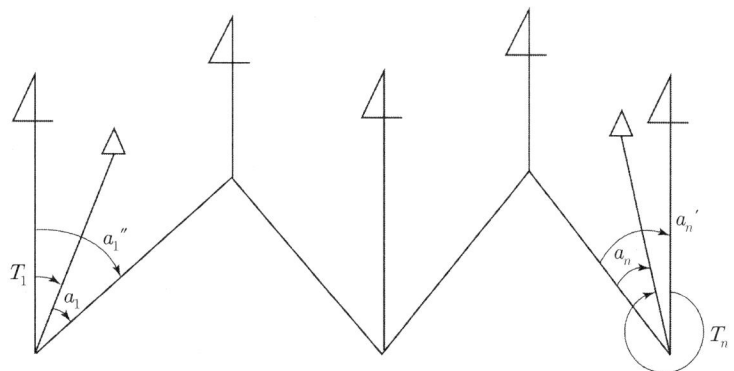

그림 6.6 기지가 모두 안쪽일 때

$$a_1'' + a_2' = 180°$$
$$a_2''e + a_3' = 180°$$
$$a_3'' + a_4' = 180°$$
$$\vdots$$
$$\underline{a_{n-1}'' + a_n' = 180°}$$
$$a_1'' + a_2 + a_3 + a_4 + a_{n-1} + a_n' = 180°(n-1) \quad \cdots\cdots\cdots\cdots ①$$

여기서, $a_1'' = a_1 + T_1$
$a_n' = 360° - T_n + a_n$ 이므로 ①에 대입하여 정리하면
$$a_1 + a_2 + a_3 + \cdots + a_n + T_1 - T_n = 180°(n-1) - 360° \quad \cdots\cdots ②$$
$$\therefore Ea = [a] + T_1 - T_n - 180°(n-3)$$

(4) 망 트래버스

개방, 폐합, 결합트래버스를 2개 이상 혼합하여 1개의 망으로 구성된 것으로 X형, Y형, A형, H형, O형 등이 있다.

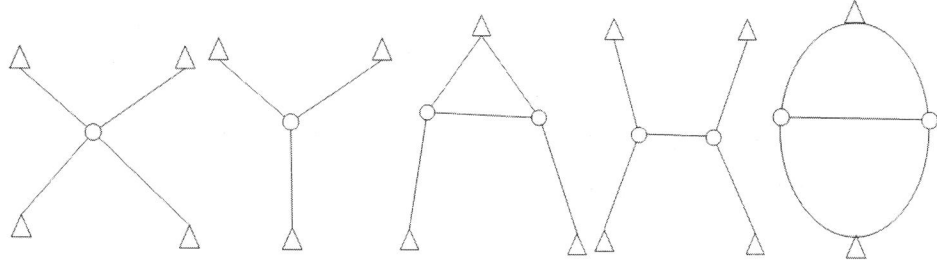

그림 6.7 망상 트래버스

인간과 지형공간정보학

6.3 트래버스 측량의 순서

① 외업 : 계획→답사→선점→조표→거리 관측→각 관측→거리, 각 관측정확도
② 내업 : 계산, 조정→측점전개

(1) 답사

도면을 통해 시간과 경비를 고려하고, 지형도에서 대체적인 측량계획을 세운 후 현지를 답사하여 계획에 따라 측량목적, 측량의 정도를 참작하여 트래버스 노선을 확정한다.

(2) 선점

답사계획에 따라 적당한 곳에 트래버스 측점을 선정한다.

■ 선점 시 유의 사항

① 노선은 될 수 있는 한 결합 트래버스가 되게 한다.
② 결합 트래버스의 출발점과 결합점 간의 거리는 될 수 있는 한 단거리로 한다.
③ 트래버스의 노선은 평탄한 경로를 택한다.
④ 측점 간의 거리는 될 수 있는 한 등거리로 하고 두 점 간에는 큰 고저차가 없게 한다.
⑤ 측점은 그 점이 기준이 되어 앞으로 실시되는 모든 측량에 편리한 곳이라야 하며 또 표식이 안전하게 보존되는 곳이라야 한다.
⑥ 측점은 기계를 세우기가 편하고 관측이 용이하며, 관측 중에 기계의 침하나 동요가 없어야 한다.

(3) 조표

선점이 끝난 후 지상의 측점에 말뚝이나 돌, 콘크리트 등을 매설하여 표시하는 작업을 말한다.

- 영구표식 : 석표 또는 콘크리트로 표시
- 일시표식 : 5×5×30cm의 나무말뚝으로 표시

> **참고**
> 시준하기 어려운 경우 혹은 장거리 시준을 정확하게 할 때는 추선이나, 폴, 목재 등으로 높이 세워 시통이 잘 되게 한다.

(4) 관측

현장 상황에 따라 사용기계, 관측방법을 적절히 하여 각과 측점 간의 거리를 측정한다. 야장 기입은 기계점, 관측점에 대해 기준점의 좌표, 거리, 관측 각을 빠짐없이 기록한다.

(5) 계산 및 제도

계산결과를 통하여 오차조정 및 트래버스 위치결정을 다음과 같이 한다.
① 각조정
② 방위각 계산조정
③ 경거, 위거 계산
④ 폐차 폐비 조정
⑤ 좌표계산
⑥ 도면작성

6.4 수평각 측정법

(1) 교각법

① 어떤 측선이 그 앞의 측선과 이루는 각을 관측하는 것을 교각법이라 한다.
② 오른편으로 측정하는 방법과 왼편으로 측정하는 방법이 있다.
③ 측점마다 독립해서 측각이 가능하다.
④ 한 각의 착오에 의해 다른 각에 영향을 미치면 재측 하여 점검이 가능 하지만 방위각을 계산하는 복잡성이 있다.
⑤ 내각법 : 측정치 = $180°(n-1)$
⑥ 외각법 : 측정치 = $180°(n+2)$

(2) 편각법

① 편각이란 각 측선이 전측선의 연장선과 이루는 각을 말한다.
② 도로, 철도와 같은 노선 측량과 종단측량에 많이 사용된다.
③ 우편각 : 전측선 연장의 우측에 만들어진 각이다.
④ 좌편각 : 전측선 연장의 좌측에 만들어진 각이다.

(3) 방위각법

① 각 측선이 일정한 기준선과 이루는 각을 우회로 관측하는 방법이다.
② 방위각 : 진북방향과 측선이 이루는 우회각을 방위각이라 한다.
③ 방향각(전원 방위) : 임의 기준선의 방향과 측선 방향 사이의 수평각을 시계방향으로 관측한 각을 말한다.

> **참고**
>
> 진북은 일반적으로 관측이 용이하지 않으므로 자침에 의한 북을 기준으로 할 때가 많다.
>
> 특정 지점에서 방위각을 관측할 때 북극성을 기준으로 하여 관측하는 경우는 북극성 기준 방위각(θ)에 북극성 자체의 방위각(δ)을 더해야 한다. 또한 평면직각좌표에서 사용하는 방향각(a)으로 조정하기 위해서는 자오선 수차(γ)를 고려하여야 한다.
>
> $A = \theta + \delta$
> $a = A - \gamma$
> $\gamma = \sin\phi \cdot \Delta\lambda$
> 여기서, ϕ는 위도, $\Delta\lambda$는 경도차

6.5 측정값의 조정

관측각을 측정한 후 정도가 허용범위보다 클 경우는 재측한다.

(1) 트래버스의 측각오차 허용범위

$$E_a = \pm \sqrt{\varepsilon_1^2 + \varepsilon_2^2 + \cdots + \varepsilon_n^2} \fallingdotseq \pm \varepsilon_a \sqrt{n}$$

여기서, E_a : n개 각의 각 오차
ε_a : 1개 각의 각 오차
$\varepsilon_1 = \varepsilon_2 = \cdots = \varepsilon_n$
n : 측각수

① 산림지나 복잡한 지형 : $1.5\sqrt{n}$ (분)
② 평지(보통지) : $0.5\sqrt{n} \sim 1.0\sqrt{n}$ (분)
③ 시가지 및 중요한 곳 : $20\sqrt{n} \sim 30\sqrt{n}$ (초) (n : 트래버스 변수)

이상의 오차는 특별한 경우를 제외하고는 각 수를 등분하여 이를 각각의 각에 배분한다.

(2) 오차 배분

각 관측 결과 기하학적 조건과 비교하여 허용오차 이내일 경우는 다음과 같이 오차를 배분한다.
① 각 관측 정도가 같을 때는 오차를 각의 대소에 관계없이 등분하여 배분한다. 큰 조정각은 방위가 45°에 가까운 각에 배정한다.
② 각 관측의 경중률이 다를 경우에는 그 오차를 경중률에 비례하여 각각의 각에 배분한다.
③ 측선 길이의 역수에 비례하여 배분한다.

6.6 트래버스의 계산

6.6.1 방위각 계산

(1) 교각을 잰 경우

① 교각을 시계방향으로 측정 시
$\beta = \alpha + 180° - \alpha 2$
② 교각을 반 시계 방향으로 측정 시(외각)
$\beta = \alpha - 180° + \alpha 2$

인간과 지형공간정보학

> 어느 측선의 방위각은 = 하나 앞 측선의 방위각 ±180° ∓교각, 360°를 넘을 경우 360°를 뺀다.

(2) 편각을 잰 경우

교각에 편각을 더한다.

$$\beta = \alpha + \alpha 1$$

6.6.2 방위각의 계산 순서

① 주어진 진북선과 구하려고 하는 측점에 나란한 진북선을 긋는다.
② 전측선(주어진 방위각의 측선)의 연장선을 내리고 전측선의 방위각을 표시한다.
③ 구하려고 하는 측선의 방위각을 표시한다. (방위각이란 진북선에서 구하려고 하는 측선이 이루는 우회각이다.)
④ 구하려고 하는 측선의 방위각 표시와 같게 맞추면 된다.

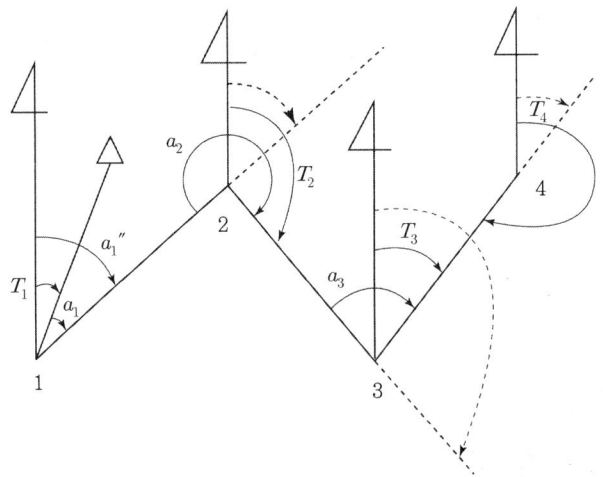

방위각 T4는 측선 $\overline{34}$ 의 역방위각이다.

그림 6.8 방위각 계산

표 6.1 방위의 계산

상한	방위각	방위	
I	0°~90°	NE방위각	N 0°~90°E
II	90°~180°	SE180°−방위각	S 0°~90°E
III	180°~270°	SW방위각−180°	S 0°~90°W
IV	270°~360°	NW360°−방위각	N 0°~90°W

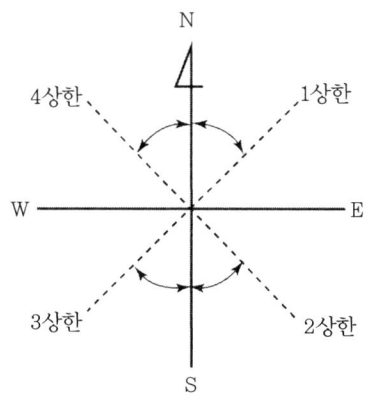

6.6.3 위거 및 경거의 계산

(1) 위거(Latitude)

일정한 자오선(남북선)에 대한 어떤 측선의 정사영을 그의 위거라 하며 측선이 북쪽으로 향할 때 위거는 (+)로 하고 측선이 남쪽으로 향할 때는 (−)이다.

위거 : $\overline{AB} \cos \alpha$

(2) 경거(Depature)

일정한 동서선에 대한 어떤 측선의 정사영을 그의 경거라 하며 측선이 동쪽으로 향할 때 경거는 (+), 측선이 서쪽으로 향할 때 경거는 (−)로 한다.

경거 : $\overline{AB} \sin \alpha$

표 6.2 위거 경거 계산

	I	II	III	IV
위거($\cos \alpha$)	+	−	−	+
경거($\sin \alpha$)	+	+	−	−

예제 01

거리와 방위각을 측정하였다. 방위 및 위·경거를 계산하라.

측선	거리	방위각	방위	위거 +	위거 −	경거 +	경거 −
AB	163.53	48° 36′ 20″	N48°36′20″E	108.128		122.679	
BC	198.37	106° 25′ 00″	S73°35′0″E		56.663	190.282	
CD	308.26	229° 25′ 36″	S49°25′36″W		200.499		234.146
DE	83.27	332° 13′ 50″	N27°46.10″W	73.680			38.797
계	753.43						

● 해설 sin 방위각×거리, cos 방위각×거리해서 위거, 경거를 구한다.

6.6.4 다각형의 폐합오차 및 폐합비

(1) 폐합오차

$$E = \sqrt{\Delta L^2 + \Delta D^2}$$

여기서, E : 폐합오차
ΔL : 위거오차
ΔD : 경거오차

폐합트래버스의 경우 위거오차와 경거오차는 0에 가까워야 정확한 측량이다.

(2) 폐합비

$$폐합비(R) = 정도 = \frac{\sqrt{\Delta L^2 + \Delta D^2}}{\Sigma L} = \frac{E}{\Sigma L}$$

• $R = \frac{1}{M}$

여기서, R : 폐합비(정도)
E : 폐합오차
ΣL : 전측선 길이의 합

(3) 결합트래버스의 결합오차

$$\Delta L = xb - Xb$$
$$\Delta D = yb - Yb$$

여기서, $A(X_a,\ Y_a),\ B(X_b,\ Y_b)$: $A,\ B$ 두 기지점의 좌표값
$B'(x_b,\ y_b)$: 기지점 A의 좌표값에 기준하여 계산된 점 B의 좌표값
ΔL : 결합트래버스의 위거오차
ΔD : 결합트래버스의 경거오차

$$결합오차(E) = \sqrt{\Delta L^2 + \Delta D^2}$$

(4) 다각측량의 허용오차

토지의 상황, 측량의 사용목적에 따른 정도에 따라 오차를 허용한다.
① 시가지 : $1/5,000 \sim 1/10,000$
② 전답, 대지 등의 평지 : $1/1,000 \sim 1/2,000$
③ 산림, 임야, 호소지 : $1/500 \sim 1/1,000$

6.7 트래버스의 조정

(1) 컴파스 법칙

각 측량의 정도와 거리측량의 정도가 동일할 때 사용하며, 각 측선의 길이에 비례하여 폐합오차 배분한다.

① 위거에 대한 보정량(조정량) = $\dfrac{\Delta l}{\Sigma l} \times l_1$

② 경거에 대한 보정량(조정량) = $\dfrac{\Delta d}{\Sigma l} \times l_1$

여기서, Δl : 위거오차
Δd : 경거오차
Σl : 측선길이의 총합
l_1 : 그 측선의 길이

인간과 지형공간정보학

(2) 트랜싯 법칙

각 측량의 정도가 거리측량의 정도보다 정도가 좋을 때 사용하며, 위거와 경거의 크기에 비례하여 폐합오차 배분한다.

① 위거에 대한 보정량 = $\dfrac{\Delta l}{\Sigma |L|} \times L$

② 경거에 대한 보정량 = $\dfrac{\Delta d}{\Sigma |D|} \times D$

여기서, $|L|, |D|$: 위거, 경거의 절대치의 합
        L, D : 측선의 위거, 경거

> **참고**
>
> 위거, 경거의 조정(분배에서 조정이 안된 값)
> - 조정량이 다를 때 : 거리가 큰 측선에 ±
> - 조정량이 같을 때 :
>   - 컴파스 법칙에서 거리가 큰 것에 +, 작은 것에 −
>   - 트랜싯 법칙에서 위(경)거가 큰 것에 +, 작은 것에 −

예제 02

다음 트래버스의 폐합차와 폐비를 구하고 조정하시오(컴파스 법칙).

측선	거리	위거 +	위거 −	경거 +	경거 −	조정위거 +	조정위거 −	조정경거 +	조정경거 −
AB	69.365		17.394	67.149			17.395	67.148	
BC	63.715		55.726	30.890			55.728	30.889	
CD	104.890	72.172		76.113		72.170		76.112	
DE	53.420	51.277			14.978	51.275			14.979
EF	102.590		6.730	102.369			6.732	102.370	
FA	71.610		43.610		56.790		43.462		56.781
계	465.590	123.449	123.460	174.152	174.146	123.445	123.327	174.149	174.140

● 해설   위거 합, 경거 합 차를 조정위거, 조정경거에 배분한다.

6.8 좌표의 계산

(1) 좌표의 계산

합위거(X) = 전 측선의 합위거 + 다음 측선의 조정위거($\triangle x$)

합경거(Y) = 전 측선의 합경거 + 다음 측선의 조정경거($\triangle y$)

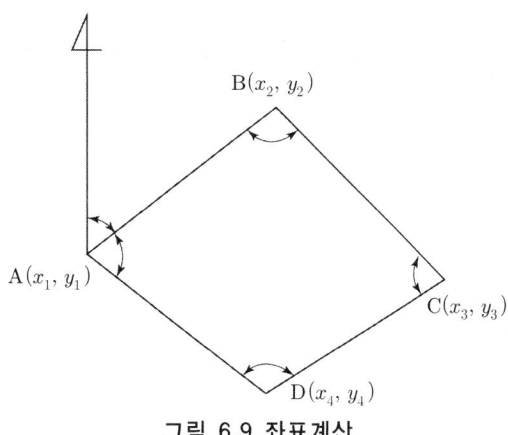

그림 6.9 좌표계산

B의 합위거, 합경거$(x_2, y_2) = x_1 + \triangle x_1,\ y_1 + \triangle y_1$

C의 합위거, 합경거$(x_3, y_3) = x_1 + \triangle x_1 + \triangle x_2,\ y_1 + \triangle y_1 + \triangle y_2$

D의 합위거, 합경거$(x_4, y_4) = x_1 + \triangle x_1 + \triangle x_2 + \triangle x_3,\ y_1 + \triangle y_1 + \triangle y_2 + \triangle y_3$

(2) 2점의 좌표에 의한 측선장 및 방위계산

측선장(l) $= \sqrt{(x_2-x_1)^2 + (y_2-y_1)^2}$

$\tan\theta = \dfrac{\Delta y}{\Delta x} = \dfrac{y_2 - y_1}{x_2 - x_1} z$

방위$(\theta) = \tan^{-1}\dfrac{\Delta y}{\Delta x}$

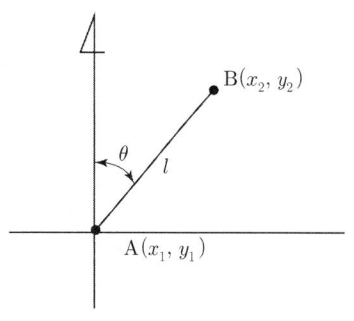

그림 6.10 측선장 계산

실제 계산에서 방위각으로 바꿀 때는 위거와 경거로부터 상한을 확인해야 한다.

인간과 지형공간정보학

6.9 면적 계산

(1) 배횡거와 배면적 계산

면적 계산은 각 점의 조정위거와 조정경거를 이용하여 면적을 쉽게 구할 수 있다.

1) 횡거(자오선거리)

① 횡거 : 어떤 측선의 중심에서 기준 자오선에 내린 수선의 길이를 말한다.
  - 임의의 측선의 횡거 = 전측선의 횡거+(전측선 경거의 1/2)+(그 측선 경거의 1/2)
② 배횡거 : 횡거의 2배, 즉 배횡거(배자오선거리, Double Meridian Distance (D.M.D))를 사용하여 계산하면,
  - 임의의 측선의 배횡거 = 전측선의 배횡거+전측선의 경거+그 측선의 경거

> 참고
> - 제1측선의 배횡거 = 제1측선의 경거
>   - 임의의 측선의 배횡거 = 하나 앞 측선의 배횡거 + 하나 앞 측선의 경거 + 그 측선의 경거
>   - 마지막 측선의 배횡거 = ⊖그 측선의 경거
> - 횡거로 면적 계산을 할 수는 있지만 횡거의 값이 분수 값이 나오므로 오차가 발생할 우려가 있으므로 배횡거를 사용한다.

표 6.3 배횡거의 계산

배횡거 = 전 측점의 합경거와 그 측점의 합경거

위거	경거	합위거	합경거	배횡거	배면적
		0	0		
10	10	10	10	10	100
−10	10	0	20	30	−300
−10	−10	−10	10	30	−300
10	−10	0	0	10	100
					400

면적 = 400 / 2 = 200

2) 면적

- 배면적 = 배횡거 × 위거
- 면적 = $\dfrac{배면적}{2}$

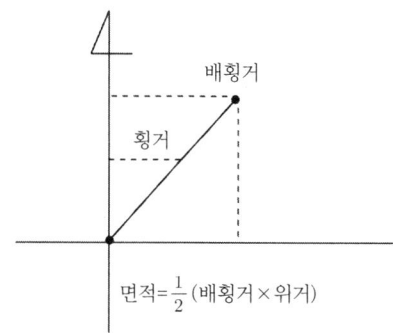

그림 6.11 면적 계산

(2) 합위거와 합경거에 의한 면적계산

1) 도형에 의한 방법

$$면적(S) = B'BCC' + C'CDD' - B'BAA' - A'ADD'$$

여기서, $B'BCC' = \dfrac{1}{2}(x_2 - x_3)(y_2 + y_3)$

$C'CDD' = \dfrac{1}{2}(x_3 - x_4)(y_3 + y_4)$

$B'BAA' = \dfrac{1}{2}(x_2 - x_1)(y_2 + y_1)$

$A'ADD' = \dfrac{1}{2}(x_1 - x_4)(y_1 + y_4)$

2) 행렬을 이용한 방법

$$면적(S) = \dfrac{1}{2}(x_1, x_2, x_3, x_4)\begin{pmatrix} y_2 - y_4 \\ y_3 - y_1 \\ y_4 - y_2 \\ y_1 - y_3 \end{pmatrix} = \dfrac{1}{2}\Sigma(x_i)(y_{i+1} - y_{i-1})$$

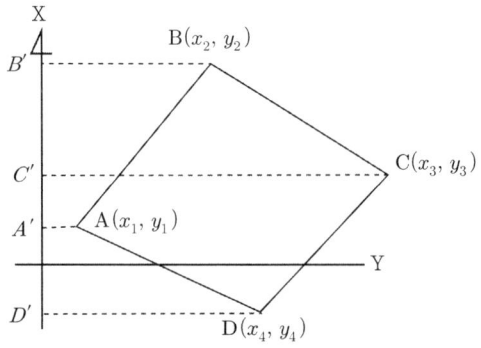

그림 6.12 합위거 경거 계산

3) 좌표법

$$면적(S) = \frac{1}{2} \times 배면적$$

$$\frac{y_1}{+x_1-} \times \frac{y_2}{+x_2-} \times \frac{y_3}{+x_3-} \times \frac{y_4}{+x_4-} \times \frac{y_1}{+x_1-}$$

$$배면적 = y_1x_2 - y_2x_1 + y_2x_3 - y_3x_2 + y_3x_4 - y_4x_3 + y_4x_1 - y_1x_4$$
$$= (y_4 - y_2)x_1 + (y_1 - y_3)x_2 + (y_2 - y_4)x_3 + (y_3 - y_1)x_4$$
$$= \Sigma(y_{i-1} - y_{i+1})x_i$$

- 면적(S) = $\frac{1}{2}\Sigma(x_{i-1} - x_{i+1})y_i$ 도 가능

4) 면적(S) = $\frac{1}{2}\left(\begin{vmatrix} x_1 & y_1 \\ x_2 & y_2 \end{vmatrix} + \begin{vmatrix} x_2 & y_2 \\ x_3 & y_3 \end{vmatrix} + \cdots + \begin{vmatrix} x_4 & y_4 \\ x_1 & y_1 \end{vmatrix}\right)$

$$= \frac{1}{2}((x_1y_2 - y_1x_2) + \ldots + (x_4y_1 - y_4x_1))$$

6.10 측점의 제도와 역트래버스 계산

(1) 측점의 제도
① 제도 전에 오차를 배분한다.
② 도면의 크기(축척)와 배치를 쉽게 한다.
③ 정확하게 측점 위치를 정한다.
④ 조정위거(Δx)와 조정경거(Δy)로 전개한다.(상대적인 전개)
⑤ 합위거(X)와 합경거(Y)로 전개한다.(절대적인 전개)
⑥ CAD를 이용해 전개한다.

(2) 역트래버스 계산
① 좌표(합위거와 합경거)로부터 위거와 경거를 계산한다.
② 거리와 방위(방위각을 계산할 때 위거, 경거의 부호로 상한을 고려)를 구한다.
③ 방위각으로부터 교각을 계산한다.

(3) 폐합트래버스의 오차 발생 측선

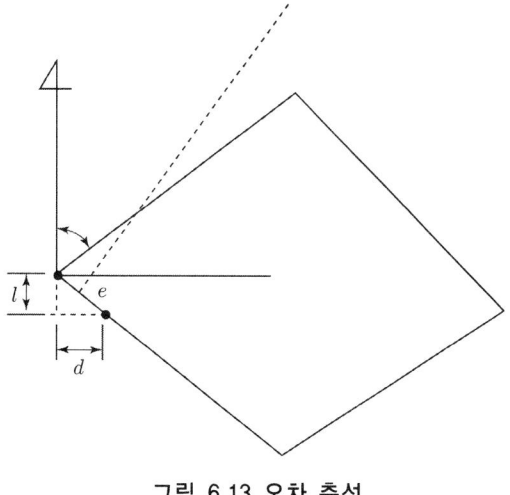

그림 6.13 오차 측선

① 거리 측량의 오차를 찾기 위해, 위거 오차와 경거 오차의 크기를 확인하고, 도상에 트래버스를 제도하여 폐합오차 방향과 나란한 변을 찾아 재측하여 본다.

인간과 지형공간정보학

② 한 측선에 오차가 있다고 생각될 때

방위$(\theta) = \tan^{-1}\dfrac{\Delta d}{\Delta l}$를 구하여, $\triangle l$과 $\triangle d$의 +, −에서 오차의 방위를 알 수 있기 때문에 이것과 평행한 측선에 오차가 있다고 생각한다.

③ 각 측선의 $l : d$를 구하고, $\triangle l : \triangle d$와 가까운 측선에 오차가 있다고 생각한다. 이런 작업은 전체를 재측하기 전에 필요한 유의사항이다.

제7장 삼각측량

7.1 삼각측량의 정의

7.1.1 정의

삼각측량은 기선 거리와 삼각망을 이루는 삼각형의 내각만을 관측하여 삼각법을 응용해서 각 측점의 위치(좌표)를 계산하는 방법을 말한다. 즉, 각 지점을 맺는 다수의 삼각형을 만들고 그 가운데 삼각형 한 개의 한 변을 정밀하게 측정해서 기선(base line), 검기선(check line)으로 하고, 다른 삼각형은 협각만을 관측하여 삼각법에 의해 각 변의 길이를 차례로 계산한 후 조건식에 의해 조정하여 수평(평면)위치(X, Y)를 결정하는 방법이다.

(1) 대지 삼각측량

① 지구의 곡률을 고려한 삼각측량, 국토지리정보원에 의한 측량 규모는 1, 2등 삼각점
② 삼각점의 경위도, 표고(λ, ϕ, H)로 지리적 위치 결정
③ 지구의 크기 및 형상 결정수단, 구과량

$$\left(\varepsilon = \frac{F}{R^2}\rho''\right),\ 준거타원체$$

④ 구과량 $(\varepsilon) = A + B + C - 180°$

$$\varepsilon = \frac{bc\sin A}{2R^2}$$

- $a = b = c = 40\mathrm{km}$
  $\varepsilon \fallingdotseq 3.5''$
- $a = b = c = 10\mathrm{km}$
  $\varepsilon \fallingdotseq 0.2''$

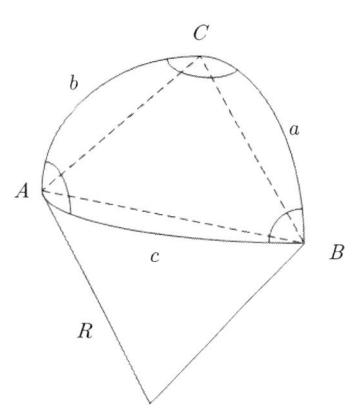

그림 7.1 구과량

(2) 소지 삼각측량

① 지구의 곡률을 고려하지 않은 삼각측량, 국립지리정보원에 의한 측량 규모는 3, 4등 삼각점
② 지표면을 평면으로 간주
③ 정확도 1/100만 ▶ 직경 22km 이하, 반경 11km 이하, 면적 약 400km2

7.1.2 삼각측량의 원리

삼각망을 구성한 다음 삼각형의 내각과 한 변장을 정밀하게 측정하여 다른 모든 미지 변의 거리를 sine 법칙에 따라 구한다. 기선(base line)을 정확하게 관측하고 삼각형의 세 각을 관측하면, sine 법칙에 따라

$$\frac{BC}{\sin\alpha_1} = \frac{AB}{\sin\beta_1} = \frac{AC}{\sin\gamma_1} \text{로부터}$$

$$AC = \frac{AB}{\sin\beta_1}\sin\gamma_1$$

$$BC = \frac{AB}{\sin\beta_1}\sin\alpha_1$$

$$CD = \frac{BC}{\sin\beta_2\sin\alpha_2} = \frac{AB}{\sin\beta_1\sin\beta_2}\sin\alpha_1\sin\alpha_2$$

$$DE = \frac{AB}{\sin\beta_1\sin\beta_2\sin\beta_3}\sin\alpha_1\sin\alpha_2\sin\alpha_3$$

7.1.3 삼각측량의 특징

① 삼각점 간의 거리를 비교적 길게 취할 수 있다.
② 완전한 조건식이 있다.
③ 넓은 면적의 측량에 적합하다.
④ 가장 정밀도가 높은 측량이다.
⑤ 조건식이 많아 조정 방법과 계산이 복잡하다.
⑥ 삼각점은 시통이 잘되고, 후속 측량에 이용되므로 전망이 좋은 곳에 설치한다.(산지 등 기복이 많은 곳에 알맞고, 평야지대, 산림지대에서는 작업이 곤란)

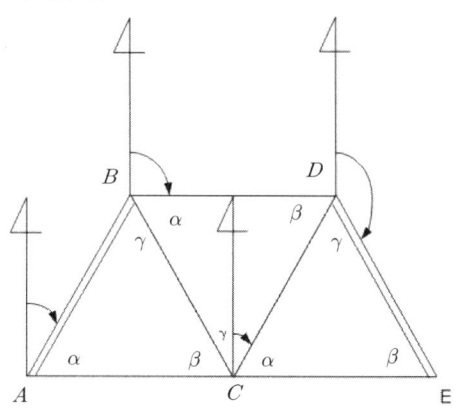

그림 7.2 삼각측량 특징

7.1.4 삼각점

(1) 등급

① 능률적으로 높은 정확도를 얻기 위해 먼저 변장이 긴 삼각망을 구성한 후 순차적으로 망을 세분한다.
② 변장길이가 길수록 측각오차가 위치 정확도에 미치는 영향이 크므로 각도 측정을 더욱 정확히 해야 한다.(정밀 측각기 사용)
③ 최근 광파측정기로 높은 정밀도의 거리측정이 가능함에 따라 삼각측량 대신 삼변측량으로 대체하는 추세이다.

표 7.1 삼각점의 등급별 평균변장 및 측각법

등 급	평균 변장	측각법
1등 삼각점	30km	각 관측법
2등 삼각점	10km	방향 관측법
3등 삼각점	5km	방향 관측법
4등 삼각점	2.5km	방향 관측법

(2) 삼각점 표지

① 표석 : 표주(주석)와 반석으로 구성된다.
② 표주와 반석의 중심을 같은 연직선 상에 일치
   ▶ 표주가 망실되더라도 반석으로 위치 확인, 재설 가능하다.
③ 표주/반석의 십자선은 동서남북을 가리키도록 매설한다.
④ 주석은 지면상에 약 15cm 정도 나오도록 한다.
⑤ 보통매설은 측량 전에 해야 하나 작업편의상 삼각측량 완료 후에 하는 경우가 많다.

그림 7.3 삼각점 영구표석

인간과 지형공간정보학

> **참고** 등급 및 점의 종류
>
> ■ 점의 부호 및 명칭
>   점의 부호 : 1등 삼각점 ‥ 11,12 …
>   2등 삼각점 ‥ 21,22 …
>   3등 삼각점 ‥ 301,302 …
>   4등 삼각점 ‥ 401,402 …
> • 1:50,000 도엽번호 및 명칭
> • 점의 소재지, 약도, 경로
> • 점의 경위도, 평면직각좌표, 표고, 좌표원점
> • 진북방향각, 인근 삼각점까지의 방향각 및 거리대수 등
>   대삼각본점(현재 1등 삼각점) :   400점
>   대삼각보점(현재 2등 삼각점) :   2,401점
>   소삼각점(현재 3,4등 삼각점) : 31,646점
>
> ■ 대삼각망 설정 과정
> • 일본의 대마도 1등 삼각점 2점과 절영도(현재 영도) 및 거제도 대삼각본점을 연결 ▶ 전국을 23개 망으로 구분 관측·계산 (남→북)
> • 대삼각본점측량 ▶ 대삼각보점측량 ▶ 소삼각점측량

7.1.5 삼각측량의 분류

(1) 측량법에 의한 분류

① 기본삼각측량 : 국토지리정보원 1~4등 삼각측량, 국토의 평면기준점
② 공공삼각측량 : 기본삼각측량성과(삼각점) 좌표이용, 1~4등 이하 삼각측량 각종 건설공사, 도시계획측량

(2) 등급별 분류

넓은 지역을 삼각 측량할 때에는 모든 삼각점에 대하여 같은 정밀도를 갖게 하는 것은 노력의 낭비이기 때문에 일반적으로 정밀도에 따라서 몇 등급으로 나누어서 측량한다. 즉, 측량지역에 걸쳐서 기준점 간의 거리를 가장 멀리 잡고 정밀도도 가장 높게 삼각점을 정해서 측량하는 것을 1등 삼각 측량이라도 하고, 이것을 기준으로 하여 2등, 3등, 4등 삼각측량 등으로 나누어 각 등급에 따른 정밀도 범위 내에서 효과적으로 측량하는 것이 바람직하다.

표 7.2 삼각점 등급

	1등	2등	3등	4등
	대삼각, 측지삼각측량		소삼각, 평면삼각측량	
평균변장	30km	10	5	2.5
최소 읽음 값	0.1″	0.1	1	1
최소관측회수	12회	12	3	2
최소관측오차	1.5″	2	8	10
삼각형의 폐합차	1.0″	5.0	15.0	20.0
교각	약 60°	30~120°	25~130°	15° 이상
지구형상	준거타원체	등가구체 $R=6371.0087714km$	1:50000	국부적평면 1:10000

7.2 삼각망의 종류

삼각망은 구성하는 삼각형은 가능한 한 정삼각형으로 하며 1각의 크기를 25°~130° (정밀도 高40°~100°)내의 범위로 한다. 이것은 각이 지니는 오차가 변에 미치는 영향을 작게 하기 위함이다. 즉, 변의 길이 계산에서는 sin 법칙을 사용할 때 각 관측오차가 같은 경우 이 오차가 변의 길이에 미치는 영향을 각이 작을수록 큰 것을 알 수 있다.

예 ▶ 1″의 표차(대수 6자리)

 sine 10°(12), sin 80°(0.4)로 약 30배

(1) 단 삼각망

정도가 낮고 특수한 경우에 사용한다.

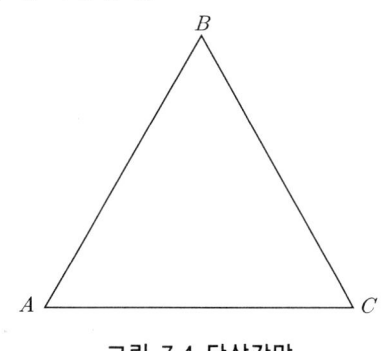

그림 7.4 단삼각망

(2) 단열 삼각망

동일 측점 수에 비하여 도달거리가 가장 길기 때문에 하천측량, 노선측량, 터널측량 등과 같이 폭이 좁고 거리가 먼 지역에 적합하며, 거리에 비하여 관측수가 적으므로 측량이 신속하고 경비가 적게 드는 반면 정밀도는 낮다.

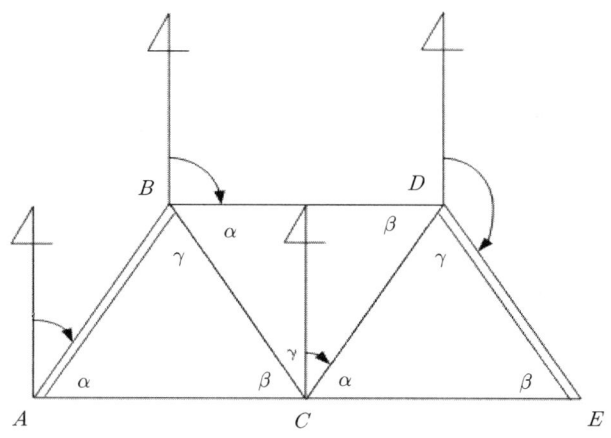

그림 7.5 단열삼각망

(3) 사변형 삼각망(교차 삼각형)

조건식의 수가 가장 많기 때문에 가장 높은 정밀도를 얻을 수 있으나, 조정이 복잡하고 피복 면적이 적으며 많은 노력과 시간 그리고 경비가 필요하다. 따라서 특별히 높은 정밀도를 필요로 하는 측량이나 기선 삼각망 등에 사용된다. 교차점은 측점으로 사용하지 않는다.

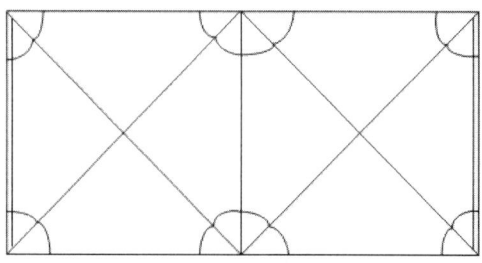

그림 7.6 사변형 삼각망

(4) 유심 삼각망(육각형 삼각망)

동일 측점 수에 비하여 피복 면적이 가장 넓다. 따라서 넓은 지역의 측량에 적당하고, 정밀도는 단열 삼각망과 사변형 삼각망의 중간이다. 교차점을 측점으로 사용한다.

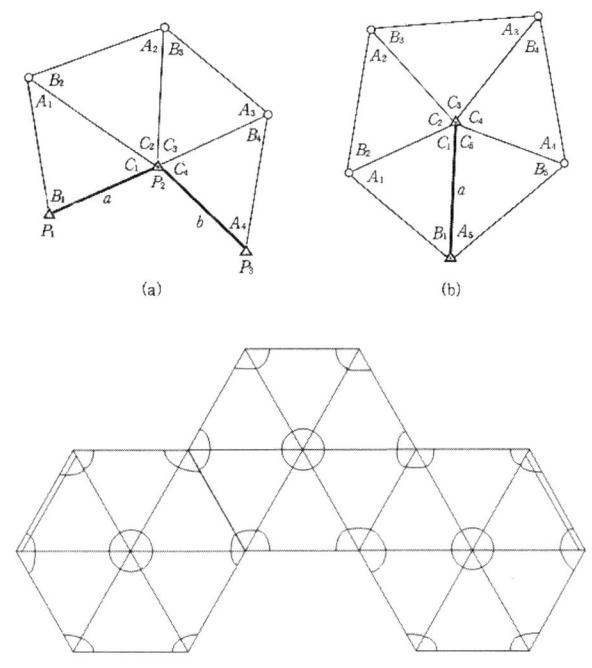

그림 7.7 유심삼각망

7.3 삼각측량의 방법

삼각측량의 방법은 일반적으로 다음과 같은 순서로 행한다.
① 도상계획 : 계획, 준비 – 도상선점(지형도, 답사, 항공사진, 성과표)
② 답사 및 선점 : 삼각점, 기선, 검기선
③ 조표 : 매표(매석)
④ 기선 및 검기선 측량 : 측량준비 작업, 기선의 확대, 관측기선의 보정
⑤ 각 관측 : 수평각 관측, 편심관측
⑥ 천문관측
⑦ 삼각망의 조정 : 계산 및 성과표 작성
⑧ 변장과 삼각점의 좌표계산

이미 좌표를 알고 있는 삼각점을 이용할 경우에는 ④번 대신에 삼각점 성과표의 전개 및 새로운 좌표의 계산 과정이 있어야 하며 ⑥번의 천문측량은 생략되어도 좋다.

(1) 도상계획

삼각측량의 계획은 우선 도상선점에 의하여 수립된다. 도면 위의 계획은 측량지역의 지도 또는 항공사진을 이용하여 그 위에 측정할 삼각점을 선점 배치하는 것이다. 도면 위의 계획은 측량의 정확도, 경비 등에 막대한 영향을 주게 되므로 신중하게 다루어야 한다.

계획에서 검토되어야 할 중요한 요소들은 측량의 목적, 정확도, 지형, 측량 방법, 기간, 인원편성, 측량 기기, 자재, 소모품, 예산, 작업공정, 숙소, 통신, 일기, 관측계획, 측량표 등이다.

이 도면 위의 계획은 현지답사의 결과에 따라 수정될 수 있다. 도면 위의 선점에는 1:50,000 또는 1:25,000 지형도, 항고 사진, 삼각점 성과표 등을 이용한다. 이때 삼각측량을 하려면 먼저 실지 답사를 하고 가장 적당한 삼각망을 선정해서 삼각점을 결정한다. 삼각형의 크기는 30°~120°로 하는 것이나, 정밀하게 할 때는 40°~100°로 한다. 이것은 0°나 180°에 가까운 각의 sine의 표차가 극히 크고, 각도에 약간의 오차가 있어도 이것을 써서 산출하는 변, 길이에 영향을 주므로, 정삼각형에 가깝도록 계획하는 것이 이상적이다.

측량의 실시 계획에 따라 현지에 가기 앞서 준비해야 하는 주요 사항들을 정리하면 다음과 같다.

① 삼각점 성과표 및 측량 자료
② 측량지역의 지도 및 토지 소유자의 조사
③ 각종 절차에 따르는 신청 서류의 작성과 관계 관청과의 연락
④ 측량 기기 및 자료의 점검과 정비

(2) 답사 및 선점

삼각측량을 하려면 외업을 하기 전에 현장을 답사하고 기선을 설치할 위치와 삼각점의 위치를 선정하는 도시에 작업에 필요한 사항을 조사하여야 한다. 선점할 때에는 기존 지도에 기선이나 삼각점의 위치를 정하고, 현지에서 그 예정되는 점에 시준표를 세워 놓고 위치가 양호한지를 검토하면서 가장 적합한 점을 선정한다. 기선과 삼각점 선정은 정밀도, 비용, 소요 시간 등에 크게 영향을 끼치므로 주의해야 한다.

(3) 조표

삼각점의 선점이 끝나면 삼각점의 위치에 표석 등을 묻어 측점의 위치를 나타내는데, 이 표지를 측표라 한다. 또, 다른 삼각점에서 측표를 시준할 수 있도록 시준표 또는 관측대를 설치하는 것을 조표라 한다.

1) 측표

삼각점에는 나무 말뚝, 또는 표석을 묻는다. 반석은 주석 밑에 묻혀지는 편평한 돌로, 그 윗면에 +자가 새겨져 있고, 주석 윗면의 +자 중심과 반석의 +자의 중심은 정확히 같은 연직선 위에 있도록 설치되어 있다. 반석은 주석이 파손되는 경우를 대비하고, 특히 영구적인 것은 동결에 의한 이동을 방지할 수 있도록 한 것이며, 곳에 따라서는 생략하는 경우도 있다.

2) 시준표

삼각측량에서는 삼각점을 시준하기 위하여 측표 위에 시준표를 설치한다. 시준표를 설치할 경우의 주의 사항은 다음과 같다.
① 시준표의 중심과 측표의 중심을 정확하게 같은 연직선 위에 둔다. 만일 그렇지 못할 경우에는 편심계산에 의하여 관측각을 보정한다.
② 상대방의 측점에서 명확하게 보여야 한다.
③ 시준표는 땅 위에 견고하게 고정하고 비와 바람에 넘어지거나 흔들리지 않아야 한다.

(4) 기선 측량

삼각측량을 하기 위해서는 적어도 한 개 이상의 변장을 정확히 실측해야 하며, 이를 기선 측량이라고 한다. 기선 측량의 정밀도는 삼각측량 전체에 영향을 끼치므로 정밀한 관측을 해야 한다. 일반적으로 삼각망 자체가 요구되는 정밀도 보다 높은 정밀도로 기선을 측량하여야 하며, 그 표준은 다음과 같다.

표 7.3 기선측량의 정밀도

삼각점의 등급	1, 2등	3등	4등
기선 길이의 정밀도	$\frac{1}{500,000} \sim \frac{1}{2,000,000}$	$\frac{1}{200,000} \sim \frac{1}{500,000}$	$\frac{1}{10,000} \sim \frac{1}{50,000}$

1) 기선 측량 기구

기선측량을 하기 위해서는 삼각측량의 정밀도에 적합한 측량기구를 선택해야 한

다. 높은 정밀도를 필요로 하는 측량에서는 인바 테이프를 이용하지만, 일반적인 측량에서는 정밀한 쇠줄자를 검정하여 이용하기도 한다. 또한 최근에는 광파 및 전파를 이용한 전자파 거리 측정기를 이용하기도 한다.

2) 기선 측량 방법

① 준비
- 트랜싯으로 기선의 위치를 결정한다.
- 기선의 양끝에 측점 말뚝을 박고, 레벨을 사용하여 높이를 같게 한다.
- 기선 위에 사용할 줄자의 길이보다 약간 짧은 간격으로 중간 말뚝을 박고 측점 말뚝과 같은 높이가 되도록 한다.
- 중간 말뚝 사이에 줄자의 처짐을 작게 하기 위하여 지지 말뚝을 5~10m의 같은 간격으로 박고, 측점 말뚝보다 약 10cm 가량 높게 한다.
- 지지 말뚝을 설치할 때에는 사용할 줄자의 폭만큼 중심선에서 좌우로 간격을 두어 엇갈려 박고, 측점 말뚝과 같은 높이를 테이프를 수평하게 올려놓을 수 있도록 못을 박는다.
- 측점 말뚝과 중간 말뚝 또는 중간 말뚝 사이를 한 구간으로 하여, 측점 말뚝과 중간 말뚝 윗면에 두꺼운 흰종이를 붙이고 지표(+자선)를 그어 둔다.

② 측량 작업
- 기선의 위치가 정해지면 먼저 트랜싯을 설치하고, 그 시통선 위 기선의 양끝에 레벨을 이용하여 같은 높이가 되도록 말뚝을 박는다.
- 트랜싯의 시통선 위에 중간 말뚝을 박고, 레벨에 의해 양끝의 말뚝과 같은 높이가 되도록 한다. 중간 말뚝의 간격은 사용하는 줄자의 길이보다 약간 짧게 한다.
- 양끝 말뚝 및 중간 말뚝 윗부분에 금속판을 붙이고 트랜싯의 시통선 방향과 직교하는 +자선을 표시한다.
- 시통선을 검정할 때의 간격으로 줄자의 폭만큼 띄고 지지 말뚝을 동시에 박는다. 지지 말뚝은 양단 말뚝보다 중간 말뚝을 조금 높게 박고 중심선 쪽의 옆면에 양단, 말뚝과 중간 말뚝을 같은 높이로 줄자를 받칠 수 있도록 박는다.
- 준비작업이 끝나면 같이 줄자를 걸고, 한쪽 끝에는 용수철 저울을 붙이고 중간에 온도계를 설치하는데, 온도계의 위치는 줄자가 처지는 것을 고려해서 말뚝 부근에 설치하는 것이 좋다.
- 관측은 지휘자의 신호에 따라 필요한 정도의 장력을 유지하고 눈금 위치를 기록하며, 동시에 온도계의 온도를 기록함으로써 1회 측정이 끝난다.

- 제 1회 측정이 끝나면 테이프를 약간씩 옮기면서 같은 방법으로 3~10회 반복 측정한 다음 보정을 실시한다.

③ 기선(基線)의 확대

　삼각측량에서는 가능한 한 긴 기선을 취하는 것이 좋으나 실제로 삼각형의 변 길이 보다 훨씬 짧아지는 것이 보통이다. 이 짧은 기선을 삼각형 한 변의 길이와 같게 확대시켜야 한다. 그러므로 기선을 설치하고자 하는 위치는 이것을 증대시켜 삼각형의 한 변에 연결시키기에 적합한 장소라야 한다. 정밀도를 떨어뜨리지 않고 기선을 증대시키려면 그림과 같은 삼각망을 만든다. 이것을 기선삼각망(基線三角網)이라고 한다.

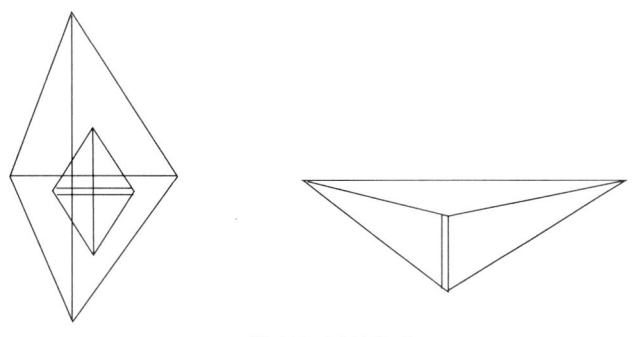

그림 7.8 기선확대

　기선을 한 번 증대시키면 증대시킬 때마다 정밀도가 감소하므로 직접 측정하는 기준기선(基準基線)의 길이는 1회 확대 할 때는 삼각형의 변장의 $\frac{1}{3}$, 2회 확대할 때는 $\frac{1}{8}$보다 크게 하지 않으면 좋은 결과를 얻을 수 없다. 보통 1회 확대하는데 기선길이의 3배, 2회 확대는 8배, 3회 확대는 10배 이상을 확대치 못한다. 기선은 삼각형 수의 15~20개마다 기선을 설치하며 이것을 검기선이라 한다.

(5) 각 관측

1) 수평각 관측법

　삼각측량에서 수평각은 기선과 함께 변장 계산의 요소가 되므로 삼각 측량의 목적에 따라 사용되는 기계의 선택에도 신중해야 한다. 보통 대삼각 측량에는 정밀한 데오돌라이트가 사용되며, 소삼각 측량에서는 트랜싯에 의해서도 필요한 정밀도를 얻을 수 있다. 수평각 관측법에는 단측법, 배각법(반복법), 방향각법 및 각 관측법 등이 있으며, 기본 삼각 측량의 1등 삼각 측량에서는 가장 정밀한 각 관측법을 사용한다.

인간과 지형공간정보학

2) 편심관측과 계산

수평각 측정은 보통 측점에 기계를 세우고 다른 측점을 시준하여 관측하지만, 기계의 중심, 측표의 중심, 시준표의 중심이 반드시 일치시킬 수 없는 경우가 있다. 이때, 기계를 삼각점으로부터 약간 떨어진 위치에 세우고 관측하는 것을 편심 관측이라 한다. 편심 관측으로부터 얻어진 관측 값은 삼각점에서 관측한 각으로 보정해야 하며, 이것을 편심 계산이라 한다.

① 편심의 종류

기계의 중심을 B, 표석의 중심을 C, 측표의 중심을 P 라 하면 편심관측은 다음의 네 가지로 분류된다.

(a) $B \neq (C = P)$

표석의 중심과 측표의 중심은 일치되어 있으나 시준장래로 인하여 기계의 중심을 이동시킨 경우

(b) $(B = C) \neq P$

표석의 중심에 기계를 세워 관측할 수는 있으나, 측표의 중심이 편심되어 있는 경우

(c) $(B = P) \neq C$

표석의 중심 바로 옆에 장애물 같은 것이 있어서 측표를 설치할 수도 없고, 기계도 세울 수 없어서 관측할 수 없을 때, 인접한 다른 곳에 측표를 설치하고 관측하는 경우

(d) $B \neq C \neq P$

기계의 중심, 표석의 중심, 측표의 중심이 모두 편심되어 있는 경우

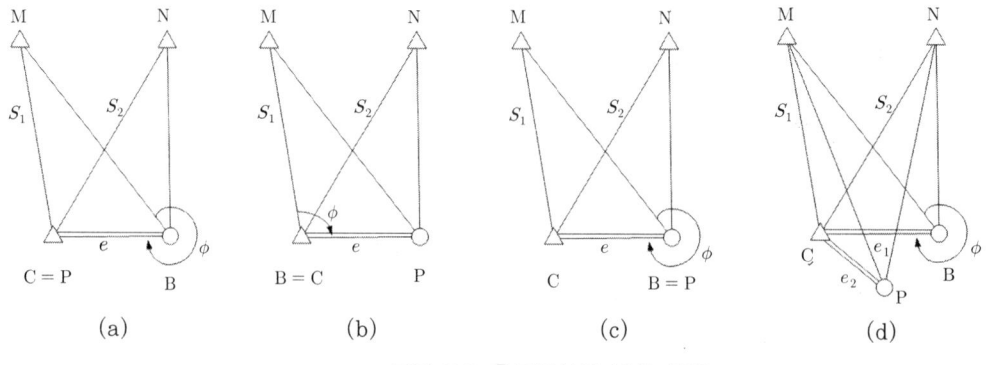

그림 7.9 측표중심이 편심 경우

② 편심보정

  기계의 중심을 B, 표석의 중심을 C, 측표의 중심을 P라 하고, 기계 설치점이 편심되어 있으므로 관측각 T를 편심되지 않은 삼각점 C에서의 진각 T'로 환산하기 위해서는 B, C, M, N을 동일한 평면으로 생각하면

$$T' + x_1 = T + x_2$$
$$T' = T + x_2 - x_1$$
$$S_1' \fallingdotseq S_1, \ S_2' \fallingdotseq S_2$$

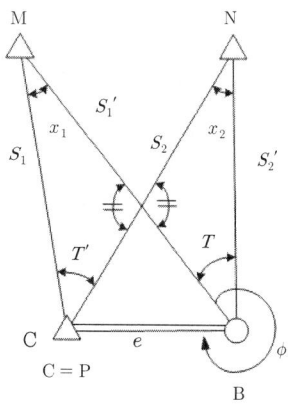

△ CBM에서 sine 법칙을 적용하면
$$\sin x_1 = \frac{e}{S_1} \sin(360° - \phi)$$

△ CBN에서
$$\sin x_2 = \frac{e}{S_2} \sin(360° - \phi + T)$$

그림 7.10 편심보정

일반적으로 편심거리 e가 S_1, S_2에 비해 매우 작으며 x_1, x_2 각은 미소하고, 따라서 $\sin x \fallingdotseq x$ Radian이다. x Radian을 초로 바꾸어 나타내면

$$x_1'' = \frac{e}{S_1} \sin(360° - \phi) \cdot \rho''$$

$$x_2'' = \frac{e}{S_2} \sin(360° - \phi + T) \cdot \rho''$$

③ 목표편심

  삼각점 C에는 관측편심이 없고, 측표의 편심에 따른 M, N에 편심 보정이 필요하다.

$$T'_M = T_M + x_{1\,T_N}$$
$$T'_N = T_N + x_2$$
$$S_1' \fallingdotseq S_1, \ S_2' \fallingdotseq S_2$$

△ CPM에서
$$\sin x_1 = \frac{e}{S_1'} \sin \phi$$

$$\therefore \ x_1'' = \frac{e}{S_1} \sin \phi \cdot \rho''$$

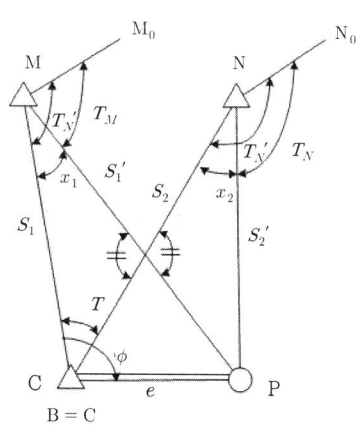

그림 7.11 목표편심

△ CPN에서

$$\sin x_2 = \frac{e}{S_2'}\sin(\phi - T)$$

$$\therefore x_2'' = \frac{e}{S_2}\sin(\phi - T) \cdot \rho''$$

④ 편심계산의 처리

B ≠ C = P, B = C ≠ P, C ≠ B = P, C ≠ B ≠ P 의 경우도

$$x_1'' = \frac{e}{S_1}\sin(360° - \phi) \cdot \rho''$$

$$x_2'' = \frac{e}{S_2}\sin(360° - \phi + T) \cdot \rho''$$

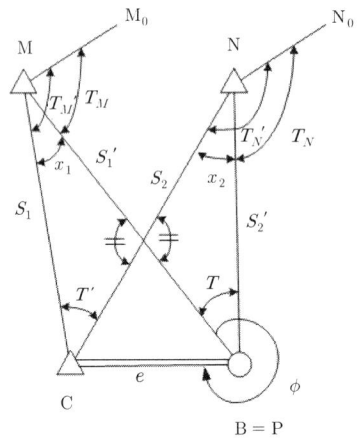
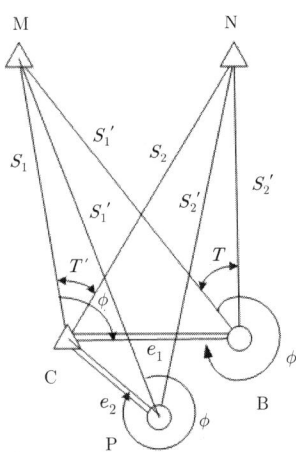

그림 7.12 편심거리 처리

표 7.4 편심거리계산

편심상태	ϕ 각 관측점	ϕ 각의 방향	x_1'', x_2''의 보정처리
(a) B≠(C=P)	B	(C=P)	(1) B점에서의 관측각 T에서 x_2를 더하고 x_1를 뺀다. $T' = T + x_2 - x_1$
(b) B=C≠P	(B=C)	P	(2) P점을 시준한 M, N점에서의 관측각에서 x_1, x_2를 더한다. $T'_M = T_M + x_1$, $T'_N = T_N + x_2$
(c) C≠(B=P)	(B=P)	C	(1)과 같다. $T' = T + x_2 - x_1$ (2)와 같다. $T'_M = T_M + x_1$, $T'_N = T_N - x_2$

(d) C≠B≠P	B	C	(1)과 같다. $T'_S = T + x_2 - x_1$
	C	B	(3)B점의 관측각(T)에 x_1를 더하고 x_2를 뺀다. $T' = T + x_1 - x_2$
	P	C	(4)P점을 시준한 M, N점에서의 관측각에서 x_1, x_2를 뺀다. $T'_M = T_M - x_1,\ T'_N = T_N - x_2$
	C	P	(2)와 같다. $T'_M = T_M + x_1,\ T'_N = T_N + x_2$

7.4 삼각망의 조정

■ **조정계산의 순서**

관측 값의 조정(기선보정, 편심보정, 폐합오차보정) ▶ 삼각망조정(변길이, 방향각 계산) ▶ 좌표조정계산 ▶ 표고계산 ▶ 경위도계산(필요에 따라)

(1) 기하학적 조건

1) 측점 조건

어느 한 측점에서 여러 방향의 협각을 측정했을 때, 이들 여러 각 사이의 관계를 표시하는 조건은 다음과 같다.

① 한 측점에서 측정한 여러 각의 합은 그 전체를 한 각으로 측정한 각과 같다.

$$\alpha_0 = \alpha_1 + \alpha_2 + \alpha_3$$

② 한 측점의 둘레에 있는 모든 각을 합한 것은 360°이다.

$$\alpha_1 + \alpha_2 + \alpha_3 + \alpha_4 = 360°$$

2) 도형 조건

삼각망의 도형이 폐합하기 위하여 필요한 여러 각 사이의 상호 관계는 다음과 같다.
 ① 각조건 : 삼각형 내각의 합은 180°
 ② 변조건 : 삼각망 중의 한 변의 길이는 계산 순서에 관계없이 일정

(2) 조건식의 수

삼각망의 조정 계산에 필요한 각 조건식, 변 조건식, 측점 조건식의 수는 다음과 같다.

1) 각 조건식의 수

변의 한 끝에서만 각이 관측된 변은 다각형의 조건을 만들 수 없으므로, 생각할 필요가 없다. 따라서 변의 총수를 L, 한쪽 끝에서만 관측된 변수를 L'라 할 때, 양 끝에서 관측된 변의 수는 $(L-L')$가 된다.

삼각점 P개 중에서 임의의 한 점에 다음 삼각점을 연결하면 $(P-1)$개의 변이 생기고, 이들 가운데 두 변을 연결하면 한 개의 삼각형이 되며, 조건식이 하나씩 생기게 되므로 각 조건식의 수는 다음과 같다.

$$\text{각 조건식의 수} = L - L' - (P-1)$$

2) 변 조건식의 수

기선의 양끝에 있는 두 점 이외에 각 삼각점의 위치를 정하려면 두 개의 변이 필요하다. 삼각점의 총수를 P라 하면, 이들 모든 점의 위치를 정하는데, 필요한 변수는 기선을 합하여 $2(P-2)+1$이 되므로, 이 보다 많은 변수는 변의 조건이 된다. 이때, 변의 총수를 L이라 하면

$$\text{변 조건식의 수} = L - 2P + 3$$

이고, 기선의 수가 2개 이상일 때 기선의 수를 B라 하면, $(B-1)$의 조건이 더 붙는다.

$$\text{변 조건식의 수} = B + L - 2P + 2$$

3) 조건식의 총수

기선의 양끝에 제외한 모든 삼각점의 위치를 결정하려면, 각 삼각점마다 두 개의 각을 관측하여 정하면 된다. P를 삼각점의 총수라 하면, 모든 점의 위치를 정하는데 필요한 각의 수 $2(P-2)$로 되므로, 관측각의 총수를 A라고 할 때

$$\text{조건식의 총수} = A - 2P + 4$$

가 되고, 기선의 수를 B라 하면

$$\text{조건식의 총수} = B + A - 2P + 3$$

이 된다.

4) 측점 조건식의 수

1측점에서 나간 변의 수를 l이라 하면, 이것에 의하여 생기는 각의 수는 $l-1$이다. 따라서 한 개의 측점에서 관측한 각의 총수를 w, 그 측점에서 전개된 변수를 l로 하면, 다음 식으로 구할 수 있다.

측점 조건식의 수 = 조건식의 총수 − (각조건식의 수 + 변조건식의 수)
$$= A + P - 2L + L'$$
$$= w - l + 1$$

> **참고** 조건식의 계산
>
> ① 유심삼각망의 조건식
>   기선의 수 $B=1$, 관측각의 수 $A=9$, 변의 총수 $L=6$,
>   편관측 변의 수 $L'=0$, 삼각점의 수 $P=4$,
>   중심에서 관측된 각의 수 $w=3$, 중심 전개된 변수의 수 $l=3$
>
>   각 조건식의 수
> $= L - L' - (P-1) = 6 - 0 - (4-1) = 3$
>   변 조건식의 수 $= B + L - 2P + 2 = 1 + 6 - 8 + 2 = 1$
>   조건 방정식의 총수 $= B + A - 2P + 3 = 1 + 9 - 8 + 3 = 5$
>   측점 방정식의 수 $= w - l + 1 = 3 - 3 + 1 = 1$
>
> ② 복합망의 조건식
> $B=2, A=17, P=7, L=12, L'=0$
>
>   각 조건식의 수 $= 12 - 0 - (7-1) = 6$
>   변 조건식의 수 $= 2 + 12 - 14 + 2 = 2$
>   조건 방정식의 총수 $= 2 + 17 - 14 + 3 = 8$
>   측점 방정식의 수 $= A + P - 2L + L'$
> $= 17 + 7 - 24 = 0$

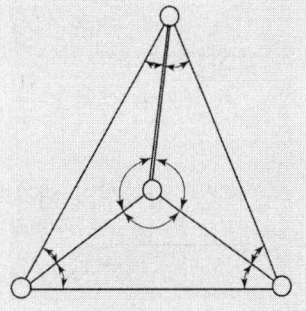

그림 7.13 조건식 계산

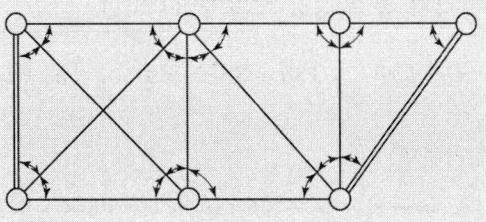

그림 7.14 복합망 조건식

인간과 지형공간정보학

7.5 삼각망의 조정계산

7.5.1 단삼각망

관측각 α, β, γ
조정량 v_1, v_2, v_3
조정각 α', β', γ'
기선 S_c 라면,

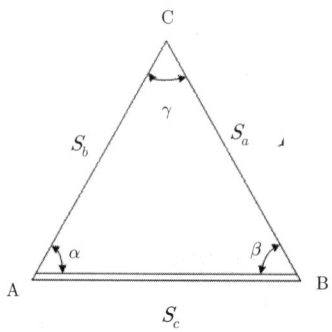

(1) 각조건식

$$(\alpha + v_1) + (\beta + v_2) + (\gamma + v_3) = 180°$$

그림 7.15 단삼각망

폐합오차 W라 하면

$$(\alpha + \beta + \gamma) - 180 = \pm (v_1 + v_2 + v_3) = \pm W$$

각 각이 같은 정도로 관측된다고 하면 최소 제곱법에 의하여

$$v_1 = v_2 = v_3 = \pm \frac{W}{3}$$

$$\alpha' = \alpha \pm \frac{W}{3}, \quad \beta' = \beta \pm \frac{W}{3}, \quad \gamma' = \gamma \pm \frac{W}{3}$$

또는, 삼각형의 내각의 합이 $180°$이므로

$$x_1 + x_2 + x_3 - 180 = 0$$
즉, $(l_1 + v_1) + (l_2 + v_2) + (l_3 + v_3) - 180 = 0$

이때 세 각의 총 측정값 오차가 $30''$라면,

$$l_1 + l_2 + l_3 - 180 = 30'' \text{이므로 } v_1 + v_2 + v_3 = -30'' \text{가 된다.}$$

v_1을 소거하면,

$$v_1 = -v_2 - v_3 - 30'', \ v_2 = v_2, \ v_3 = v_3 \text{이므로}$$

최소제곱법의 원리 $\sum v_i^2 =$ 최솟값을 적용한다.

즉, $(-v_2 - v_3 - 30'')^2 + v_2^2 + v_3^2 =$ 최솟값

위 식은 v_2와 v_3의 함수이므로 각각에 대해 편미분하면,

① 전개 $2v_2^2 + 2v_2 v_3 + 2v_3^2 + 60v_2 + 60v_3 + 900$

② v_2에 대한 편미분 $4v_2 + 2v_3 + 60 = 0$ ∴ $2v_2 + v_3 + 30'' = 0$

③ v_3에 대한 편미분 $2v_2 + 4v_3 + 60 = 0$ ∴ $v_2 + 2v_3 + 30'' = 0$

$v_2 + 2v_3 + 30'' + 2v_2 + v_3 + 30'' = 0$ 즉, $3v_2 + 3v_3 + 60'' = 0$

이 두 식으로부터 v_2와 v_3를 구하면

$3v_2 + 3v_3 = -60$이므로 $v_2 = v_3 = -10''$

세 각의 총 오차 $30''$를 배분하면, ∴ $v_1 = -10''$

(2) 변 길이의 계산

sine 법칙을 이용하면

$$S_a = \frac{\sin\alpha'}{\sin\gamma'} \cdot S_c$$

$$S_b = \frac{\sin\beta'}{\sin\gamma'} \cdot S_c$$

양변에 대수를 곱하면

$\log S_a - \log\sin\alpha' + \log S_c - \log\sin\gamma'$

$\log S_b - \log\sin\beta' + \log S_c - \log\sin\gamma'$

Where

$-\log\sin\gamma' = (10 - \log\sin\gamma') - 10$

$\qquad\qquad = \operatorname{colog} \sin \gamma' - 10$

∴ $\log S_a = \log \sin \alpha' + \log S_c + \operatorname{colog} \sin \gamma' - 10$

$\log S_b = \log \sin \beta' + \log S_c + \operatorname{colog} \sin \gamma' - 10$

인간과 지형공간정보학

■ 변장계산 - 진수 및 대수

> **참고** 표차를 계산하는 방법
>
> ① 1″ 표차
> - 대수를 소수점 5째 자리까지 구할 경우
>   log sin 45°45′ 45″
>   log sin 45°45′ 46″ − log sin 45°45′ 45″ = 2.05 × 10⁻⁶
>   ∴ 표차 = 0.205
> - 대수를 소수점 7째 자리까지 구할 경우(일반적인 기준)
>   log sin 45°45′ 46″ − log sin 45°45′ 45″ = 2.05 × 10⁻⁶
>   ∴ 표차 = 20.5
>
>   or, 표차 = $\dfrac{1}{\tan\theta} \times 21.055$
>
>   = $\dfrac{1}{\tan 45°45′45″} \times 21.055 = 20.5$
>
>   or, 표차 = $\dfrac{M}{\rho}\cot A$
>   ∵ M = $\log_{10} e$ = 0.4342935
> $\rho″$ = 206265″

7.6 단열 삼각망

단열 삼각망에서 기선으로부터 변장을 계산하여 구한 검기선 길이는 실측한 검기선 길이와 같아야 한다.

기지변에 대한 각을 β로 3각형 순서에 따라 β_1, β_2, …, 미지변(구변)에 대한 각을 α_1, α_2, …로 한다.

(1) 각 조건에 대한 조정(제1조정)

각각의 3각형

①의 3각형 → $(\alpha_1 + \beta_1 + \gamma_1) - 180° = \pm W_1$

조정각은 삼각형 ①의 경우

제7장 삼각측량

$$\alpha_1' = \alpha_1 \pm \frac{W_1}{3}$$

$$\beta_1' = \beta_2 \pm \frac{W_1}{3}$$

$$\gamma_1' = \gamma_1 \pm \frac{W_1}{3}$$

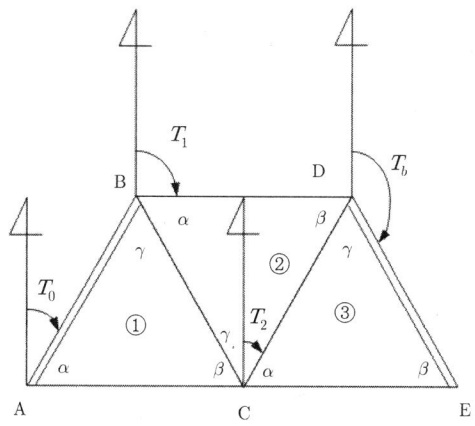

그림 7.16 단열삼각망

②, ③도 만찬가지로 각 조정을 할 때, 나누어서 떨어지지 않는 값은 90°에 가까운 각에 계산한다.

(2) 방향각에 대한 조정(제2조정)

측점 A에 있어서 AC의 방향각 T_0로부터 시작하여 계산한 측선 EF의 방향각 T_b'가 측정 DE의 기지 방향각 T_b와 같지 않은 경우

BC의 방향각 $T_1 = T_0 + 180° - \gamma_1'$

CD의 방향각 $T_2 = T_1 + 180° + \gamma_2'$

DE의 방향각 $T_b' = T_2 + 180° - \gamma_3'$

$\therefore T_b' = T_0 + 180° \times n \pm [\gamma'짝수] \mp [\gamma'홀수]$ $\{n: 방향각 수\}$

측선기준 +좌측각, −우측각

$T_b' - T_b = W_2 + n \times 180° + ((홀수)-(짝수))$이고, 조정은 동일 경중률로 할 때 C각에만 등배분하고 앞의 각 조건을 무너트리지 않게 A, B 각에 C_1 각 보정량의

$\frac{1}{2}$을 보정한다.

γ'에 대하여 $V_2 = -\dfrac{W_2}{n}$

α', β'에 대하여 $V_2 = \dfrac{W_2}{2n}$

(3) 변 조건에 대한 조정(제3조정)

삼각망의 실측값 b_2가 기선 b_1에서 시작하여 계산한 값과 같지 않은 경우

$$S_1 = \frac{\sin\alpha_1}{\sin\beta_1} \cdot b_1 \quad S_1 = \frac{\sin\alpha_1}{\sin\beta_1} \cdot b_1$$

$$\therefore b_2 = b_1 \frac{\sin\alpha_1 \sin\alpha_2 \sin\alpha_3}{\sin\beta_1 \sin\beta_2 \sin\beta_3}$$

양변에 대수를 취하면

$$\log b_2 = \log b_1 + \sum \log\sin\alpha - \sum \log\sin\beta$$
$$\log b_1 - \log b_2 + \sum \log\sin\alpha - \sum \log\sin\beta = \varepsilon_3$$

조정량(V_3)

$$\nu_\alpha, \beta_3 = -\frac{\varepsilon_3}{\sum 표차(d)}, \quad \varepsilon_3\text{에 의해 } \alpha, \beta\text{의 대소에 따라} \quad \alpha = \pm \frac{\varepsilon_3}{\sum d}$$
$$\beta = \mp \frac{\varepsilon_3}{\sum d}$$

$\sum d$=log sin 표차의 총합($d = 2.106 \times 10^{-6} \times \cot(A)$)

(4) 변장 계산과 좌표 계산

변장 계산은 sine 법칙에 의해 얻고, 계산된 변장과 측선의 방위각을 이용하여 위거, 경거를 계산하고 최종 좌표(X, Y)를 계산한다.

7.7 사변형 조정

(1) 각 조건식

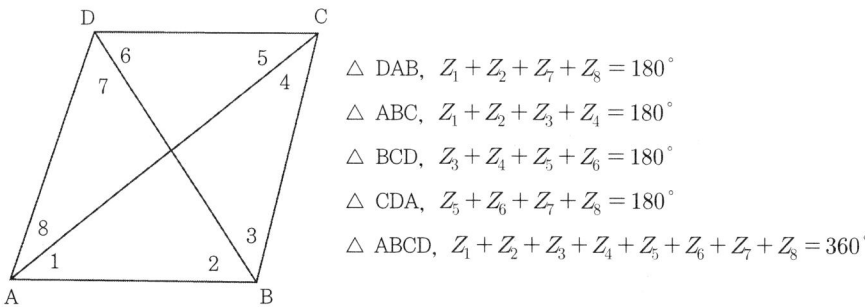

△ DAB, $Z_1 + Z_2 + Z_7 + Z_8 = 180°$
△ ABC, $Z_1 + Z_2 + Z_3 + Z_4 = 180°$
△ BCD, $Z_3 + Z_4 + Z_5 + Z_6 = 180°$
△ CDA, $Z_5 + Z_6 + Z_7 + Z_8 = 180°$
△ ABCD, $Z_1 + Z_2 + Z_3 + Z_4 + Z_5 + Z_6 + Z_7 + Z_8 = 360°$

그림 7.17 사변형 삼각망

$$\therefore Z_1 + Z_2 - (Z_5 + Z_6) = 0$$
$$Z_3 + Z_4 - (Z_7 + Z_8) = 0$$
$$Z_1 + Z_2 + Z_3 + Z_4 + Z_5 + Z_6 + Z_7 + Z_8 - 360 = 0$$
$$\varepsilon_1 = Z_1 + Z_2 + Z_3 + Z_4 + Z_5 + Z_6 + Z_7 + Z_8 - 360 = 0$$
$$\varepsilon_2 = Z_1 + Z_2 - (Z_5 + Z_6)$$
$$\varepsilon_3 = Z_3 + Z_4 - (Z_7 + Z_8)$$
$$V_1 = \frac{\varepsilon_1}{8}, \quad V_2 = \frac{\varepsilon_2}{4}, \quad V_3 = \frac{\varepsilon_3}{4}$$

(2) 변 조건식

$$BC = AB\frac{\sin Z_1}{\sin Z_4} \quad CD = BC\frac{\sin Z_3}{\sin Z_6} \quad AD = CD\frac{\sin Z_5}{\sin Z_8} \quad AB = AD\frac{\sin Z_7}{\sin Z_2}$$

$$\therefore AB = AB\frac{\sin Z_1 \sin Z_3 \sin Z_5 \sin Z_7}{\sin Z_2 \sin Z_4 \sin Z_6 \sin Z_8}, \quad \frac{\sin Z_1 \sin Z_3 \sin Z_5 \sin Z_7}{\sin Z_2 \sin Z_4 \sin Z_6 \sin Z_8} = 1$$

$$\sum \log \sin (홀수) - \sum \log \sin (짝수) = 0$$

인간과 지형공간정보학

7.8 유심 다각형의 조정

(1) 각 조건식

① 각 삼각형의 내각의 합 $180°$
$$\varepsilon_1 = \alpha_1 + \beta_1 + \gamma_1 - 180°$$
$$\varepsilon_2 = \alpha_2 + \beta_2 + \gamma_2 - 180°$$
$$\varepsilon_3 = \alpha_3 + \beta_3 + \gamma_3 - 180°$$
$$\varepsilon_4 = \alpha_4 + \beta_4 + \gamma_4 - 180°$$

② $\gamma_1 + \gamma_2 + \gamma_3 + \gamma_4 - 360 = \varepsilon_2$
(V_2을 2등분 → α, β에 보정)

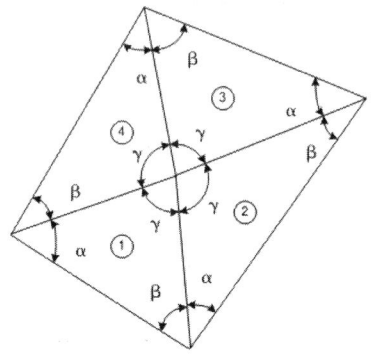

그림 7.18 유심각조건식

(2) 변 조건식

$$\frac{\sin\alpha_1 \sin\alpha_2 \sin\alpha_3 \sin\alpha_4}{\sin\beta_1 \sin\beta_2 \sin\beta_3 \sin\beta_4} = 1$$

양변에 대수를 취하면
$$\Sigma \log\sin\alpha - \log\sin\beta = 0 = \varepsilon_3$$

$$V_3 = \frac{\varepsilon_3}{\Sigma d}$$

> **참고** 변조정의 엄밀계산
>
> $$\varepsilon = \sum \log\sin\alpha - \sum \log\sin\beta$$
> $$v = \frac{\varepsilon}{\Sigma(a_i + b_i)^2}, \text{ 조정량 } \alpha_i = -\beta_i = \pm k(a_i + b_i), \ a_i, b_i \text{는 } \alpha, \beta \text{의 표차}$$

예제 01

사변형 측량 결과에 의하여 각 조정 및 변조정을 하라

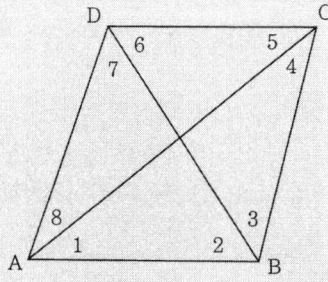

$1 = 30°15'20''$ $5 = 23°07'53''$
$2 = 19°39'14''$ $6 = 26°46'49''$
$3 = 86°17'24''$ $7 = 31°41'11''$
$4 = 43°47'24''$ $8 = 98°24'35''$

●해설   ① 각 조건에 의한 조정표

측점	관측값	V_1	V_2	V_3	계	각 조정각
1	30°15'20''	-2''	+2''		0	30°15'20''
2	19°39'14''	-2''	+2''		0	19°39'14''
3	86°17'24''	-2''		+8''	+6''	86°17'30''
4	43°47'50''	-2''		+8''	+6''	43°47'56''
5	23°07'53''	-2''	-2''		-4''	23°07'49''
6	26°46'49''	-2''	-2''		-4''	26°46'45''
7	31°41'11''	-2''		-8''	-10''	31°41'01''
8	98°24'35''	-2''		-8''	-10''	98°24'25''
Σ	360°00'16''	-16''				360°00'00''

$\varepsilon_2 = Z_1 + Z_2 - (Z_5 + Z_6) = -8''$

$V_2 = \dfrac{-8}{4} = \pm 2$ $\begin{bmatrix} Z_1, Z_2 \text{에} +2'' \\ Z_5, Z_6 \text{에} -2'' \end{bmatrix}$

$\varepsilon_3 = Z_3 + Z_4 - (Z_7 + Z_8) = -32''$

$V_3 = \dfrac{-32}{4} = \pm 8$ $\begin{bmatrix} Z_3, Z_4 \text{에} +8'' \\ Z_7, Z_8 \text{에} -8'' \end{bmatrix}$

② 변조정에 의한 조정표

측점	각 조정각	log sin	표차	측점	각 조정각	log sin	표차
1	30°15'20''	9.7023079	36.1	2	19°39'14''	9.5267752	59
3	86°17'30''	9.9990897	1.4	4	43°17'56''	9.8362002	22.3
5	23°07'49''	9.5941971	49.3	6	26°46'45''	9.6537458	41.7
7	31°41'01''	9.7203481	34.1	8	98°24'25''	9.9953081	-3.1
Σ		39.0159428		Σ		39.0120293	240.8

$$\varepsilon_4 = \Sigma \log \sin \text{홀수} - \Sigma \log \sin \text{짝수} = 39135$$
$$V_4 = \frac{\varepsilon_4}{\Sigma_d} = \frac{39138}{240.8} = 162.52''$$

예제 02

다음 단열 삼각망 측량 결과에 의하여 각 조건과 변조건에 의해 각을 조정하고 각 변의 길이를 구하여라.(소수점 7째 자리까지, 제2조정은 없다.)

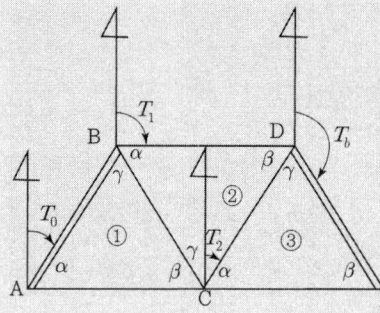

각 명칭	①	②	③
α	57°40′15″	78°14′24″	57°26′20″
β	73°49′22″	49°50′42″	39°50′45″
γ	48°30′20″	51°54′51″	82°42′52″

● 해설 ① 각조정에 대한 조정(제1조정) $\alpha_1 + \beta_1 + \gamma_1 = 180$

	각	측정각	조정량(V_1)	조정량(V_2)	조정각
①	α_1	57°40′15″	+1″		57°40′16″
	β_1	73°49′22″	+1″		73°49′23″
	γ_1	48°30′20″	+1″		48°30′21″
	Σ	179°59′57″	−3″		180°00′00″
②	α_2	78°14′24″	+1″		78°14′25″
	β_2	49°50′42″	+1″		49°50′43″
	γ_2	51°54′51″	+1″		51°54′52″
	Σ	179°59′57″	−3″		180°00′00″
③	α_3	57°26′20″	+1″		57°26′21″
	β_3	39°50′45″	+1″		39°50′46″
	γ_3	82°42′52″	+1″		82°42′53″
	Σ	180°00′03″	−3″		180°00′00″

② 변조건에 대한 조정(제3조정)

		colog sin α	colog sin β	표차(1/tanθ × 21.055)
①	$α_1$	9.9268528		13.3
	$β_1$		9.9824548	6.1
	$γ_1$			
②	$α_2$	9.9907875		
	$β_2$		9.8832672	4.4
	$γ_2$			17.8
③	$α_3$	9.9257351		13.4
	$β_3$		9.8066736	25.2
	$γ_3$			
		29.8433754	29.6723956	계: 80.2
	+	2.1692070	2.3401902	
		32.0125824	32.0125858	

$$\varepsilon_3 = (\log b_1 + \Sigma \log \sin \alpha) - (\log b_2 + \Sigma \log \sin \beta)$$

$$= 32.0125824 - 32.0125858 = -34$$

$$V_3 = \frac{35}{80.2} = 0.4$$

①	$α_1$	+0.4″	57°40′15.4″
	$β_1$	−0.4″	73°49′22.6″
	$γ_1$		48°30′21″
②	$α_2$	+0.4″	78°14′25.4″
	$β_2$	−0.4″	49°50′42.6″
	$γ_2$		51°54′52″
③	$α_3$	+0.4″	57.°26′21.4″
	$β_3$	−0.4″	39°50′45.6″
	$γ_3$		82°42′53″

각 $α$, $β$, $γ$에 대응하는 변장을 a, b, c라 하면

$$a = b\frac{\sin\alpha}{\sin\beta} \quad \log a = \log b + \log\sin\alpha - \log\sin\beta$$

$$\therefore \log a = \log b + \log\sin\alpha + \operatorname{colog}\sin\beta - 10$$

$$(\operatorname{colog}\sin\beta = 10 - \log\sin\beta)$$

	log sin	colog sin	거리대수 l	변수 길이 l
α_1	0.0731480		2.2248096	167.807
β_1		9.9824546	2.1692070	147.641
γ_1	0.1255047		2.0261569	106.208

7.9 삼변측량

전자기파 거리측량기(E.D.M)의 출현으로 장거리관측의 정확도가 높아짐에 따라 변만을 관측하여 수평위치결정(거리관측오차가 각 관측오차보다 작다)하는 측량이다.

① cosine 2 법칙 반각공식을 이용하여 변으로부터 각을 구하고 계산한 각과 변에 의해 수평위치결정

② 관측 값에 비해 조건식수가 적은 것이 단점이나 복수로 변을 연속 관측하여 조건식의 수를 늘리고 기상보정을 하여 정확도 향상

(1) cosine 제2법칙

$$\cos A = \frac{b^2 + c^2 - a^2}{2bc}, \quad \cos B = \frac{a^2 + c^2 - b^2}{2ab}, \quad \cos C = \frac{a^2 + b^2 - c^2}{2ab}$$

(2) 반각공식

$$\sin A/2 = \sqrt{\frac{(s-b)(s-c)}{bc}}, \quad \cos A/2 = \sqrt{\frac{s(s-a)}{bc}},$$

$$\tan A/2 = \sqrt{\frac{(s-b)(s-c)}{s(s-a)}}$$

(3) 면적조건

$$\sin A/2 = \frac{2}{bc}\sqrt{s(s-a)(s-b)(s-c)}$$

여기서, $S = \frac{1}{2}(a+b+c)$

(4) 삼각함수의 합성

① $a\sin\theta + b\cos\theta = \sqrt{a^2+b^2}\sin(\theta+\alpha)$

   단, $\cos\alpha = \dfrac{a}{\sqrt{a^2+b^2}}$, $\sin\alpha = \dfrac{b}{\sqrt{a^2+b^2}}$

② $a\sin\theta + b\cos\theta = \sqrt{a^2+b^2}\cos(\theta-\beta)$

   단, $\cos\beta = \dfrac{b}{\sqrt{a^2b^2}}$, $\sin\beta = \dfrac{a}{\sqrt{a^2+b^2}}$

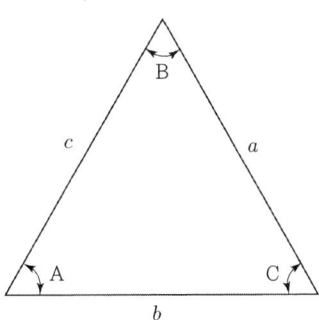

그림 7.19 삼변측정

(5) 삼각함수의 덧셈정리

① $\sin(\alpha+\beta) = \sin\alpha\cos\beta + \cos\alpha\sin\beta$

   $\sin(\alpha-\beta) = \sin\alpha\cos\beta - \cos\alpha\sin\beta$

② $\cos(\alpha+\beta) = \cos\alpha\cos\beta - \sin\alpha\sin\beta$

   $\cos(\alpha-\beta) = \cos\alpha\cos\beta + \sin\alpha\sin\beta$

③ $\tan(\alpha+\beta) = \dfrac{\tan\alpha + \tan\beta}{1 - \tan\alpha\tan\beta}$, $\tan(\alpha-\beta) = \dfrac{\tan\alpha - \tan\beta}{1 + \tan\alpha\tan\beta}$

(6) 배각의 공식

1) 2배각의 공식

① $\sin 2\alpha = 2\sin\alpha\cos\alpha$ ② $\cos 2\alpha = \cos^2\alpha - \sin^2\alpha$

③ $\tan 2\alpha = \dfrac{2\tan\alpha}{1 - \tan^2\alpha}$

   $= 2\cos^2\alpha - 1$

   $= 1 - 2\sin^2\alpha$

인간과 지형공간정보학

2) 3배각의 공식

① $\sin 3\alpha = 3\sin 3\alpha - 4\sin^3 \alpha$

② $\cos 3\alpha = 4\cos^3 \alpha - 3\cos \alpha$

(7) 반각의 공식

① $\sin^2 \dfrac{\alpha}{2} = \dfrac{1-\cos\alpha}{2}$ ② $\cos^2 \dfrac{\alpha}{2} = \dfrac{1+\cos\alpha}{2}$

③ $\tan^2 \dfrac{\alpha}{2} = \dfrac{1-\cos\alpha}{1+\cos\alpha}$

(8) 곱을 합, 차로 변형하는 공식

① $\sin\alpha\cos\beta = \dfrac{1}{2}\{\sin(\alpha+\beta)+\sin(\alpha-\beta)\}$

② $\cos\alpha\sin\beta = \dfrac{1}{2}\{\sin(\alpha+\beta)-\sin(\alpha-\beta)\}$

③ $\cos\alpha\cos\beta = \dfrac{1}{2}\{\cos(\alpha+\beta)+\cos(\alpha-\beta)\}$

④ $\sin\alpha\sin\beta = -\dfrac{1}{2}\{\cos(\alpha+\beta)-\cos(\alpha-\beta)\}$

(9) 합, 차를 곱으로 변형하는 공식

① $\sin A + \sin B = 2\sin\dfrac{A+B}{2}\cos\dfrac{A-B}{2}$

② $\sin A - \sin B = 2\cos\dfrac{A+B}{2}\sin\dfrac{A-B}{2}$

③ $\cos A + \cos B = 2\cos\dfrac{A+B}{2}\cos\dfrac{A-B}{2}$

④ $\cos A - \cos B = -2\sin\dfrac{A+B}{2}\sin\dfrac{A-B}{2}$

7.9.1 삼변측량의 조정방법

(1) 간이조정법

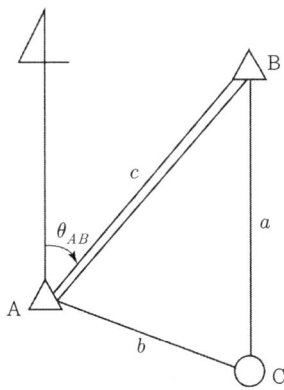

측선	측정거리	측점	좌표 E	좌표 N
a	1814.05	A	1500.00	2500.00
b	1463.87	B	3312.16	3379.14

그림 7.20 간이조정표

1) 방법 1

① $\overline{AB}$, θ_{AB}를 구한다.

② cos 제2법칙 $\cos A = \dfrac{b^2 + c^2 - a^2}{2bc}$ 에 의해 $\angle A$, $\angle B$, $\angle C$를 구한다.

③ $\overline{BC}$, $\overline{CA}$ 의 방위각을 구한다.

④ 방위각과 관측된 거리를 이용하여 A, B, C의 좌표를 구한다.

2) 방법 2

$2s = a+b+c$, $A = \sqrt{s(s-a)(s-b)(s-c)}$ 일 때,

$E_C = \dfrac{1}{2}(E_A + E_B) + \dfrac{1}{2C^2}(a^2 - b^2)(E_A - E_B) - \dfrac{2A}{C^2}(N_A - N_B)$

$N_C = \dfrac{1}{2}(N_A + N_B) + \dfrac{1}{2C^2}(a^2 - b^2)(N_A - N_B) - \dfrac{2A}{C^2}(E_A - E_B)$ 에서 구한다.

(2) 조건방정식에 의한 조정법

$$\angle A + \angle B + \angle C - 180 = 0$$

이때, 관측된 변을 a, b, c 변보정량을 da, db, dc라 하면

인간과 지형공간정보학

$$\angle A' = \cos^{-1}\frac{b^2+c^2-a^2}{2bc}$$

$$\angle B' = \cos^{-1}\frac{c^2+a^2-a^2}{2ca} \quad (\because \text{cosine 제2법칙})$$

$$\angle C' = \cos^{-1}\frac{a^2+b^2-c^2}{2ab}$$

$\angle A'$, $\angle B'$, $\angle C'$는 계산 값이므로, $\cos A = (b^2+c^2-a^2)/2bc$에 전미분을 취하면 (관측변 a, b, c의 오차가 $\angle A, \angle B, \angle C$ 의 계산결과로 나타나므로)

$$-\sin A dA = \frac{-2a \cdot 2bc da + \{2b \cdot 2bc - 2c(b^2+c^2-a^2)\}db + \{2c \cdot 2bc - 2b(b^2+c^2-a^2)\}dc}{4b^2c^2}$$

$$= \frac{2bc(-2ada+2bdb+2cdc)-2c(b^2+c^2-a^2)db-2b(b^2+c^2-a^2)dc}{4b^2c^2} \quad \cdots\cdots \text{식 (1)}$$

$$\therefore dA = \frac{a}{bc}\sin A da - \frac{a\cos c}{bc\sin A}db - \frac{a\cos B}{bc\sin A}dc$$

$$(\because b^2+c^2-a^2 = 2bc\cos A,\ b = c\cos A + a\cos C,\ c = a\cos B + b\cos A)$$

> **참고**
>
> $$A = \frac{a+c}{b} \quad \langle\text{미분법}\rangle$$
>
> $$\frac{da}{db} = \frac{(a+c)' \cdot b - b'(a+c)}{b^2} = \frac{-(a+c)}{b^2}$$

위의 식 (1)을 sine 법칙에 의해 정리하면

$$\frac{a}{bc}\sin A = \frac{1}{h} = \frac{1}{c\sin B}$$

$$\frac{a\cos c}{bc\sin A} = \frac{a\cos c}{bc\frac{a}{c}\sin c} = \frac{\cot c}{b}$$

$$S = \frac{1}{2}bc\sin A = \frac{1}{2}ab\sin c$$

$$\sin A = \frac{a}{c}\sin c$$

$$\frac{a\cos B}{bc\sin A} = \frac{\cot B}{c}$$

$$\therefore dA = \frac{da}{c\sin B} - \frac{\cot c}{b}db - \frac{\cot B}{c}dc$$ 이 되며

dB, dC에 적용하면

$$dB = \frac{db}{a\sin c} - \frac{\cot A}{c}dc - \frac{\cot c}{a}da$$

$$dC = \frac{dc}{b\sin A} - \frac{\cot B}{a}da - \frac{\cot A}{b}db$$

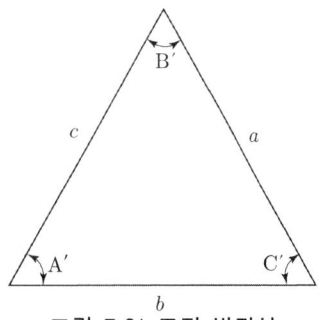

그림 7.21 조정 방정식

따라서, 각 조건 방정식은

$\angle A' + \angle B' + \angle C' - 180° = \varepsilon$을 $dA + dB + dC + \varepsilon = 0$에 대입하면

$$G_a \cdot da + G_b \cdot db + G_c \cdot dc + \varepsilon = 0 \quad \cdots\cdots\cdots\cdots\cdots\cdots\cdots\cdots \text{식 (2)}$$

여기서, $G_a = \dfrac{1}{c\sin B'} - \dfrac{\cot C'}{a} - \dfrac{\cot B'}{a}$

$G_b = \dfrac{1}{a\sin C'} - \dfrac{\cot A'}{b} - \dfrac{\cot C'}{b}$

$G_c = \dfrac{1}{b\sin A'} - \dfrac{\cot B'}{c} - \dfrac{\cot A'}{c}$

$$\therefore \varepsilon = 10^5 \varepsilon / \rho''$$

a, b, c는 km 단위

da, db, dc는 cm 단위

위 식을 미정계수법으로 풀면

$$F = da^2 + db^2 + dc^2 - 2K(G_a da + G_b db + G_c dc + \varepsilon)$$

$$\frac{\partial F}{\partial da} = 2da - 2KG_a = 0$$

$$\frac{\partial F}{\partial db} = 2db - 2KG_b = 0$$

$$\frac{\partial F}{\partial dc} = 2dc - 2KG_c = 0$$

변보정량 d_i는

$$d_i = K \cdot G_i \quad (i = a, b, c)$$

d_i를 식 (2)에 대입하면

$$K = \frac{-\varepsilon}{G_a^2 + G_b^2 + G_c^2}$$

7.10 삼각점 성과표를 이용한 좌표의 계산

기본삼각점을 이용하여 삼각측량을 행할 경우 기본삼각점이 평면원점으로부터 동서 방향에 가까울 때는 X, Y 좌표를 그대로 이용할 수 있으나 멀 경우는 곡면과 평면상의 거리차가 크므로 평균 해면에 닿은 가상평면의 신 원점을 잡아 자오선 방향을 X축의 정방향으로 한 평면직각좌표를 만들어 사용하는 데 다음의 세 가지 방법이 있다.

(1) 평균방향각과 거리를 이용하는 방법

원좌표에서 AB의 평균방향각 TA에 A점의 진북방향각 α 로 고치고, 이 신방향각 θ 와 거리 s를 이용하여 B점의 신좌표 x, y를 구한다.

$$\theta_A = T_A - \alpha$$
$$x_A = s \cos \theta_A$$
$$y_A = s \sin \theta_A$$

평면상의 값 s, t를 타원체상의 값으로 다시 바꿀 경우는 다음 방법에 의한다.

$$S = s / (s/S)$$
$$T_A = t_A + \delta_1, \quad T_B = t_B + 180° - 2\delta$$

여기서, S : 구면상의 거리
s : 평면상의 거리
t_A, t_B : 평면상의 방향각
S/s : 축척계수
δ : 보정각

$$\frac{S}{s} = 1 + \frac{(Y_A + Y_B)^2}{8R^2} - 1 + \frac{Y_m^2}{2R^2}$$

여기서, $Y_m = \frac{Y_A + Y_B}{2}$

$$\delta = \frac{\rho''}{2R^2}(X_B - X_A) \cdot Y_m$$

제7장 삼각측량

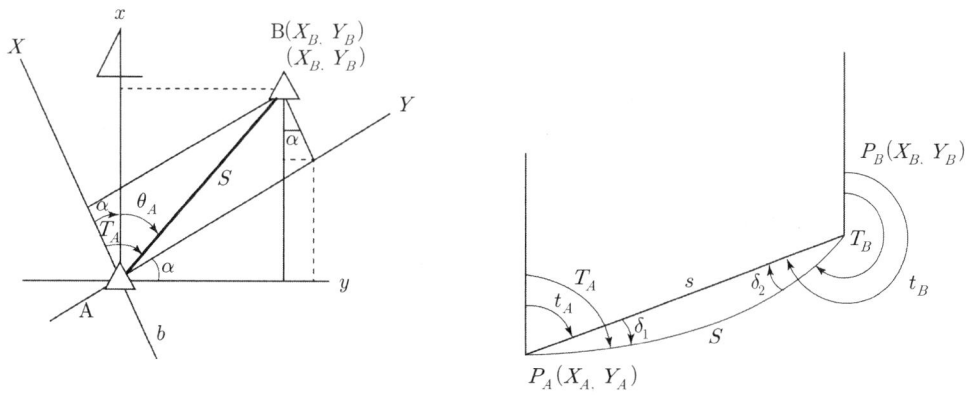

그림 7.22 평균방향과 구면거리

(2) XY 좌표를 이용하는 방법

원좌표계에 대한 좌표 (X_A, Y_A), (X_B, Y_B)인 두 삼각점 A, B를 A점을 원점으로 한 신좌표계에 대한 좌표 A(0,0) B(x_B, y_B)로 환산한다.

A, B 두 삼각점의 원좌표차의 대수 $\log(X_B - X_A)$, $\log(Y_B - Y_A)$, 즉 구면거리의 대수에 축척계수의 대수 $\log(s/S)$를 빼서 평면거리로 환산하고, 신원점의 x축을 자오선방향으로 일치시키기 위해 A점의 진북방향각 α만큼 축변환에 따른 좌표변환을 행한다.

$$x = X\cos\alpha + Y\sin\alpha$$
$$y = -X\sin\alpha + Y\cos\alpha$$

여기서, X : 구면거리를 평면거리로 고친 값, $(X_B - X_A) \cdot s/S$
Y : 구면거리를 평면거리로 고친 값, $(Y_B - Y_A) \cdot s/S$
α : A점의 진북방향각
x, y : B점의 신좌표

(3) 경위도를 이용하는 방법

좌표원점이 서로 다른 삼각점을 이용할 경우는 동일 평면직각좌표로 전환시켜야 한다. 이때는 경위도 좌표만이 연결되어 있으므로 경위도를 사용하여 직각좌표를 구한다.

인간과 지형공간정보학

예제 03

대구의 구소삼각점 구암($B = 35°51'30.796''$, $L = 128°35'46.198''$)의 동부원점($B_0 = 38°00'00''$, $L_0 = 129°00'00''$)에 대한 평면직각좌표를 구하라. (단, 장반경 $a = 6377.397$, 단반경 $b = 6356.079$)

●해설
- 원점의 위도 $B_0 = 38°00'00''$
- 구점의 위도 $B = 35°51'30.796''$
- 원점의 경도 $L_0 = 129°00'00''$
- 구점의 경도 $L = 128°35'46.198''$
- 경도차 $l = L - L_0 = -24'13.802''$ ($-1453.802''$)
- $e'^2 = \dfrac{(a^2 - b^2)}{b^2} = 0.006719$
- $\sin B = 0.585786$
- $\cos B = 0.810466$
- $B_1 = B + \dfrac{1 + e'^2 \cos^2 B}{2\rho} \cdot l^2 \sin B \cos B = 35°51'33.239''$
- $B_1 - B_0 = -2°8'26.761''$ ($-7706.761''$)
- $B_2 = (B_0 + B_1)/2 = 36°55'46.620''$
- $\sin B_2 = 0.600834$
- $e^2 = \dfrac{(a^2 - b^2)}{a^2} = 0.006674$
- $W = \sqrt{1 - e^2 \sin^2 B_2} = 0.9987946$
- B_2에 대한 자오선(종)곡률반경 $M = a(1 - e^2)/W^3 = 6,357,797.6$m
  - 구점의 평면직각좌표 $x = (B_1 - B_0)M/\rho = -237,548.91$m
    TM의 평면직각좌표 $X = 500,000 - 237,548.91 = 262,451.09$m
- $\sin B_1 = 0.585796$
- $W = \sqrt{1 - e^2 \sin^2 B_1} = 0.9988542$
- B_1에 대한 묘유선(횡)곡률반경 $N = \dfrac{a}{W} = 6,384,712.4$m
- $\cos 2B = 0.313709$
- (1) $Nl \cos B/\rho = -36,471.688$
- (2) $Nl^3 \cos B \cos 2B/6\rho^3 = -0.095$
  - 구점의 평면직각좌표 $y = (1) + (2) = -36,471.78$m
    TM의 평면직각좌표 $Y = 200,000 - 36,471.78 = 163,528.22$m
  - 구점에 대한 자오선 수차 $\gamma = l \sin B + \dfrac{l^3 \sin B \cos^2 B}{3\rho^2} = -851.626''$

예제 04

$B = 35°11'28.486''$, $L = 128°36'35.529''$

●해설 상수

장반경 $a = 6,377,397.15$m

편평률 $P = \dfrac{a-b}{a} = 1 - \sqrt{1-e^2} = \dfrac{1}{299.152812}$

편평도 = 299.152812

축척계수 = 1

보정치 = 10.405''

동부원점 위도 = 38°00'00''
　　　　　경도 = 129°00'00'' (서부 = 125°, 중부 = 127°)

X = 500,000m

Y = 200,000m

K1 = 1.0050373060485
K2 = 0.0050478492403
K3 = 0.000010563786831
K4 = 0.000000020633322
π = 3.14159265358979

- 경도 = 동부원점 + 보정치 = 129°00'10.405''
- RB = a × (편평도 − 축척계수) / 편평도 = 6356078.9628181
- DR = $(a_2 - RB^2)^{0.5}$ = 521013.13901105
- e = DR / a = 0.081696831222526
- e_1 = DR / RB = 0.081970841152050
- $N = \dfrac{a}{W} = a / \sqrt{1-e^2\sin^2 B}$ = 6384477.5120995
- A1 = K1 × (B− 위도) / (180/π) = −0.049268939149200
- A2 = K2 × (sin(2 × B) − sin(2 × 위도)) / 2 = −0.000071530090584774
- A3 = K3 × (sin(4 × B) − sin(4 × 위도)) / 4 = −0.000000430556733692211
- A4 = K4 × (sin(6 × B) − sin(6 × 위도)) / 6 = −0.000000000077685191704005
- DB = a × $(1 - e_2)$ × (A1 − A2 + A3 − A4) = −311654.60023800
- $T = \tan B$ = 0.70519361727241
- $H = e_1 \times \cos B$ = 0.06989272891140
- dl = (L − 경도) / (180/π) = −0.0068595109642940
- X1 = DB + dl^2 × N × $\sin B$ × $\cos B$ / 2 = −311583.85751173
- X2 = X1 + dl^4 × N × $\sin B$ × $\cos B^3$ / 24 × $(5 - T^2 + 9 \times H^2 + 4 \times H^4)$
  　= −311583.85667007

인간과 지형공간정보학

- $X = X2 + dl6 \times N \times \sin B \times \cos B^5 / 720 \times (61 - 58 \times T^2 + T^4 + 270 \times H^2 - 330 \times (H \times T)^2) = -311583.85667006$

　$X = X \times 축척계수$ ················· 축척계수의 적용

- $Y1 = dl \times N \times \cos B + (dl \times \cos B)^3 \times N/6 \times (1 - T^2 + H^2)$
  $= -35790.316764260$

- $Y = Y1 + (dl \times \cos B)^5 \times N/120 \times (5 - 18 \times T^2 + T^4 + 14 \times H^2 - 58 \times (H \times T)^2$
  $= -35790.316763150$

　$Y = Y \times 축척계수$ ················· 축척계수의 적용

- $G = dl \times \sin B + dl^3/3 \times \sin B \times \cos B^2 \times (1 + 3 \times H^2 + 2 \times H^4) + dl^5/15 \times \sin B$
  $\times \cos B^4 \times (2 - T^2) \times (180/\pi) = -0.22650335688402$

종좌표(X) = 500,000 − 311,583.857 = 188416.143m
횡좌표(Y) = 200,000 − 35,790.317 = 164209.683m

제8장 시거측량

8.1 시거측량의 정의

8.1.1 정의

시거측량은 트랜싯 or 망원경 앨리데이드의 망원경 내의 시거선(상시거선, 하시거선)을 이용하여 임의의 점에 세운 표척을 시준하고 시거선 사이에 낀 표척의 길이 (협장)와 고저각을 관측하여 두 점 간의 거리와 고저차를 구하는 측량이다.

- **시거측량의 특징**
- 작업이 간편하고 신속
- 지형의 기복에 영향을 받지 않는다는 이점
- 높은 정확도를 필요로 하지 않는 (1/100~1/1000) 다각측량, 지형측량, 평판측량에 효과적임

8.1.2 시거공식

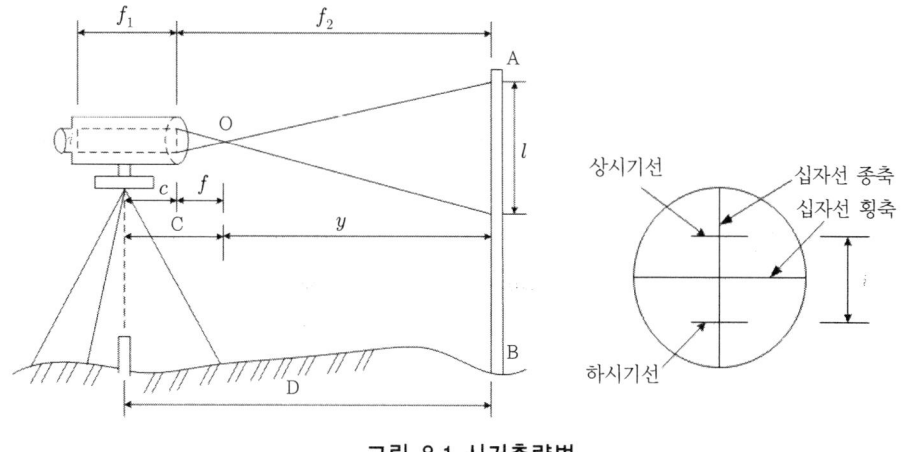

그림 8.1 시거측량법

인간과 지형공간정보학

$$\frac{y}{l} = \frac{f}{i}, \quad y = \frac{f}{i}l$$

$$D = y + c + f = \frac{f}{i}l + c + f$$

$$\therefore \frac{f}{i} = K$$

$$c + f = C$$

$$\therefore D = Kl + C$$

여기서, D : 수평거리
i : 양시거선 사이의 거리
f : 대물렌즈의 초점거리
l : 양시거선 사이에 낀 표척상의 거리(협장)
O : 대물렌즈의 광심
K : 승정수(승상수), 보통 $K = 100$
C : 가정수(가상수), 보통 $C = 0$

8.2 시거정수의 결정

시거정수 K 및 C의 값이 의심스럽거나 알 수 없을 때

(1) 근사법

수평길이 D_1, D_2를 정확히 알고 있는 두 지점에 대하여 시거측량을 했을 때의 협장을 l_1, l_2라 하면

$$D_1 = Kl_1 + C$$
$$D_2 = Kl_2 + C$$

위 식을 연립하여 풀면

$$K = \frac{D_2 - D_1}{l_2 - l_1}$$

$$C = \frac{D_1 l_2 - D_2 l_1}{l_2 - l_1}$$

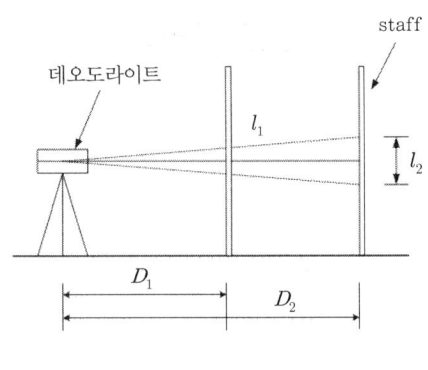

그림 8.2 근사법

(2) 엄밀법

그림과 같이 평탄한 지역에 시준거리 $D_1, D_2, \cdots, D_n$ 되는 곳에 표척을 세우고, 협장 $l_1, l_2, \cdots, l_n$ 을 관측하여, 시거정수 K와 C를 결정하기 위해서는 D와 l을 n회 관측하여 관측 값의 오차를 $V_1, V_2, \cdots, V_n$ 이라 할 때

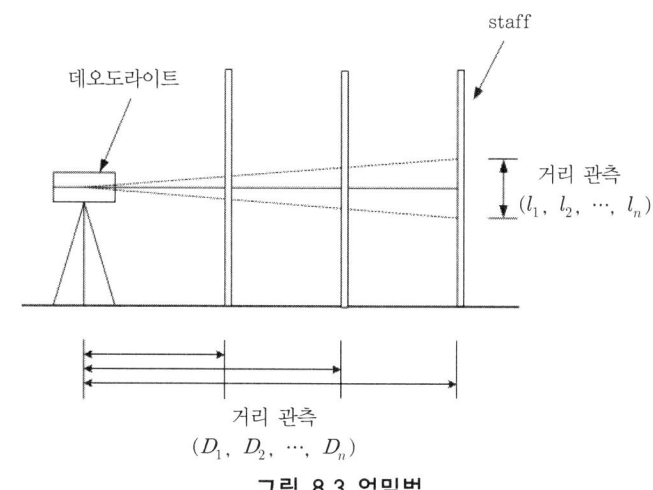

그림 8.3 엄밀법

$$D_1 - (Kl_1 + C) = V_1$$
$$D_2 - (Kl_2 + C) = V_2 \quad \cdots\cdots\cdots\cdots\cdots\cdots\cdots ①$$
$$\vdots$$
$$D_n = (Kl_n + C) = V_n$$

최소 제곱법의 원리에서 K 및 C의 최확값은

$$F = V_1^2 + V_2^2 + V_3^2 + \cdots + V_n^2 = \min \quad \cdots\cdots\cdots ②$$

①식을 ②식에 대입하면

$$F = D_1^2 - 2D_1(Kl_1 + C) + (Kl_1 + C)^2 + D_2^2 - 2D_2(Kl_2 + C) + (Kl_2 + C)^2 \cdots$$
$$+ D_n^2 - 2D_n(Kl_n + C) + (Kl_n + C)^2 \quad \cdots\cdots\cdots\cdots ③$$

③식을 최소로 하기 위해 K 및 C에 대해서 편미분하면

$$\frac{\partial F}{\partial K} = -2D_1 l_1 + 2(Kl_1 + C)l_1 - 2D_2 l_2 + 2(Kl_2 + C)l_2 - \cdots$$
$$-2D_n l_n + 2(Kl_n + C)l_n = 0$$

인간과 지형공간정보학

$$\frac{\partial F}{\partial C} = -2D_1 + 2(Kl_1 + C) - 2D_2 + 2(Kl_2 + C) - \cdots$$
$$-2D_n + 2(Kl_n + C) = 0$$

$[Dl] = D_1 l_1 + D_2 l_2 + \cdots + D_n l_n$
$[ll] = l_1 l_1 + l_2 l_2 + \cdots + l_n l_n$
$[D] = D_1 + D_2 + \cdots + D_n$ 로 표시하면
$[l] = l_1 + l_2 + \cdots + l_n$

$-[lD] = K[ll] + C[l] = 0$ ················· ④
$-[D] = K[l] + nC = 0$

④식에서
$$K = \frac{n[lD] - [l][D]}{n[ll] - [l][l]}$$
$$C = \frac{[ll][D] - [l][lD]}{n[ll] - [l][l]}$$

예제 01

다음의 그림과 관측 결과를 보고 시거측량에서 사용되는 승정수(K)와 가정수(C)를 계산하시오. (단, 엄밀법(최소제곱법)을 이용하여 계산, 소수 4째 자리에서 반올림 소수 3자리까지 구하시오.).

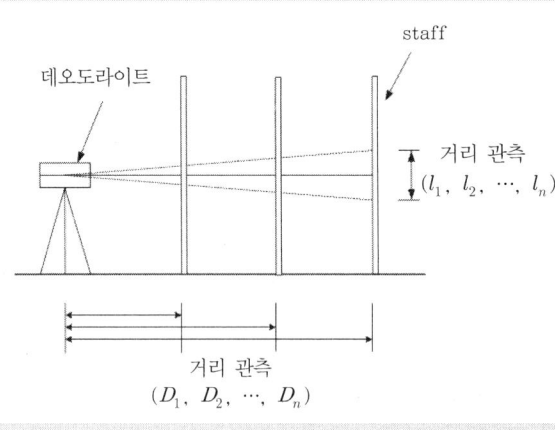

측점	상시거	하시거
B	1.557	1.508
C	1.592	1.491
D	1.699	1.549

● 해설 조건방정식
$D_1 = Kl_1 + C, \ v_1 = D_1 - (Kl_1 + C) = 5 - 0.049K - C$
$D_2 = Kl_2 + C, \ v_2 = D_2 - (Kl_2 + C) = 10 - 0.101K - C$

$$D_3 = Kl_3 + C, \quad v_3 = D_3 - (Kl_3 + C) = 15 - 0.15K - C$$

$$\therefore \; l_1 = 0.049, \quad D_1 = 5\text{m}$$
$$l_2 = 0.101, \quad D_2 = 10\text{m}$$
$$l_3 = 0.150, \quad D_3 = 15\text{m}$$

오차가 최소가 되기 위한 최소제곱법은 잔차의 제곱의 합이 최소가 되어야 한다.

$$\begin{aligned}
\Phi &= v_1^2 + v_2^2 + v_3^2 \\
&= (D_1 - Kl_1 - C)^2 + (D_2 - Kl_2 - C)^2 + (D_3 - Kl_3 - C)^2 \\
&= (5 - 0.049K - C)^2 + (10 - 0.101K - C)^2 + (15 - 0.15K - C)^2
\end{aligned}$$

$$\begin{aligned}
\frac{\partial \Phi}{\partial K} &= 2(5 - 0.049K - C)(-0.049) + 2(10 - 0.101K - C)(-0.101) + 2(15 - 0.15K - C)(-0.15) \\
&= 0.07K + 0.6C - 7.01 = 0
\end{aligned}$$

$$\begin{aligned}
\frac{\partial \Phi}{\partial C} &= 2(5 - 0.049K - C)(-1) + 2(10 - 0.101K - C)(-1) + 2(15 - 0.15K - C)(-1) \\
&= 0.6K + 6C - 60 = 0
\end{aligned}$$

위 식을 연립하여 풀면

$$\therefore \; K = 101, \quad C = 0.1$$

8.3 수평거리와 높이 계산

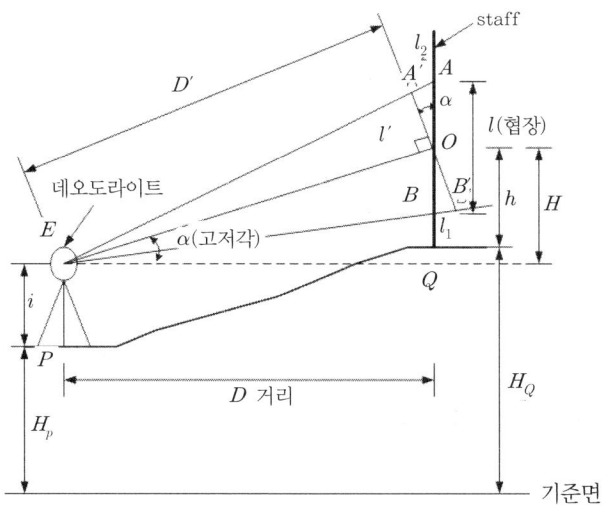

그림 8.4 수평거리

사거리 $D' = Kl' + C$

$\because l' = l\cos\alpha$

수평거리 $D = D'\cos\alpha = (Kl\cos\alpha + C) \times \cos\alpha$
$= Kl\cos^2\alpha + C\cos\alpha$

고저차 $H = D'\sin\alpha = (Kl\cos\alpha + C) \times \sin\alpha$
$= Kl\cos\alpha\sin\alpha + C\sin\alpha$
$= \dfrac{1}{2}Kl\sin 2\alpha + C\sin\alpha$

$\because 2\cos\alpha\sin\alpha = \sin 2\alpha$

Q의 지반고를 구하면, $H_Q = H_P + i + H - h$

$\because h = \dfrac{l_1 + l_2}{2}$

8.4 시거측량의 오차

① 시거정수가 정확하지 않으므로 발생하는 오차(정오차)
   • 기상조건의 변화(승수를 면밀히 검토하여 관측)
② 표척의 눈금이 일정하지 않으므로 발생하는 오차(정오차)
   • 기준자와 비교하여 보정
③ 표척의 읽기에 의한 오차(부정오차)
   • 수평거리의 100배 크기로 나타냄(가장 큰 영향)
④ 표척의 경사에 의한 오차(부정오차)
⑤ 연직각 관측이 바르지 않으므로 생기는 오차(정오차)
⑥ 빛의 굴절에 의한 오차(부정오차)

8.5 시거측량의 정확도

측량할 지역의 지형, 측량기, 시준거리, 고저각의 크기, 표척을 세우는 법 등 매우 많은 조건이 다르지만 일반적으로 수평거리 및 고저차의 정확도는 거리관측의 정밀도가 1/500 이내이고, 고저차 관측의 오차가 30cm 이하면 허용한다.

(1) 시거측량에 의한 다각측량의 정확도

① 기복이 많은 지역에서 긴 거리를 실측하여 1까지 읽을 수 있으나, 정오차를 제거하기 위해 특별히 주의를 하지 않았을 때
- 폐합오차 : 7m $\sqrt{거리[km]}$ 이하
- 고저차의 오차 : 80cm $\sqrt{거리[km]}$ 이하

② 어느 정도 평탄한 지역에서 ①과 같은 조건으로 관측하였을 때
- 폐합오차(1km에 대해) : 4m 이하
- 고저차의 오차(1km에 대해) : 15cm 이하

③ 고저각이 15°쯤의 경사지에서도 각을 分까지 읽으며, 표척을 똑바로 수직으로 세워 시준거리를 400 이하로 하여서 전후시를 관찰했을 경우
- 폐합오차 : 4m $\sqrt{시준거리[km]}$ 이하 4
- 고저차의 오차 : 20cm $\sqrt{시준거리[km]}$ 이하

④ 고저각이 작은 평탄한 지역에서 ③과 같은 조건으로 관측하였을 때
- 폐합오차 : 1.3cm $\sqrt{시준거리[km]}$ 이하
- 고저차의 오차 : 10cm $\sqrt{시준거리[km]}$ 이하

8.6 시거측량의 오차 보정

① 스타디아 정수의 부정확에 의한 오차가 거리에 주는 영향
$$\triangle Dk = \triangle K \cdot l \cos^2 \alpha$$

② 협장의 오독에 의한 오차가 거리에 주는 영향
$$\triangle Dl = \triangle l \cdot K \cos^2 \alpha$$

③ 연직각의 오차가 거리에 주는 영향
$$\triangle D\alpha = K l \triangle \alpha \sin \alpha$$

④ 표척의 경사오차가 거리에 주는 영향
$$\triangle D\delta = D \cdot \delta \cdot \tan \alpha$$

⑤ 시거선의 읽음 오차
$$dl = 0.2 + 0.05 \sqrt{S}$$

⑥ 고저차의 오차

$$dH = \frac{1}{2}Kdl\sin 2\alpha$$

예제 02

$K=100$, $C=0$인 트랜싯을 사용하여 시거측량을 한 결과 $l=100\text{cm}$, $\alpha=30°$일 때 $D=75\text{m}$를 얻었다. 이 관측에서 K는 $\triangle k=\pm 0.3$, l에 $\triangle l=\pm 0.5\text{cm}$, α에 $\triangle \alpha=\pm 3'$의 오차와 표척에 $\delta=\pm 2°$의 경사가 있었다. 이때 관측거리의 종합오차는?

● 해설

i) 시거정수에 대한오차($\triangle k$)가 거리에 미치는 영향 (ΔD_k)

$$\triangle D_k = \triangle kl\cos^2\alpha = (\pm 0.3)\times 100\times \cos^2 30°$$
$$= \pm 0.3 \times 100 \times \left(\frac{\sqrt{3}}{2}\right)^2 = \pm 22.5\text{cm}$$

ii) 연직각에 의한 오차($\triangle \alpha$)의 영향($\triangle D\alpha$)

$$\triangle D\alpha = Kl\triangle\alpha\sin 2\alpha = 100\times 100\times 3'\times \sin(2\times 30°)$$
$$= 100\times 100\times \frac{3'}{3437\rho'}\sin 60° = \mp \frac{100\times 100\times 3'\sqrt{3}}{3437\times 2} = \mp 7.6\text{cm}$$

iii) 표척의 경사에 의한 오차(δ)가 거리에 미치는 영향 ($\triangle D\delta$)

$$\triangle D\delta = D\delta\tan\alpha = \mp 9700 \times \frac{2°}{57.28°}\times \tan 30°$$
$$= \mp 9700 \times \frac{2°}{57.28°}\times \frac{1}{\sqrt{3}} = \mp 133.7\text{cm}$$

iv) 표척의 읽음값(Δl)가 거리에 미치는 영향(ΔDl)

$$\Delta Dl = K\Delta l\cos^2\alpha = \pm 100\times 0.5\times \cos^2 30° = \pm 12.5\text{cm}$$

오차전파법칙 $\therefore \Delta D_0^2 = (\pm 22.5)^2 + (\mp 7.6)^2 + (\mp 133.7)^2 + (\mp 12.5)^2$

$$\Delta D_0 = 136.4\text{cm}$$

제9장 노선측량(Route Surveying)

9.1 개설

도로, 철도, 수로, 관로, 송전선로, 교통로 등과 같이 폭이 좁고 길이가 장거리인 측량을 말하며, 이 측량에 포함되는 종류는 교통도로, 철거도로, 운하이고 노선 중심선이 직선과 곡선으로 되어 여러 조건을 검토하여 건설 계획과 공사를 위한 구조물 계획을 위해 가장 좋은 위치를 선정해야 한다.

9.1.1 노선측량의 순서

(1) 도상계획 및 답사

도상선정은 노선측량을 하는 지역의 지형도나 항공사진을 이용하여 노선의 목적, 경제성 및 시공 기술면 등을 고려하여 몇 개의 후보노선을 지도나 사진 위에 기입하여 이것을 기초하여 현지답사를 실시하고 사전계획을 세운다.

경제성 및 유지·관리비가 최소가 되고 가급적 직선이며 평탄하고 공사가 용이한 여러 개 노선을 선점하고 답사시 휴대품으로는 지형도, 항공사진, 보수계, 핸드레벨, 카메라, 나침반, 쌍안경 등을 휴대한다.

(2) 예측(豫測)

답사에 의한 노선의 중심선을 따라 예측하고, 예측 방법은 중심선 따라 실시하는 트래버스 종횡단종면도 작성을 위한 종횡단 지형을 행하여 가장 좋은 노선을 선정한다.

(3) 실측

예측에 의해 정해진 노선 또는 중심선을 지상에 결정하고 공사에 필요한 중심선설치 → 수준측량 → 지형측량 → 지물조사 → 경계측량 → 설계, 제도 → 공사측량 순으로 실시하여 평면도를 작성한다. 평면도 작성시 기입내용은 다음과 같다.

인간과 지형공간정보학

① 중심선 위치 10m마다 명시
② 곡선부 명칭 기록
③ 경계선
④ 노선 명칭 기입
⑤ 표고 및 수준점

(4) 공사측량(工事測量)

용지측량(用地測量)과 시공측량(施工測量)으로 나누어 실시하고 자가 보상 자료 활용을 위해, 시공측량은 주로 곡선에 대한 내용으로 곡선시점부터 종점까지 표시 실시하며, 이동파손 시 원 위치를 알기 위해 사전에 인조점도 설치해둔다.

① $1:n\left(\dfrac{1}{n}\right)$ 구배 : 절토면, 성토면 및 하천구배 등을 표시하는 데 사용한다.
② $n/100(n\%)$ 구배 : 도로의 구배를 사용한다.(미국식)
③ $n/1,000(n\%\ permille)$ 구배 : 철도구배에 사용한다.

9.2 노선의 종류

노선은 평면도를 작성하여 사용목적에 맞도록 평면도와 설계도를 작성한다.

9.2.1 도로 설치측량

측량자는 도로측량 시 다음과 같은 내용에 의하여 도로설계측량을 한다.

(1) 도로 각부 명칭

① 절토부 : 흙을 깍는 지역이다.
② 성토부 : 최종 지반을 얻기 위해 흙을 채운다.
③ 시공기면 : 도로가 수용해야 할 기초지반으로 충분한 배수가 되어야 한다.
④ 기층 : 시공기면의 하중을 분포시켜주며 시공기면의 조건에 의해서 높이가 결정된다.
⑤ 노면층 : 차량이 직접 움직일 수 있는 윤활하고 단단한 층으로 구축한다.
⑥ 차선 : 동일 방향으로 이동하는 차량이 꼭 필요한 폭이다.(1차선 : 3~5.5(m), 2차

선 : 5.5~11m, 4차선 : 11m 이상)
⑦ 차도 : 도로표면이 직접 통과하는 부분으로 단차로와 복차로가 있다.
⑧ 유효폭원 : 양쪽 노견을 포함한 차량이 그 위에 정지 또는 움직일 수 있는 폭이다.
⑨ 노견 : 보행도로 및 차도보호를 위한 부가적으로 준비된 폭으로 차량 긴급주차 운전자로 하여금 안정감을 주고 사고 예방도 한다.(최고폭 1.2m)
⑩ 도로용지 : 도로 작업을 하는 전체폭으로서 절토상단부터 상토하단까지이며 그 폭은 절토, 성토, 높이 또한 측구 깊이 선정된 법선경사에 따라 차이가 있다.
⑪ 측구 : 지형 지물에 따라 여러 형태로 결정하며 노면 인접지역의 물을 배수시킨다.
⑫ 벌개폭 : 토공작업 전 실시하는 전면적으로 수목, 잡초, 건물 등 곡선부 안전폭이 보장된 지역이다.

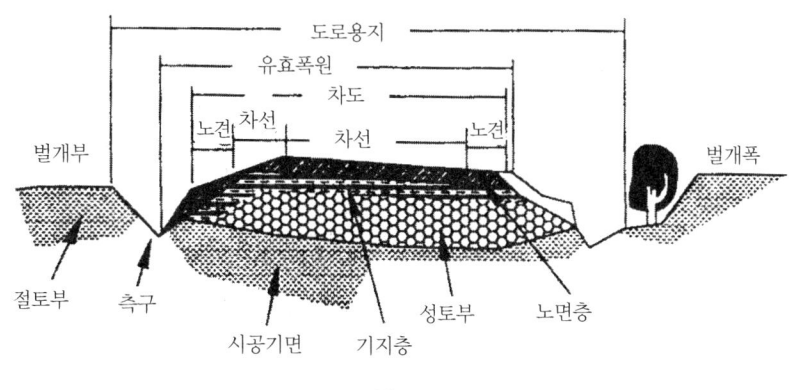

그림 9.1

9.2.2 실시 설계

(1) 경시

측량자가 측량 후 토목공사를 편리하게 하기 위한 표시로서 중심선표시, 노선표시, 경사표시, 인조표시가 있다.

1) 중심표시

노선의 중심이 되는 점을 따라 동상 20m 간격으로 노선위치 방향을 표시한다.

2) 노선표시

도로중심에서 직각으로 양측노면에 표시해 둔다.

3) 경사표시
교차점의 중심선에 직각으로 설치하여 절토, 성토작업의 한계를 표시한다.

4) 인조점
재측량을 방지하기 위해 공사한계선 밖에 중심선 직각으로 표시해두는 점이다.

9.3 곡선 설치법(curve setting)

9.3.1 곡선의 분류

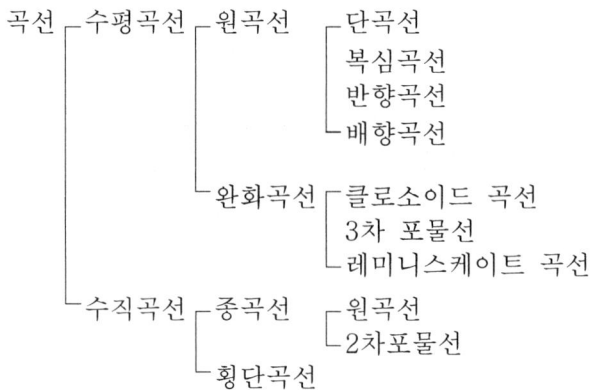

(1) 단곡선(simple curve)의 성질

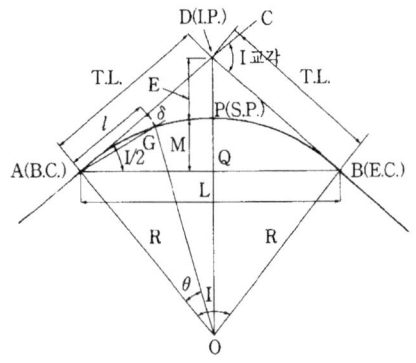

그림 9.2 단곡선도

1) 단곡선의 이용 명칭

 A : 곡선시점(begining of curve) - B.C
 B : 곡선의 종점(end of curve) - E.C
 D : 교점(intersection point) - I.P
 I : 교각(intersection angle) - I
 AB, BD : 절선장(tangent length) - T.L
 DF : 외활 또는 외선장(external secant) - E 또는 S.L
 FG : 중앙종거(middle ordinate) - M
 AB : 장현(long chord) - C
 AFB : 곡선장(curve length) - C.L

2) 단곡선의 공식

① 절선장 : △OAV에서 AV = TL이므로 TL = $R \tan \dfrac{I}{2}$

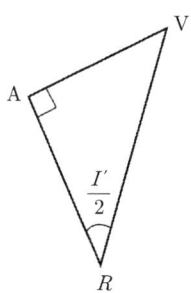

그림 9.3 절선장

② 곡선장 : R을 반지름으로 하는 원에서 호 C.L의 값은

   $2\pi R$: C.L = $360°$: $I°$

   C.L · $360° = 2\pi R \cdot I°$

   C.L = $\dfrac{2\pi R}{360°} \cdot I°$

   C.L = $\dfrac{\pi}{180} RI°$

      = $0.01745 RI°$

   C.L = RI rad에서 각으로 표시하면
   C.L = $0.01745 RI°$

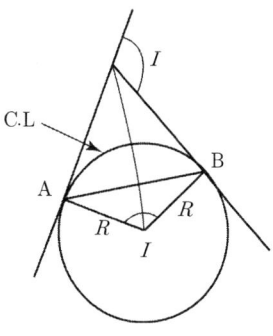

그림 9.4 곡선장

③ 외선장 : △AOD에서 $\dfrac{\text{OD}}{\text{OA}} = \sec\dfrac{I}{2}$, $E = R\left(\sec\dfrac{I}{2} - 1\right)$

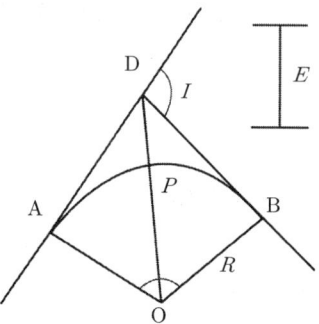

그림 9.5 외선장(외할)

④ 장현 : $\text{AG} = R\sin\dfrac{I}{2}$, $C = 2R\sin\dfrac{I}{2}$

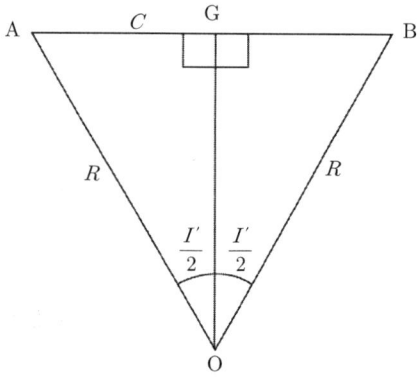

그림 9.6 장현

⑤ 중앙종거 : $\text{FG} = R - \text{OG}$, $M = R\left(1 - \cos\dfrac{I}{2}\right)$

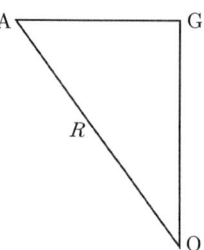

그림 9.7 중앙종거

(2) 편각설치법

접선과 현이 이루는 각을 편각이라 하며 편각을 이용하여 곡선을 설치하는 방법을 편각법이라 한다.

철도, 도로 등에 널리 이용되며 정밀도가 높고 트랜싯과 줄자를 이용하며 곡선의 중심선을 정하는 방법이다.

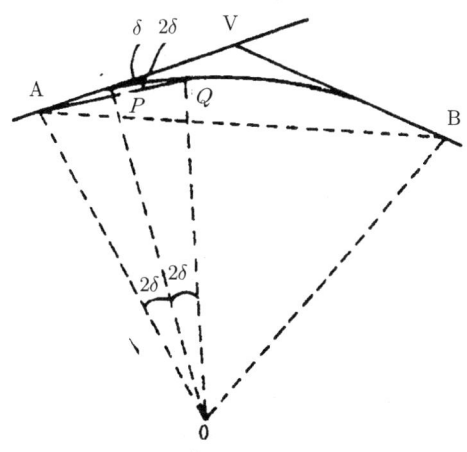

그림 9.8 편각설치법

1) 편각 설치 순서

AP=PQ=1에 대한 원의 중심각을 2δ라 하면 ∠VAP=δ, ∠VAQ = 2δ

$\overline{AP} ≒ \overparen{AP}$ 라면

$2\delta \ R = \overline{AP} ≒ l$

$$\delta = \frac{l}{2R} \text{Rad} = \frac{l}{2R}\left(\frac{180}{\pi} \times 60\right)(분)$$

$$= 1718.87 \times \frac{1}{R} (분)$$

$$R = \frac{V^2}{127(i+f)}$$

여기서, V : 주행속도
 l : 편구배
 f : 노선의 마찰계수

인간과 지형공간정보학

측량 방법으로는

① R을 반경으로 정한 후

② 절선장(T.L)을 구하여 교점으로부터 절선장의 길이를 잡아 시점(B.C) 및 종점(E.C)를 결정하고 곡선장(C.L)을 구하고 시단현, 종단현을 계산한다.

③ 시단현에 대한 편각 δ_1, 말뚝중심 간의 거리(보통 20m)에 대한 편각 δ_2, δ_3, δ_4, δ_5, … 등을 계산하여 시점(B.C)에 트랜싯을 세우고 ∠VAB = $\frac{I}{2}$임을 검사한다.

④ 교점(I.P)으로부터 편각 δ 만큼 회전한 시준선 중 시점(B.C)부터 시단현의 길이를 잡아 P점을 설치한다.

⑤ 교점(I.P)으로부터 δ_0(시단현각) +δ_1 만큼 망원경을 수평회전한 수준선 중에 P(시단현 끝점)에서 말뚝거리(보통 20m)를 잡아 Q점을 설치한다. 계속하여, 즉 ($\delta_0 + \delta_1 + \delta_2 + \cdots$) 곡선 종점(E.C)를 측정하여 말뚝간 거리인 현장을 줄자로 직선으로 잡은 까닭에 편위가 생긴다.

2) 말뚝 간의 거리 l과 반경 R와의 관계에서 $\frac{1}{R} \leq \frac{1}{10}$이면 오차를 무시, $\frac{1}{R} = \frac{1}{5}$ 오차조정을 한다.

(3) 절선편거와 현편거법

트랜싯을 사용하지 않고 폴과 줄자만으로 간단히 곡선을 설치할 수 있는 방법으로 수로와 지방도로 등에 많이 사용되며, 정밀도는 편각법보다 떨어지나 작업이 간단하다.

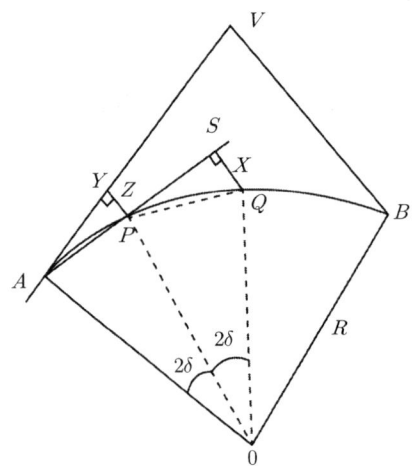

그림 9.9 절선편거와 현편거법도

$AP = PQ = lm$, $YP = Z$, $PQ = PS$, $SQ = X$라면

PY : 절선편거, SQ : 현편거

$$\frac{X}{l} = \frac{l}{R} : X = \frac{l^2}{R} \quad \text{(현편거)}$$

$$YP = \frac{X}{2} = \frac{l^2}{2R}$$

$$\therefore AY = \sqrt{l^2 - Z^2} \quad \text{(절선장)}$$

(4) 장현에 대한 종거 횡거에 의한 방법

곡선시점 A에서 장현을 따라서 거리가 x점, P점을 취하여 구한다.

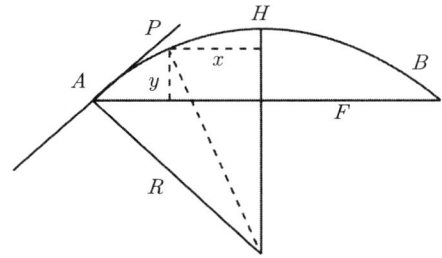

그림 9.10 장현에 의한 종거와 횡거법

$$AB = C$$

$$\therefore y = \sqrt{R^2 x^2 - OF}$$

$$= \sqrt{R^2 - x^2} - \sqrt{R^2 - \left(\frac{c}{2}\right)^2}$$

OX의 여러 값에 대한 y의 값을 식에서 계산하여 곡선을 설치할 수 있다.

(5) 절선에 대한 지거법

터널 속의 곡선설치 시 산림지대에서 편각법에 쓰면 벌목량이 많아지는 경우에는 이 방법이 사용된다.

편평한 곡선 $\overline{PQ}$는 $2R$에 비하여 미소하다.

인간과 지형공간정보학

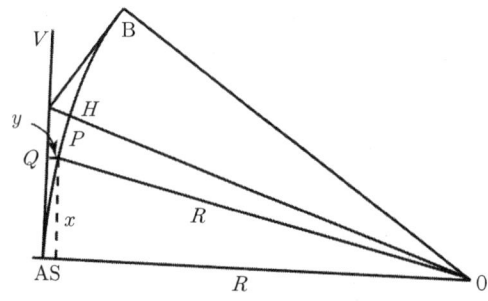

그림 9.11 절선지거법도

$$\overline{OP^2} = \overline{OS^2} + \overline{PS^2}$$
$$R^2 = (R-y)^2 + x^2$$
$$y = R - \sqrt{R^2 - x^2}$$

$$x^2 = R^2 - (R-y)^2 = (R+(R-y))(R-(R+y)) = (2R-y)y$$

$$\therefore x^2 = 2Ry \qquad \therefore y = \frac{x^2}{2R} \quad \cdots\cdots\cdots\cdots\cdots\cdots ⑥$$

(6) 중앙종거법(Middle Oridinate Method법)

최초에 중앙종거(M)를 구하고 다음 단계별로 구분하는 방법으로 $\frac{1}{4}$ 법이라고도 하며 기설곡선의 검사 또는 조정에 편리하고, 시가지에서 철도, 보도 등의 곡선설치에 편리하나 중심말뚝의 간격을 설치할 수 없는 것이 결점이다.

$$\therefore M_1 = R\left(1 - \cos\frac{1}{2}\right) = R - \sqrt{R^2 - \left(\frac{L}{2}\right)^2}$$

$$\therefore M_2 = R\left(1 - \cos\frac{1}{4}\right) = R - \sqrt{R^2 - \left(\frac{L_1}{2}\right)^2}$$

$$\therefore M_3 = R\left(1 - \cos\frac{1}{8}\right) = R - \sqrt{R^2 - \left(\frac{L_2}{2}\right)^2}$$

위와 같은 방법으로 $R=100$m 경우 I의 종류값에 대한 M, $\frac{I}{2}$ 의 계산식으로 일반적인 측량표 중 중앙 종거표가 수록되어 있고 주어진 교각 I 및 $\frac{I}{2}$, $\frac{I}{4}$ 에 대한 M의 값을 구하여 $\dfrac{R}{100}$ 배 하여 중앙종거를 구한다.

1) cos법

$$\therefore M_1 = R\left(1-\cos\dfrac{1}{2}\right)= 2R\left(1-\cos\dfrac{1}{2}\right),\ M_2 = R\left(1-\cos\dfrac{1}{4}\right)$$

$$\dfrac{M_2}{M_1}=\dfrac{R\left(1-\cos\dfrac{1}{4}\right)}{R\left(1-\cos^2\dfrac{1}{2}\right)}=\dfrac{R\left(1-\cos\dfrac{1}{4}\right)}{2R\left(1-\cos\dfrac{1}{4}\right)\left(1-\cos\dfrac{1}{4}\right)}=\dfrac{1}{2\left(1-\cos\dfrac{1}{4}\right)}$$

$$\cos\dfrac{I}{4} \fallingdotseq 1\dfrac{M_1}{M_2}=\dfrac{1}{4}$$

※ $\cos 2\alpha = 2\cos^2\alpha - 1$

$\cos\dfrac{I}{2}= 2\cos^2\dfrac{I}{4}- 1$

$\left(1-\cos\dfrac{I}{2}\right)= 1-\left(2\cos^2\dfrac{I}{4}-1\right)= 2\left(1-\cos^2\dfrac{I}{4}\right)$

2) 도형법

$$\overline{OM}= R- M_1,\ M_2 = R-\sqrt{R^3-\left(\dfrac{L}{2}\right)^2}$$

$$R-\overline{CM}= \sqrt{R^2-\left(\dfrac{L}{2}\right)^2}$$

양변제곱에 의해, $R^2- 2R\cdot \overline{CM}+ \overline{CM}^2= R^2-\dfrac{L^2}{4}$

$$\overline{CM}^2- 2R\cdot\overline{CM}- \dfrac{L^2}{4}= 0$$

대략적인 계산시 $\overline{CM}^2$를 생략할 수 있다.

반경 R비에 의해 $CM= \dfrac{L^2}{8R^2}$

$L_1 \fallingdotseq \dfrac{L}{2},\ L_2 \fallingdotseq \dfrac{L_1}{2}$을 대입하여

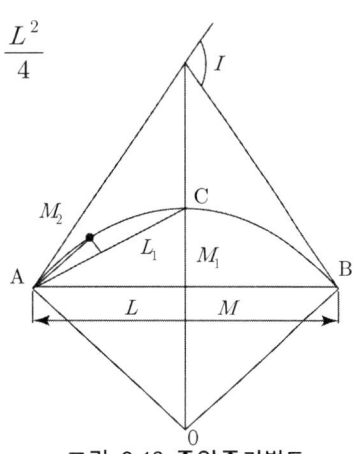

그림 9.12 중앙종거법도

인간과 지형공간정보학

$$\frac{M_2}{M_1} = \frac{\frac{L_1^2}{8R}}{\frac{L_2^2}{8R}} = \left(\frac{L_1}{L}\right) = \frac{1}{4}$$

(7) 장애물이 있을 경우 설치법

1) 설치식

교점(I.P) 하천, 호수, 산림, 건물 등의 장애물이 있어서 I.P, B.C 등에 트랜싯을 세우지 못할 때의 그 연장선을 잡아 그림과 같이 $\overline{PQ}$ 사이가 서로 잘 보이는 지역에서 측정한다.

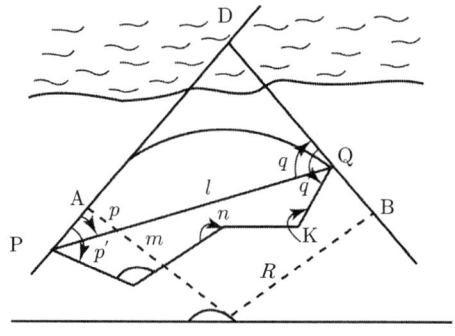

그림 9.13 장애물이 있을 때

$I = P + q$

B.C 나 E.C는 $\dfrac{l}{\sin(180 - I)}$

$$= \frac{DP}{\sin Q} = \frac{PA + R\tan\dfrac{I}{2}}{\sin q}$$

$$\therefore PA = l\frac{\sin q}{\sin I} - R\tan\frac{I}{2}$$

$$\therefore QB = l\frac{\sin p}{\sin I} - R\tan\frac{I}{2}$$

2) 설치방법

B.C점에서 곡선을 설치할 수 없는 경우에는 다음과 같은 방법을 취한다.

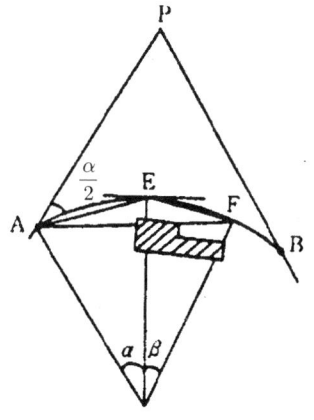

그림 9.14 장애물이 있을 때

AE의 편각 $\frac{\alpha}{2}$를 계산하여 E점에 트랜싯을 세운 다음 버니어의 영을 수평 분도원의 180°에 일치시키고 상부고정나사를 고정 후 망원경 반위로 A점에 시준하고 하부고정 나사를 고정시킨다.

예제 01

노선 측량에서 실시설계측량 항목은?

 해설
① 지형도 작성
② 중심선 선정
③ 다각측량
④ 중심선설치(현장)
⑤ 고저측량(수준, 횡단, 종단)

예제 02

반경 150m, 교각 57°36′일 때 접선장(T.L)과 곡선장(C.L)은 얼마인가?

해설
① $C.L = 0.01745 RI$
$= 0.01745 \times 150 \times 57°36′ = 150.768$m
② $T.L = R \tan \frac{I}{2} = 150 \tan \frac{57°36′}{2} = 82.46$m

인간과 지형공간정보학

예제 03

교각 $I = 90°$ 곡선반경 $R = 100\text{m}$인 단곡선의 교점 IP의 추가거리가 1139.25m 일 때 곡선시점 BC의 추가거리는?

● 해설 BC(시곡점) = IP추가거리 − TL
$$= 1139.25 - 100 = 1039.259\text{m}$$

여기서, $\text{TL} = R \tan \dfrac{I}{2}$

$$= 100 \tan \dfrac{90}{2} = 100\text{m}$$

예제 04

일반적으로 고속도로에 주로 사용되는 완화곡선은?

● 해설 우리나라 고속도로에서는 클로소이드곡선이 완화곡선으로 주로 사용되고, 철도에서는 3차 포물선이 사용된다.

예제 05

캔트의 계산에 있어서 속도 및 반경을 2배로 하면 캔트는 몇 배로 하여야 하는가?

● 해설
① 캔트 $C = \dfrac{v^2 s}{gR}$
② 문제에서 v와 R를 2배로 하면 C는 2배 증가한다.

제10장 지형측량

10.1 지형측량의 정의

10.1.1 정의

지표면상의 자연 및 인공적인 지물, 지모의 상호위치 관계를 수평적 또는 수직적으로 측정하여 그 결과를 일정한 축척과 도식으로 도지에 표시한 것을 지형도(Topographic map)라 하는데 이 지형도를 작성하기 위한 측량을 지형측량이라 한다.

10.1.2 지형도상에 표현

(1) 지물

지상에 있는 도로, 하천, 철도, 시가, 촌락 등의 실제의 형을 일정한 축척으로 나타낸 것인데 나타나지 않은 작은 물체나 지상물의 성질과 상태를 기호화한 것도 이에 포함한다.

(2) 지모

산정, 구릉, 계곡, 평야, 경지 등 토지의 기복 등을 말하며 등고선으로 표시한다.

10.2 지형의 표시방법

10.2.1 자연적 도법

태양광선이 지표면을 비칠 때 생긴 명암의 상태를 이용하여 지표면의 입체감을 나타내는 방법이다.

(1) 영선법(Hachuring)

"게바"라 하는 단선장의 선으로 지표의 기복을 나타낸다.

게바의 사이, 굵기, 길이 및 방향 등에 의하여 지표를 표시하며, 급경사는 굵고 짧게, 완경사는 가늘고 길게 표시하는 방법이다.

(2) 음영법(Shading)

태양광선이 서북쪽으로 경사 45°의 각도로 비친다고 가정하고, 지표의 기복에 대하여 그 명암을 도상에 2~3색 이상으로 채색하여 지형을 표시하는 방법이다.

10.2.2 부호적 도법

일정한 부호를 사용하여 지형을 세부적으로 정확히 나타내는 방법(1/50,000, 1/25,000)이다.

(1) 채색법(Layer System)

등고선간 대상의 부분을 색으로 구분하고 채색하여 높이의 변화를 나타나게 하는 것. 채색의 농도를 변화시켜서 지표면의 고저를 나타내는 것으로 지리관계의 지도에 사용한다.

(2) 점고법(Spot)

지표면상 임의 점의 표고를 도상에 있는 숫자에 의하여 지표를 나타내는 방법이다. 해도, 하천, 호소, 항만의 심천을 나타내는 경우에 사용한다.

(3) 등고선법(Contour System)

동일표고의 점을 연결한 곡선, 즉 등고선에 의하여 자료를 표시하는 비교적 정확한 지표의 표현 방법이다.

10.3 등고선의 성질

① 동일 등고선 상에 있는 모든 점은 같은 높이이다. (그림 1)
② 등고선의 도면 내나 외에서 폐합하는 폐곡선이다. (그림 2)

③ 지도의 도면 내에서 폐합하는 경우 등고선의 내부에 산꼭대기(산정) 또는 분지가 있다. (그림 2)

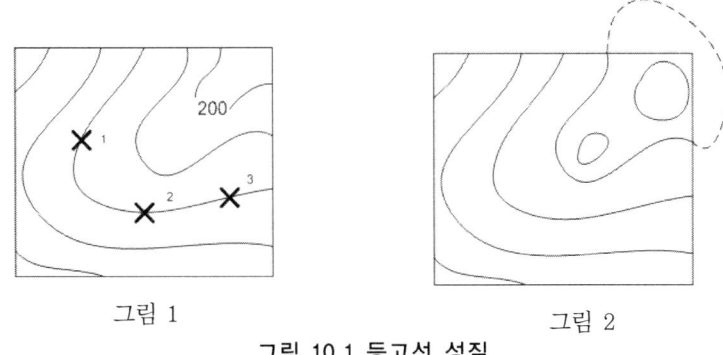

그림 10.1 등고선 성질

④ 2쌍의 등고선의 볼록부가 상대할 때는 볼록부를 나타낸다. (그림 3)
⑤ 보통 솟아오른 절벽이 있는 곳 이외에서는 등고선은 서로 만나지 않으며 그림 4와 같은 등고선은 없다.

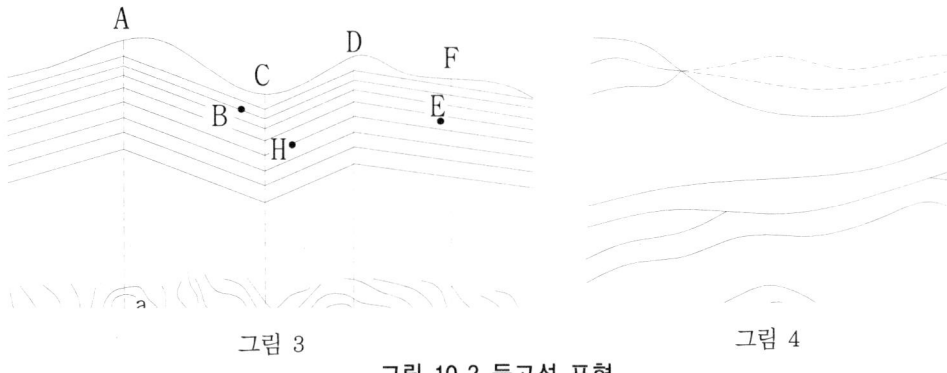

그림 10.2 등고선 표현

⑥ 동등한 경사의 지표에서 양 등고선의 수평거리는 같다. (그림 5)
⑦ 평면을 이루는 지표의 등고선은 서로 평행한 직선. (그림 5)
⑧ 등고선은 계곡을 횡단할 경우에는 그 한쪽을 따라 올라가는 유선을 가로질러 또 다시 내려와 대안에 이른다. (그림 6)
⑨ 등고선은 늘 최대 경사선과 직각으로 만나고 유선을 횡단하는 점에서 유선과 직각으로 만난다. (그림 7)
⑩ 등고선은 분수선과 직각으로 만난다.

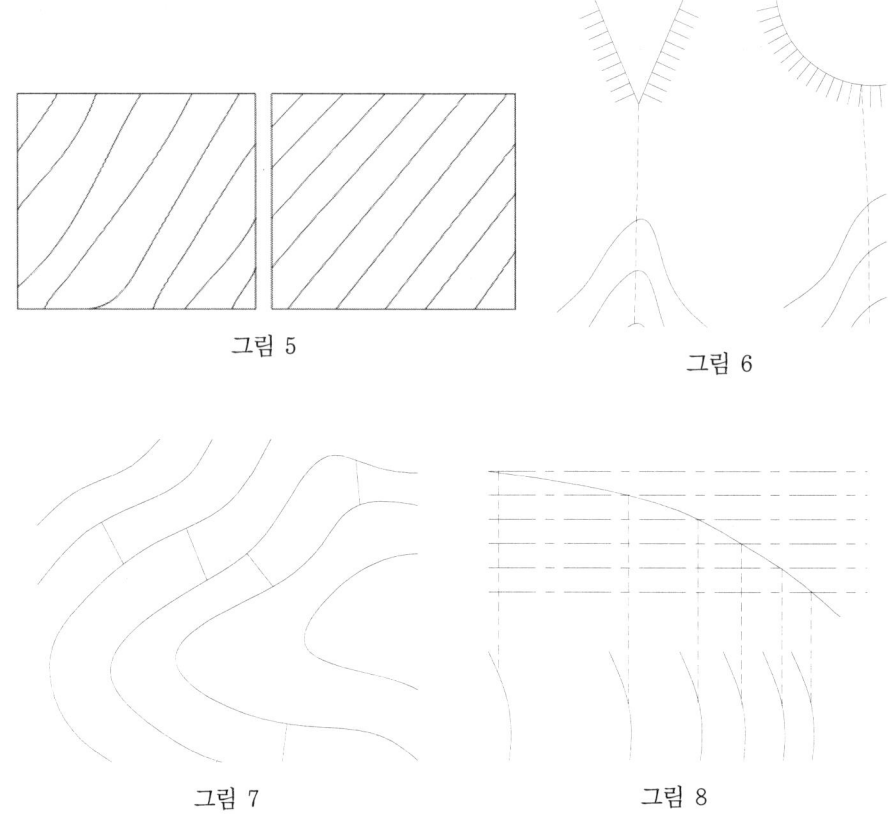

그림 10.3 등고선 측정

⑪ 일반적으로 산꼭대기와 산밑(산저)은 산중턱보다도 완경사이므로 등고선의 수평거리는 산꼭대기와 산밑에서는 크고, 산중턱에서는 작다. (그림 8)

⑫ 수원에 가까운 부분은 하류보다도 경사가 급하다. 따라서 수원에 가까운 부분에서는 가까워지고 하류에서는 멀어진다.

10.4 등고선의 간격 및 종류

10.4.1 등고선의 간격

지형에 있어서 안정될 수 있는 최대경사는 45°이며, 이 경사 이상에서 근접한 2선의 식별한계는 0.2mm이고, 곡선의 굵기는 0.1mm로 두 곡선의 중심 간격은 0.3mm로 되어 있으나 안전율을 고려하여 0.4mm~0.5mm를 택한다.

축척 1/10,000에서 0.4mm~0.5mm에 대한 실거리는 4m~5m, 이를 m단위로 표시할 경우 축척분모수의 1/2,500~1/2,000에 해당된다.

일반적으로 말하는 등고선은 주곡선으로 주곡선의 간격은 축척분모수의 1/2,500~1/2,000로 정하고 있다.

10.4.2 등고선의 종류

① 주곡선 : 지형을 표시하는 데 가장 기본이 되는 곡선인데, 가는 실선으로 표시
② 계곡선 : 표고의 읽음을 쉽게 하고 지모의 상태를 명시하기 위해서 주곡선 5개마다 굵은 실선으로 표시
③ 간곡선 : 주곡선 간격의 1/2의 거리로 산정경사가 고르지 못한 완경사지, 주곡선만으로는 지모를 명시하기 곤란한 장소에 긴 점선으로 표시
④ 조곡선 : 간곡선 간격의 1/2의 거리로 충분히 표시할 수 없는 불규칙한 지형을 표시할 때 점선으로 표시되는 곡선

표 10.1 등고선 간격

등고선의 종류	기 호	1/10,000	1/25,000	1/50,000
주 곡 선	가는 실선	5m	10m	20m
간 곡 선	가는 파선	2.5m	5m	10m
조 곡 선	가는 점선	1.25m	2.5m	5m
계 곡 선	굵은 실선	25m	50m	100m

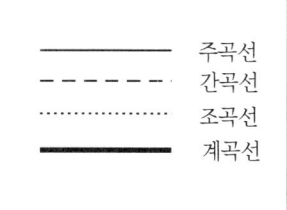

10.5 지형측량 작업의 순서

측량계획 ▶ 답사, 선점 ▶ 도근점측량 ▶ 세부측량(지물, 지모) ▶ 측량원도작성 ▶ 지도편집

(1) 측량계획

지형도 작성을 위한 측량계획 작성에 있어서는 다음 사항을 검토하여 결정한다.
① 지형도 작성의 목적에 적합한 측량범위, 축척, 도식, 정도 등
② 지형도의 작성을 위해서 이용 가능한 자료를 수집

(2) 도근점측량

　도근점이라는 것은 기설의 기준만으로는 세부측량을 실시하기에 부족할 경우, 기설 기준점을 기준으로 하여 새로운 평면위치 및 높이를 관측하여 결정되는 기준점을 말한다.

　도근점의 설치에는 삼각, 다각측량을 실시하여 도근점의 위치, 높이를 관측하고 이것을 평판 상에 전개하는 기계도근점 측량과 평판측량에 의하여 직접 도해하여 전개하는 도해 도근점 측량이 쓰이게 된다.

　기준점의 정도가 낮은 경우는 기계도근점측량, 높은 경우는 도해도근점측량을 이용한다.

(3) 세부측량

　표현할 지물의 위치, 형상, 지모의 형상을 정해진 도식을 이용하여 평판 상에 작도하는 작업을 말한다.

10.6 지형도를 읽는 방법

(1) 사면

① 등경사면 : 등고선 상호의 거리가 같은 사면
② 凸형사면 : 상부에서는 등고선 간의 거리가 넓고 하부에서는 좁은 사면
③ 凹형사면 : 상부에서는 등고선 간의 거리가 좁고, 하부에서는 넓은 사면
④ 凸凹사면 : 등고선 상호거리에 광협이 있는 사면, 경사변환점 A, B, C는 간곡선이나 조곡선으로 표시
⑤ 계단형 사면 : 그 형상이 계단형의 사면, 평탄부의 상황을 표시하기 위해 필요에 따라서 간곡선, 조곡선 등을 사용하여 하안단구 등에서 볼 수 있음.

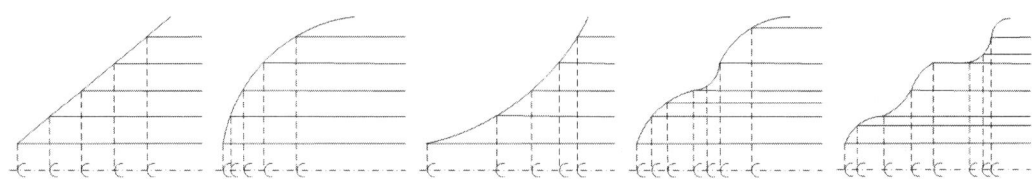

그림 10.4 등고선 독도

(2) 산배(산릉)

산꼭대기와 산꼭대기 사이에 제일 높은 점을 이은 선으로 미근이라고 한다.
凸선으로 표시되나, 그 경사 및 방향은 변화하고 분기하여 있다.

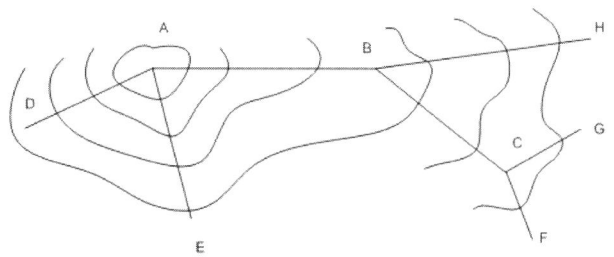

그림 10.5 산배

(3) 안부

그림의 가운데 부분과 같이 서로 인접한 2개의 산꼭대기가 서로 만나는 곳으로 좋은 교통로가 되는 고개 부분을 안부라 말한다.

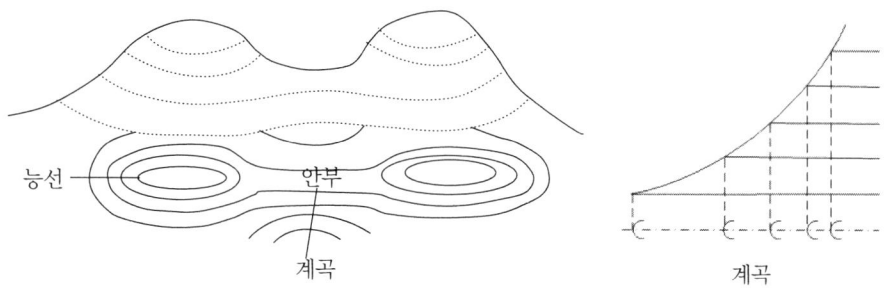

그림 10.6 안부

(4) 계곡

계곡은 凹선으로 표시되며 계곡의 종단면은 상류가 급하고 하류가 완만하게 된다. 그러므로 등고선 사이의 거리는 그림과 같이 상류가 좁고 하류가 넓게 된다.

(5) 凹지와 산정

화산의 화구, 함몰지대의 등고선에는 특히 최대경사선의 방향에 화살표를 붙여 둔다.
산꼭대기는 그 높은 곳으로부터 선(능선)과 선(계곡)이 뻗어 있다.

(6) 대지

대지에서 산꼭대기는 평탄하고 사면의 경사는 급하게 되므로 등고선간격은 상부에서는 넓고 하부에서는 좁다.

(7) 선상지

산간부로부터 흐른 아래의 하천이 평지에 나타나면 급한 하천 경사가 완만하게 되며, 그곳에 모래가 많이 쌓이며 원추형의 경사지를 구성한 것을 선상지라 한다.

선상지는 작은 산간의 가까운 장소에서 보이며 하구부근에서는 삼각주가 된다.

(8) 산급

산꼭대기 부근이나 凸선상에서 표시한 바와 같이 대지형으로 되어 있는 곳을 산급이라 말한다. 안부의 초기의 것으로 산꼭대기와 안부 양쪽의 성질을 가지므로 등고선도 그 요령으로 그린다. 산급은 지형상의 요소로 기준선을 설치하기에 적당하다.

(9) 단구

하안단구, 해안단구와 같이 계단형을 이룬 좁은 평야의 부분에서는 등고선 간격이 크게 된다. 단구는 여러 단으로 되어 있으나 급경사면과의 경계를 밝히어 식별되도록 등고선을 그린다.

10.7 지성선(Topographical Line)

지성선은 지표면을 다수의 평면으로 이루어졌다고 생각할 때 이 평면의 접합부, 즉 접선을 말하며 지세선이라고도 한다.

(1) 凸선(능선)

凸선은 지표면의 높은 곳의 꼭대기 점을 연결한 선으로 빗물이 이것을 경계로 하여 흐르게 되므로 분수선, 능선이라고 한다.

선은 지표면상에서 중요한 선으로 등고선을 그릴 때에 그 위치, 방향, 분기점을 정확히 그려야 한다.

(2) 凹선(계곡선)

凹선은 지표면이 낮거나 움푹 패인 점을 연결한 선으로 합수선, 곡선, 합곡선이라고도 한다. 곡선이나 하천은 모두 선으로서 사면을 흐른 물은 이 선을 향하여 모이게 되므로 합수선이라 한다.

(3) 경사변환선

동일방향의 경사면에서 경사의 크기가 다른 두 면의 접합선을 경사변환선이라 한다.

(4) 최대경사선

지표의 임의의 한 점에 있어서 그 경사가 최대로 되는 방향을 표시한 선을 말하며, 등고선과 직각으로 교차한다. 물이 흐르는 방향이라는 의미에서 유하선이라고 한다.

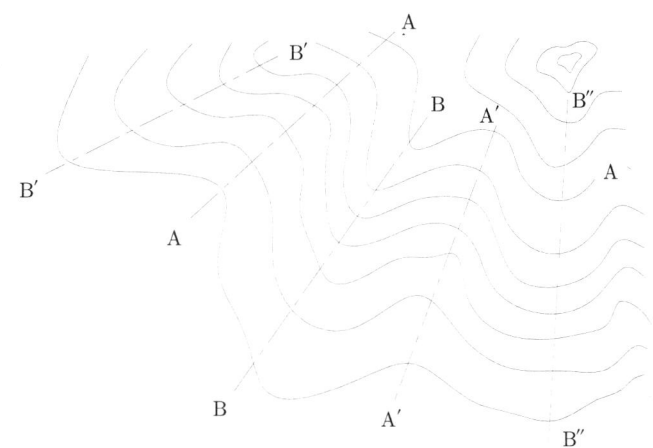

그림 10.7 방향 전환선

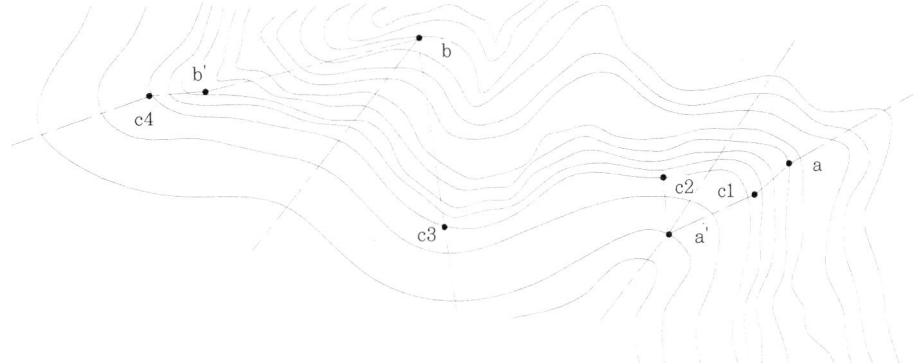

그림 10.8 경사 변환선

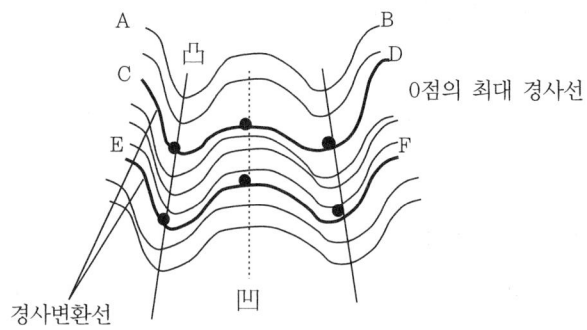

그림 10.9 최대 경사선

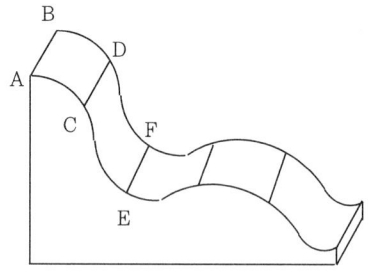

그림 10.10 경사변환선

10.8 등고선의 관측방법

(1) 직접관측방법

일정한 표고를 나타내는 등고선이 통과하는 점을 현지에서 구하고, 점차로 그 위치를 도시하여, 직접 등고선을 그리는 방법, 고원, 대지평야 등의 완경사지와 같은 시통하기 좋은 곳에 적합하며, 정확도가 좋은 대축척 지형측량에 이용된다.

1) 레벨에 의한 방법

그림에서 점 A를 어떤 등고선상의 표준기지점(표고 H), 점 B를 다음 등고선상의 점(표고 H)으로 할 때, 점 A, B에 세운 표척의 읽음 값을 각각 a1, b1이라하면, 표척의 읽음 값이 b1으로 되는 점으로 표척을 이동하고, 이들의 위치를 평판상에서 구하여 P1, P2, P3가 얻어지면, 각 점을 연결하여 등고선을 그린다.

이 경우, 점점 높은 곳의 등고선으로 측량작업을 진행하는 것이 좋다.

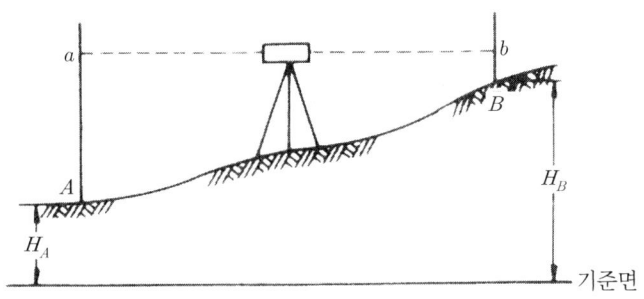

그림 10.11 레벨에 의한법

2) 평판에 의한 방법

가장 일반적인 직접관측법, 엘리데이드에 의하여 등고선상의 각 점에 세운 표척 혹은 시준판의 눈금을 읽고 방사법에 의하여 그 점의 위치를 구하는 방법. 그림에서 점 A에 평판을 세우고 시준공까지의 높이(기계고 H) 1.2m를 관측한다. 점 A의 표고 H가 59.40m이면, 평판의 기계고 $H = 1.2 + 59.40 = 60.60$m로 된다. 따라서 58m 등고선은 $60.60 - 58.0 = 2.6$m이므로, 그림과 같이 폴의 하단에서부터 2.6m의 높이의 위치에 시준판을 고정하고 이것을 시준하여 a_1, a_2, …을 구하여 이들을 연결하여 58m 등고선을 얻는다.

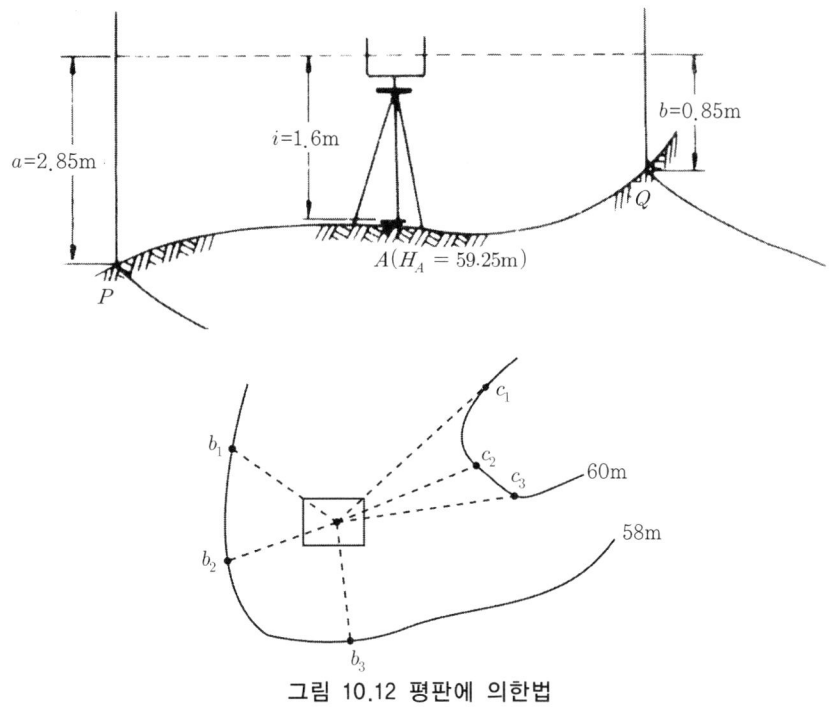

그림 10.12 평판에 의한법

인간과 지형공간정보학

60m 등고선의 경우는 폴 또는 표척의 하단에서부터 0.6m의 곳에서 시준판을 고정하고 58m 등고선의 경우와 마찬가지로 하여 b_1, b_2 …를 구하여, 60m 등고선을 얻는다.

지반고 H, 기계고 H, 폴지점고 H, 시준판높이 H일 때

$$H + H - H = H$$

(지반고 + 기계고 - 폴의 지점고 = 시준판높이)

(2) 간접관측방법

산간지의 임의의 점에 측점을 설치하지 않을 경우, 혹은 빠르게 작업을 하지 않고 전체적인 지형의 특징을 파악하는 것을 중요시한 경우의 관측법, 간접관측법에서는 지성선상의 주요점의 위치와 표고를 관측하고, 이들의 점을 가지고 계산이나 목측에 의하여 필요한 등고선을 도상에 기입한다. 이때에 각 점 사이의 경사는 같은 것으로 본다.

1) 망원경 엘리데이드에 의한 방법

그림에 표시한 것과 같이 먼저 평탄상에서 표척을 시준하여 방향선을 긋고 하선을 표척의 0.80m에 맞출 때 상선이 표척을 지나가는 값이 1.50m를 얻었고, 이때의 연직각 $\theta = 22°$를 읽었을 때의 계산은 시거측량에 의해서 수평거리 D와 고저차 h를 구할 수 있다.

2) 기지점의 표고를 이용한 방법(보간법)

그림에서 A, B를 표고 기지점, AB 간의 고저차를 H라고 할 때 평판거리를 D, 지성선상의 주요점을 1, 2로 하고, 점 A에서 각 점까지의 평판거리를 d_1, d_2로 하면 다음 식으로 계산할 수 있다.

$$H : D = h_1 : d_1$$
$$H : D = h_2 : d_2$$
$$d_1 = \frac{D}{H} h_1, \quad d_2 = \frac{D}{H} h_2$$

제10장 지형측량

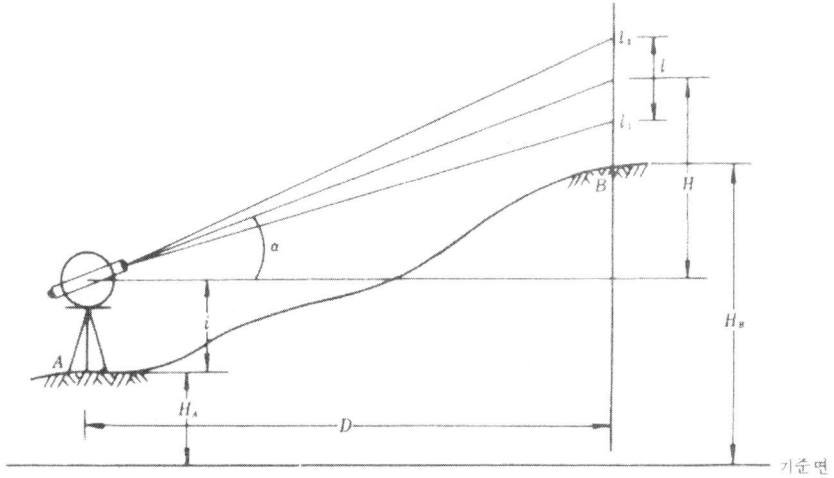

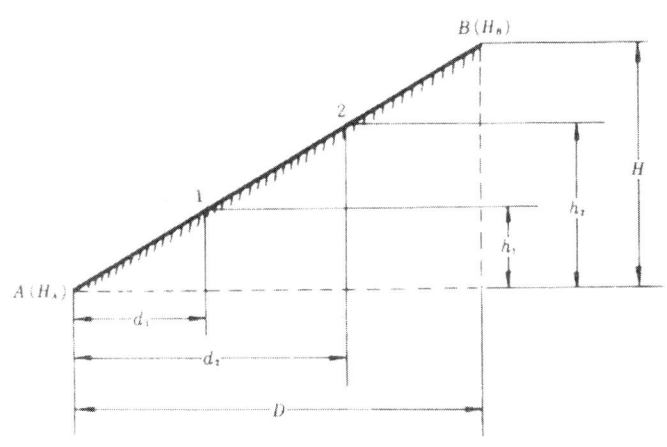

그림 10.13 앨리데이드에 의한법

3) 목측에 의한 방법

평판측량의 교회법이나 전진법에 의해 얻어진 지성선 상의 경사변환점의 위치와 표고를 기본으로 하여 지성선 상의 각 등고선의 통과점을 목측에 의해 구하고, 등고선의 성질을 고려하면서 현지의 지형을 보아 스케치로 등고선을 그린다.

4) 방안법

이 방법은 그림과 같이 측량구역을 정방형 또는 장방향으로 나누어 각 교점의 표

241

인간과 지형공간정보학

고를 관측하고 그 결과로부터 등고선을 구하는 것이다.

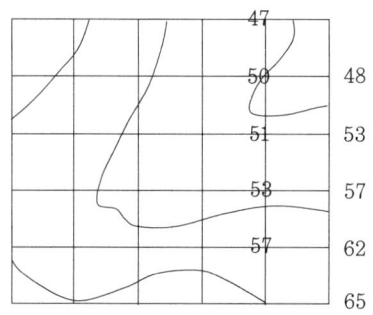

그림 10.14 방안법

5) 종단점법

그림과 같이 지성선의 방향이나 주요한 방향의 여러 개의 측선에 대해서 기준점 A에서부터 필요한 점까지의 거리와 높이를 관측하여 등고선을 그리는 방법이다.

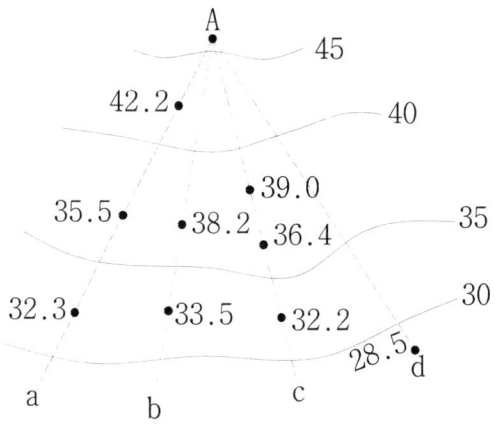

그림 10.15 종단 점고법

6) 횡단측량의 결과를 이용할 경우

노선측량이나 수준측량의 중심말뚝의 표고와 횡단선 상의 횡단측량 결과를 이용하여 등고선을 그리는 방법으로 노선측량의 평면도에 등고선을 삽입할 경우에 자주 이용한다.

제10장 지형측량

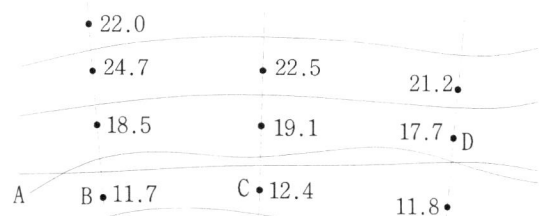

그림 10.16 횡단점법

10.9 등고선의 기입 방법

① 계산에 의한 기입방법(보간법)

$$d_1 = \frac{D}{H}h_1$$

$$d_2 = \frac{D}{H}h_2$$

② 작도에 의한 기입방법
③ 투사지에 의한 기입방법 : 평행 투사지법과 삼각 투사지법이 있다.
④ 목측에 의한 기입방법

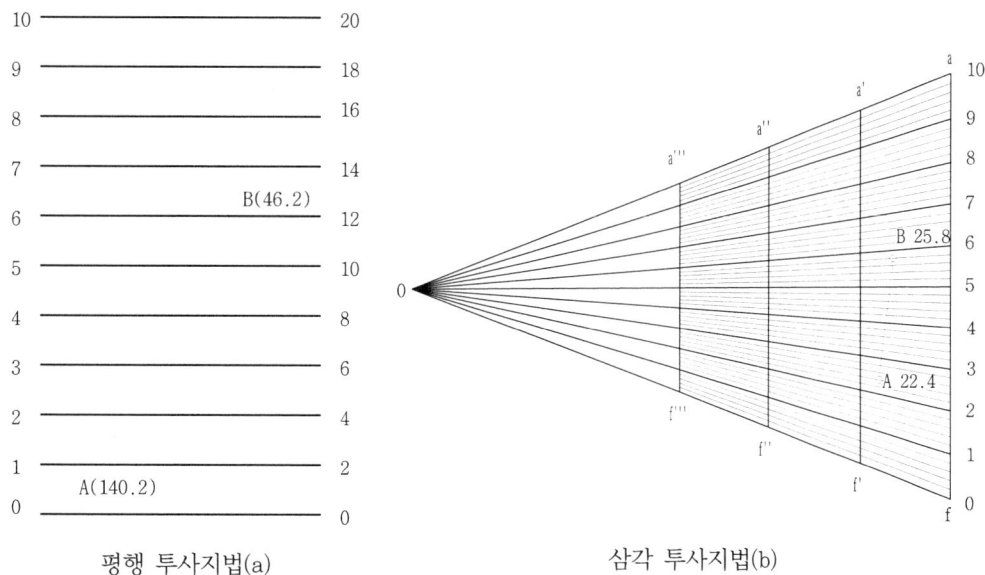

평행 투사지법(a)   삼각 투사지법(b)

그림 10.17 그림을 사용하는 방법

인간과 지형공간정보학

10.10 지형도의 이용

(1) 단면도의 제작

임의의 선의 종단 방향 및 횡단 방향의 단면도를 구하게 되나, 등고선의 정확도가 매우 낮아서 단면도는 신뢰하기 힘들다.

(2) 등경사선의 관측 : 경사도 작성

등고선 간격을 h, 필요한 등경사선의 경사를 $i\%$, 수평거리를 L

$$L = \frac{100h}{i} \text{(축척고려)}, \quad i = \frac{h}{d} \times 100(\%) = \frac{h}{md} \times 100$$

예제 01

축척 1/5,000 등고선 간격 5.0m 제한경사 5%일 때 등고선 간의 수평거리 L은?

●해설 $L = \dfrac{100 \times 5.0}{5} = 100\text{m}$

축척 1/5,000이므로 도상거리는 $10000 \times 1/5{,}000 = 2.00\text{m}$

$i = \dfrac{h}{md} \times 100 = \dfrac{90 - 40}{25000 \times 0.04} \times 100 = \dfrac{50}{1000} \times 100 = 5\%$

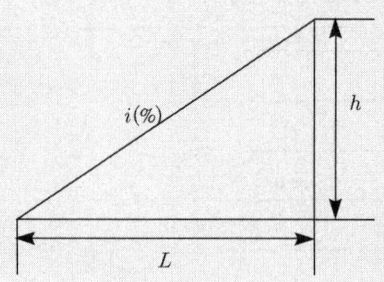

(3) 유역면적의 측정

⟨ AA' 능선
  BB' 능선   P : 최대경사선

PA, PB를 P의 등고선에 직각방향으로 결정
  → 구적기로 유역면적 결정

제10장 지형측량

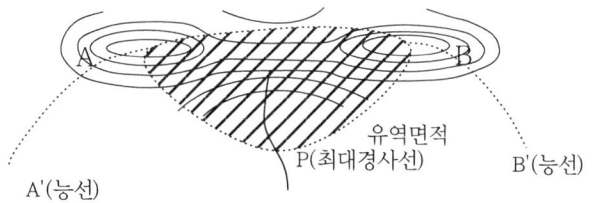

(4) 거리의 결정

도상거리 d, 지상거리 D, 평균표고 H, 도면축척 $1/m$

$$D = m \cdot d$$

$$D = c \cdot m \cdot d$$

$$D = c \cdot m \left(1 + \frac{H}{R}\right) d \, (\text{평균표고가 클 때})$$

보정계수 $c = \dfrac{\text{도각둘레의 이론적 길이}}{\text{도각둘레의 실측 길이}}$

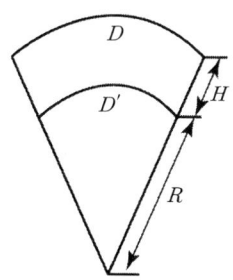

그림 10.18 등고선 삽입

(5) 저수량의 측정

계획면이 수평일 때(댐저수량, 정지작업)

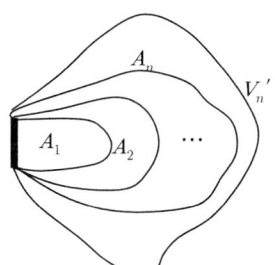 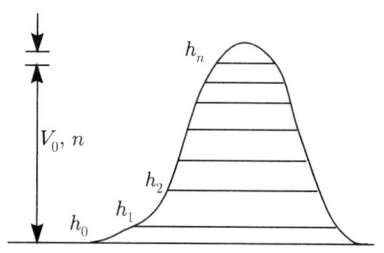

그림 10.19 등고선 계산에 의한법

인간과 지형공간정보학

h: 등고선 간격 $A_1, A_2, A_3 \cdots$: 등고선으로 둘러싼 면적

$$V = V_{0,n} + V_n{'}$$

1) 양단면 평균법

$$V_{0,n} = \frac{h}{2}\{A_0 + A_n + 2(A_1 + A_2 + \cdots + A_{n-1})\}$$

2) 등고선 법

$$V_{0,n} = \frac{h}{3}\{A_0 + A_n + 4\sum A_{홀수} + 2\sum A_{나머지\ 짝수}\}$$

3) 끝부분($V_n{'}$)

$$V_n{'} = \frac{h}{3}A_n$$

10.11 지형도의 작성에 필요한 사항

(1) 도식과 기호

도식과 기호는 다음과 같은 조건을 만족하는 것이 중요하다.
① 지물의 종류가 그 기호로서 명확히 판별될 수 있을 것
② 지도가 깨끗이 만들어지며 도식의 의미를 잘 알 수 있을 것
③ 간단하면서도 그것을 그리기가 용이할 것

(2) 색채

지도에 그려지고 있는 사항을 알기 쉽게 하기 위하여 사용

(3) 정돈

도면이 다 그려지면 이것을 정리하고 체재를 정돈하여 내용의 설명 및 그림을 넣을 때에 필요한 사항을 남김없이 기재한다. 일반적으로 기입하는 사항은 다음과 같다.
① 표제, 면적의 종류 및 번호

② 인접도와의 관계, 도곽선에 있는 도로 및 철도의 경유지와 도착지명
③ 축척, 방위, 등고선 표고, 주요도식, 측량 및 작도 연월일, 담당자명 등

예제 02

등고선 측정 방법 중 소축척으로 산지 등의 측량에 이용되는 방법은?

●해설
① 종단점법은 소축척의 산지 등 측량에 사용한다.
② 목측에 의한 방법으로 1 : 10,000 이하 소축척의 지형 측량에 이용된다.
③ 방안법은 지형이 복잡한 곳에 이용된다.
④ 노선측량 평면도에 등고선을 삽입할 경우 횡단점법을 주로 이용한다.

예제 03

1 : 50,000 지형측량에서 등고선의 위치 오차를 평면 0.5mm, 높이 ±2m 토지의 경사 45°에서 최소 등고선의 간격은?

●해설 등고선 간격 $H = dh + dl \tan x$ 의 두 배 이상 취하는 것이 정당하므로 최소 등고선 간격은 $H \geq 2(dh + dl \tan)$ 이다.
$dl = 0.0005 \times 50,000 = 25\text{m}$
$H = 2(dh + dl \tan \alpha)$
$\quad = 2(dh + dl \tan 45°) = 54\text{m}$

예제 04

1 : 50,000 지형측량에서 등고선을 그리기 위한 측점의 높이 오차가 2.0m였다. 그 지점의 경사각이 1°일 때 그 지점을 지나는 등고선의 오차는?

●해설
① $\tan \theta = \dfrac{h}{D}$

$D = \dfrac{h}{\tan \theta} = \dfrac{2.0}{\tan} = 114.58\text{m}$

② 이를 1 : 50,000 지형도에 표시하면
$d = \dfrac{114.50}{5,000} = 0.023\text{m} = 2.3\text{cm}$

인간과 지형공간정보학

> **예제 05**
>
> 등고선 측정방법에서 $\frac{1}{10,000}$ 이하의 소축척 지형측량에 많이 사용하는 방법은?
>
> ●해설 목측에 의한 방법은 $\frac{1}{10,000}$ 이하의 소축척 지형측량과 목측으로 현장에서 대충 점의 위치를 결정하여 그리는 방법이다.

제11장 사진측량(Photogrammetry)

11.1 의의

사진영상을 이용하여 대상물에 대한 위치, 형상 및 특성을 해석하여 길이, 방향, 면적, 체적 등을 해석하는 측량이다. 특성 해석에는 길이, 방향, 면적, 체적 등을 결정하는 정량적 해석과 환경 및 자원문제를 분석, 조사, 처리하는 데 이용되는 정성적 해석이다. 즉 사진을 이용하여 사진 상의 지형지물을 측정, 해석, 판독하여 그 결과를 지도제작 및 각종 조사계획에 활용하는 작업이라 하겠다.

(1) 사진측량의 발달사

사진측량은 프랑스인 다걀(Dafaoro)에 의해 사진술이 발명된 후 1839년 프랑스 사진사 고스파드(Gospard. F journchon)가 지면촬영을 기구에 의해 실행되었지만 지형과 사물의 식별에 활용하게 된 것은 세계 1차 대전 초기부터이다. 1901년 독일인 풀프리히(Pulfrich)가 실제 측정원리인 정밀 도화기를 제작하였고, 1923년 독일인 그루버(Gruber)에 의해 표정법의 고안과 라이스사의 도화기 제작 등이 기술혁명의 계기가 되었다.

그 이후 1957년 10월 미국에서 인공위성 스푸트니크(SPUTNIK) 1호가 지구궤도를 비행하였고, 1969년 7월 아폴로 11호가 달에 착륙하였다. 1972년 7월 ERTS(LANDSAT-1) 1호부터 1984년까지 5호까지 지구탐사위성(ERTS)이 발사되어 토지, 자원, 환경에 대한 해석이 활발히 되었다. 1984년 스카이랩(SKYLAB) 우주생활이 인체에 미치는 영향이 연구되었으며, 1987년부터 1990년 사이에 일본에서 MOS-1, 2호가 발사되었고, 1986년부터 1990년 사이에 프랑스에서는 STOP-1, 2호가 발사되었다.

우리나라는 1945년 미군이 진주하면서 사진측정이 소개되어 6.25 동란시 1/50,000 군용도를 수정하였다. 그후 1966년 네덜란드와 항공사진측량 협정 후 1/25,000, 1/50,000 국토 기본도가 제작되었다. 또한 최근에는 토목공학, 도시계획, 지적측량,

인간과 지형공간정보학

교통, 농업, 인간공학, 의학, 삼림, 지질자원, 환경관측이 개발되고 우주선에 의한 달 표면의 정찰, 화성, 금성 등의 위성의 표면관측 등에 크게 이용되고 있다.

(2) 사진측량의 특성

효용성이 날로 증대 광역화 추세에 있는 사진측량의 장·단점과 특성은 일반 지상측량과 비교하면 다음과 같다.

1) 장점

① 정량적 및 정성적 관측을 할 수 있다.
② 정도가 균일하여 정확성이 있다.
③ 동적인 대상물의 측량이 가능하다.
④ 축척 변경이 용이하다.
⑤ 4차원 측정이 가능하다.
⑥ 접근하기 어려운 대상물의 측정이 가능하다.
⑦ 분업화에 의한 작업능률과 경제성이 있다.
⑧ 축척 대상지역에 따라 다르지만 넓은 지역일수록 경제적이다.

2) 단점

① 기후의 영향을 받는다.
② 좁은 지역에서는 시설 비용이 많아서 비경제적이다.
③ 사진에 나타나지 않는 피사대상에 대한 식별의 난해가 있다.

(3) 활용범위

1) 다목적 이용

① 다양한 축척의 지형도 제작   ② 지질조사
③ 산림조사   ④ 토질분류조사
⑤ 광물탐사   ⑥ 지형연구 및 도시계획조사
⑦ 수력지점 및 간척사업지 조사 ⑧ 지적사업
⑨ 수심측량 적외선, 사진이용한 환경조사 ⑩ 교통량 조사 및 사회문제 연구

2) 역사자료 이용

① 홍수피해 상황조사
② 삼림성장 상황조사

③ 화재피해 상황조사
④ 자연으로 인한 토지유실 여부

3) 사진 지도로서의 이용

사진을 여러 장 접합한 것을 집성도라 하며, 이 사진 집성도를 정사 투영기, 사진기에 의하여 범위와 축척을 수정하여 등고선 지형지물의 사실도로 활용하여 분석용으로 사용 가능하다. 지물이 사실대로 찍혀 있어 국토조사용, 정보획득용으로 활용한다.

11.2 사진측량의 분류

(1) 기계기구에 의한 분류

감지기(Sensor)는 대상물에 대한 전자기파를 수집하는 장비로서 수동적 감지기와 능동적 감지기가 있다.

1) 수동적 감지기(Passive sensor)

수동적 감지기는 대상물에서 방사되는 전자기파를 수집하는 사진체계 방식이다. 이 감지기에는 단일렌즈 방식과 다중렌즈 방식으로 된 프라임 사진기가 있다. 또한 파노라마 사진기, 종합모형(strip) 사진기 등도 있다. 파노라마 사진기는 1회 비행으로 광범위한 지역을 기록할 수 있으며 종합모형 사진기는 항공기의 진행과 동시에 연속적으로 미소폭을 통하여 얻어진 영상을 필름에 종합적으로 기록하는 카메라이다.

① 다중 파장대 : 사진기(multispectral camera)는 필터와 필름을 이용하여 여러 개의 파장영역에 분광하여 여러 밴드의 흑백사진을 촬영하는 사진기로써 다중 사진기 방식, 다중렌즈 방식, 빔 스플렛 방식이 있다.

첫째, 다중 사진기 방식은 사진기의 수, 필터의 필름목적에 따라 선택할 수 있는 이점이 있다.

둘째, 다중렌즈방식은 단일 사진기에 여러 개의 렌즈와 필터를 조합시키고 1대의 큰 필름 상에 각각 다른 밴드와 흑백사진을 촬영하는 것이다.

② 비티콘 사진기에는 사진필름 대신 비티콘과 같은 축척형의 기상관을 사용한 감전방식 사진기이다.

③ 다중파장대 주사기는 지표로부터 방사되는 전자기파를 렌즈와 반사경으로 집광하

여 필터를 통해 분광한 다음 파장별로 구분하여 영상을 테이프에 기록하는 것이다.
④ T.M(Thematic Mapper)은 LANDSAT에 탑재된 고분해능 관측용 시스템으로 해상력은 band 1, 5, 7에서 30m이며, band 6에서 120m이고, 중량은 227kg, 크기는 1.1×0.7×2.0m이다.
⑤ 방사계는 시야 내에 있는 물체로부터 방사 또는 반사되는 것을 입력하여 정해진 파장역의 전자기파 강도를 관측하는 장치이다.

2) 능동적 감지기

극초단파는 능동적이고 전천후형으로 시간과 지점을 중시하는 정보수집에 이용되고 가시적 외역의 원격탐사를 할 수 있다.

3) 항공사진

① 항공사진 측량용 사진기는 다음과 같은 특징이 있다.
　㉠ 초점거리가 길다.(88~210mm, 45/311mm)
　㉡ 렌즈의 지름이 길다.
　㉢ 수차가 극히 적으며 왜곡수차가 있더라도 역의 왜곡수차를 가진 보정판을 이용함으로써 없앨 수 있다.
　㉣ 해상력과 선예도가 높다.(중심부 50본/mm, 주변부 30본/mm)
　㉤ 주변부라도 입사하는 광량의 감소가 거의 없다.
　㉥ 셔터의 속도는 1/100~1/1,000초이다.
　㉦ 사진기 총량이 크다.
② 촬영보조기기
　㉠ 수평종사진기를 광축에 직각방향으로 향하도록 부착시킨 사진기이다.
　㉡ 고도차계는 기압관측에 의한 촬영점 간의 고도차를 환산기록 한 것이다.
　㉢ A. P. R.(airborne profile recoder)는 항공기 바로 밑으로 전자를 보내고 대지 촬영고도를 연속적으로 기록하는 것이다.
　㉣ 라이로스코프 항공기의 동요를 막고 사진상의 연직방향을 촬영케 하는 것이다.
　㉤ 항공망원경은 집안 격자판에 비행방향, 횡중복도가 30%인 경우 유효폭 및 인접 코스연직점 위치 등이 새겨져 있어 예정코스에서 항공기가 이탈하지 않게 항로 유지해주는 것이다.

(2) 촬영방향에 의한 분류

1) 항공사진

① 수직사진 : 카메라의 경사가 3° 이내일 때 사진
② 경사사진 : 카메라의 경사가 3° 이상일 때 사진

2) 경사사진

① 고각도 경사사진 : 화면에 지평선이 찍혀 있는 사진
② 저각도 경사사진 : 지평선이 찍혀 있지 않는 사진

3) 수평사진

광축이 수평선에 거의 일치하도록 지상에서 촬영한 사진

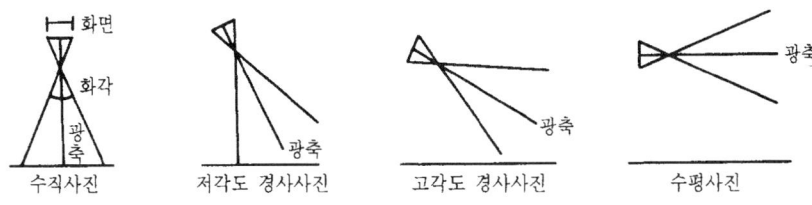

그림 11.1 촬영방향에 의한 분류

(3) 필름에 의한 분류

1) 팬크로 사진

현재 가장 많이 사용되고 있으며, 일반적으로 구입할 수 있는 사진이다.

2) 적외선 사진

지도작성, 지질, 토양, 수자원 및 산림조사 판독작업에 이용한다.

3) 팬인플러 사진

팬크로 사진과 적외선 사진 중간에 속하며, 적외선 필름과 황색필터를 사용한다.

4) 위색사진

식물의 잎은 적색 그 외는 청색으로 찍히며, 생물 및 식물의 연구나 조사 등에 이용한다.

인간과 지형공간정보학

(4) 카메라 화각에 의한 분류

표 11-1 항공카메라의 분류

분류상의 명칭	화각	사용목적
초광각	120° 전후	소축척도 화용
광각	90° 전후	일반도화, 판독용
보통각(표준각)	60° 전후	삼림조사용
협각	60° 미만	특수한 대축척도화용, 판독용

(5) 촬영 축척에 의한 분류

1) 대축척도화
촬영고도 800m 이내에서 얻어진 사진을 도화한 것으로 저공촬영한 사진이다.

2) 중축척도화
촬영고도 800~3,000m 이내에서 얻어진 사진을 도화한 것으로 공중 촬영한 사진이다.

3) 소축척도화
촬영고도 3,000m 이상에서 얻어진 사진을 도화한 것으로 고공촬영한 것이다.

11.3 사진의 특성

(1) 투영(Projuction)

항공사진은 지면이나 수면위에서 물체의 영상을 나타나게 하는 현상을 투영이라 하고 그 종류는 다음과 같다.

1) 중심투영(Central projection)

사진측량은 중심투영으로 피사체인지형을 렌즈의 관측을 중심으로 하여 평면으로 촬영한 화상으로서 중심투영은 항공사진을 사용함에 있어서 가장 중요한 요소이다. □ABCD가 투영하면 a상에 투영시 광선 AA' BB' CC' DD'가 한 점 O를 통과하는 투영으로 이러한 투영이 중심투영이다.

2) 정사투영(orthogonal projection)

항공사진은 중심투영이지만 지도는 정사투영으로서 투영체가 투영면상에 직교되는 투영을 말한다. 즉 □ABCD가 a상에 투영 시 필름면에 투영된 것으로 AA′ BB′ CC′ DD′가 a상에 직교되는 현상이다.

3) 평행투영(parallel projection)

하나의 직선으로 표시되는 점이 △ABC가 a상에 투영시광선 AA′ BB′ CC′가 서로 평행하는 선이다. 이러한 투영을 평행투영이라 한다.

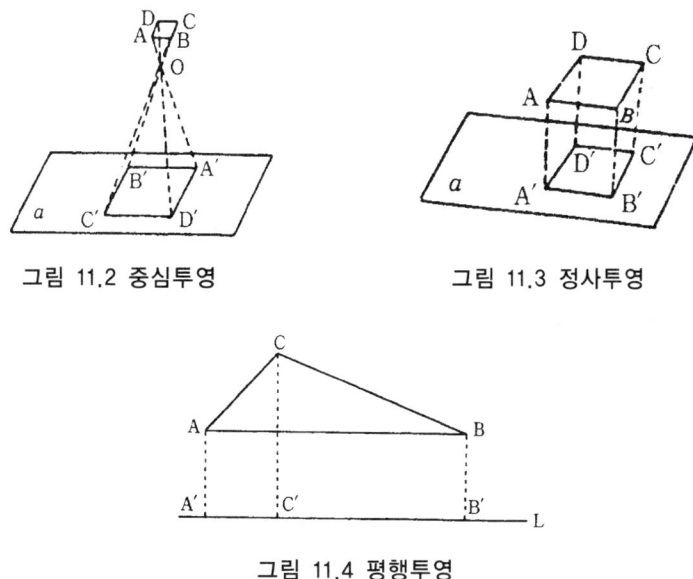

그림 11.2 중심투영   그림 11.3 정사투영

그림 11.4 평행투영

(2) 항공사진의 특수 3점

사진의 성질을 설명하는 주점, 연직점, 등각점을 특수 3점이라 한다.

1) 주점

사진의 중심점으로서 렌즈의 중심으로부터 내린 수선과 만나는 점이며 카메라 광축과 교점이 된다.

2) 연직점

카메라 렌즈의 중심을 통한 지표면과의 교점을 지상 연직점, 그 연장선과 화면과의 교점을 화면 연직점이라 한다.

3) 등각점

카메라 렌즈의 중심을 통한 연직선과 카메라의 광축이 이루는 각을 이등분한 선과 화면과의 교점을 화면 등각점, 그 연장선과 지표면과의 교점을 지상 등각점이라 한다.

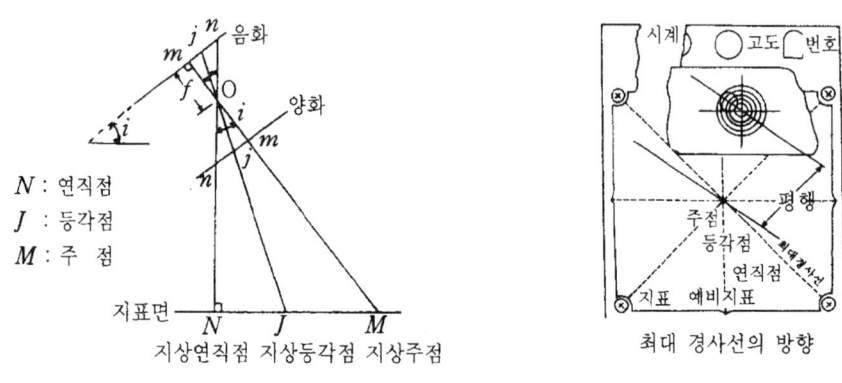

그림 11.5 항공사진의 특수 3점

(3) 사진측량의 표정(Orientation)

표정은 가상값으로부터 소요되는 최확값을 구하는 단계적 해석을 말한다. 사진기와 촬영시 엄밀 수직사진을 얻기 어려우므로 촬영점 위치나 사진기의 경사 및 사진축척 등을 구하여 촬영시 사진기와 대상물의 관계를 재현시키는 것을 사진 표정이라 한다. 표정은 내부표정, 상호표정, 대지표정, 접합표정이 있다.

1) 내부표정(Inter Orientation)

사진주점의 투영중심에 일치시키는 것으로 도화기 카메라 상에 올려놓은 작업과정을 말한다.

① 필름사의 신축측정, 지구의 곡률, 대기의 굴절, 렌즈 왜곡수차의 보정하여 화면처리를 정확히 맞춘다.
② 사진의 중심 표정으로 정확히 중심투영되게 한다.

2) 상호표정(Relative Orientation)

비행기의 촬영 시 비행기 기선장을 도화기에 일치시키는 것이다.

① 촬영 당시의 기울기를 도화기 상에 항공기에서 지면을 내려다 본 모습을 재현시켜 주는 과정이다.

② 촬영면상에 이루어지는 종시차(ϕ 시차)를 소거하여 목표 지형물의 상대적 위치를 맞추는 작업이다.
③ 인자(element) : k, ϕ, ω, b_y, b_z 등 5개의 인자로 구성되어 있다.
  ㉠ k_1 및 k_2의 작용

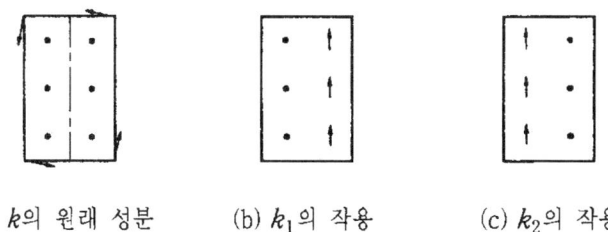

(a) k의 원래 성분   (b) k_1의 작용   (c) k_2의 작용

  ㉡ ϕ_1 및 ϕ_2의 작용

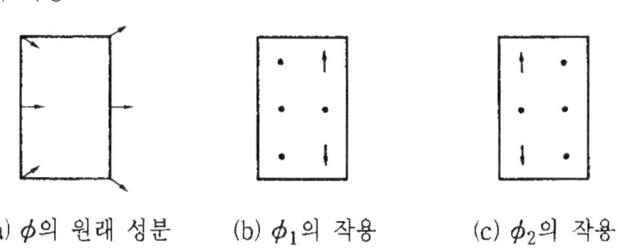

(a) ϕ의 원래 성분   (b) ϕ_1의 작용   (c) ϕ_2의 작용

  ㉢ ω의 작용

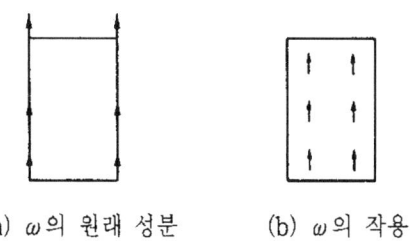

(a) ω의 원래 성분   (b) ω의 작용

  ㉣ b_y의 작용

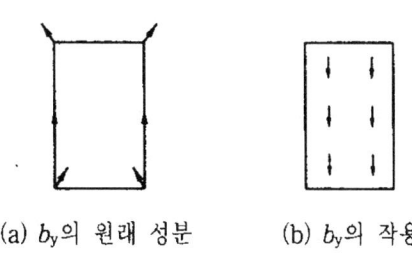

(a) b_y의 원래 성분   (b) b_y의 작용

㉺ b_z의 작용

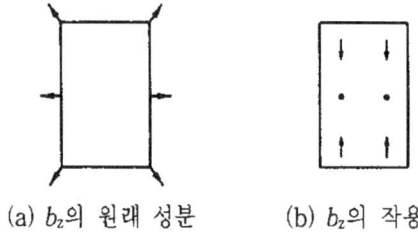

(a) b_z의 원래 성분   (b) b_z의 작용

3) 절대표정(대지표정 : Absolute Orientation)

모델의 축척을 정확히 맞추고 수준 방향, 횡경사, 종경사를 바로 잡는 과정을 말한다.

① 축척의 결정 기선이동(π)　　② 도화기 회전으로 방위를 결정(ϕ)
③ 다이얼로 횡경사 맞춤(ϕ)　　④ 다이얼로 종경사를 맞춤(Ω)
⑤ X축의 원점과 편심(b_x)　　⑥ Y축의 원점과 편심(b_y)
⑦ 표축원심 편심방사거리 조정 도면 상하 이동(b_z)

4) 접합표정

절대표정과 X축 원점, Y축 원점, Z축 원점, 편심과 도화기를 이용하여 조정 혹은 도면상 상하좌우 이동한다.
① 한쪽의 인자는 움직이지 않고 다른쪽만을 움직여 접합시키는 표정법
② 7개의 표정인자 결정
③ 모델간, 스트립간의 접합요소, 결정(축척, 미소변위, 위치 및 방위)

5) 불완전모델의 결정

산악지역과 불완전 모델에는 ω, ϕ의 인자가 상호관계가 있다.

(4) 지도와 사진의 관계

1) 사진은 지면의 중심투영이며, 지면이 평탄하고 수평이며, 사진면과 중력방향은 직교되고, 지도와 사진과의 서로 다른 점은 사진은 지상 세부사항을 자세히 알 수 있다는 것이다. 지표면에 기복이 있을 경우 연직으로 촬영하여도 축척은 동일하지 않으며, 사진면에서 연직점을 중심으로 방사상의 변위가 발생하는 현상을 기복변위라 한다. 비고에 의한 변위량 $\triangle r$은 사진중심에서의 거리 r에 비례하므로 변위량의 최댓값 $\triangle r_{max}$는 r이 최대가 되어야 한다. r은 사진중심에서부터 변위발생 지점까

지의 거리로 최대가 되려면 사진상에서 4모서리점이 된다.

$$r_{\max} = a/2 \times \sqrt{2}$$

2) 편위수정(偏位修正)

항공사진은 정확한 연직사진이 아니므로 사진 상에 변위가 발생하고, 축적도 일정하지 않게 되어 촬영한 그대로 항공사진의 경사를 바로 하고, 촬영고도의 변동에 의한 사진축척의 변화를 수정하여 편차가 없는 일정한 축척의 연직사진을 만드는 작업을 편위 수정이라 한다. 편위수정을 하기 위해서는 그 사진 내에 적어도 4점 이상의 사진지표점이 있어야 하고, 그 가운데 4점은 사진 네 모서리에 가까이 있어야 한다.

또한 편위수정을 하기 위해서 사용되는 기준점의 표고가 편위수정의 기준면(보통은 가장 넓은 면적을 차지하는 평면의 면에 취한다)의 표고와 다른 경우에 기준점의 전개 위치는 그 비고 때문에 일어나는 편위만이라도 보정하여 두어야 한다. 편위수정은 해석적 방법과 경험적 방법이 있다. 해석적 방법은 6가지 인자를 맞추는 번거로움이 있다. 주로 경험적 방법을 채택하고 기준 모형판을 사용한다. 3가지 미지수 ϕ, ω, Z를 해결하는 문제점이다.

$$\triangle r = \frac{\triangle h}{H} \cdot r$$

여기서, $\triangle r$: 보정한 편위량
$\triangle h$: 비고
r : 전개지 상의 주 점위치로부터 그 전개한 기준점까지의 위치
H : 촬영고도

11.4 사진측량의 순서

항공사진 측량은 사용기계와 방법 혹은 사용사진 등에 따라 순서도 다르다. 현재 가장 많이 사용하고 있는 항공사진 측량 순서는 다음과 같다.

(1) 순서

1) 계획과 준비

목적에 따라 지도의 축척, 등고선 간격, 작업 방법 등을 정하는 것보다 계획이 앞서야 한다. 등고선 간격을 좁게 하려면 작업시간, 경비 등에 크게 영향을 주므로

필요 이상의 간격을 좁힐 필요는 없으므로 계획 준비는 신중하여야 한다.

2) 촬영과 대공표식

지상 기준점 측량과 같은 방법으로 사진을 표정하는데 필요한 기준점(표정점)을 설치한 후 항공 삼각측량이나 도화에 필요한 기준점이 사진 상에서 잘 보이도록 표지를 설치하고 필요한 축척으로 사진을 촬영한다. 이때 인접사진과는 60%, 인접코스와는 30% 중복시켜 촬영하여야 한다.

3) 기준점 측량 및 현지조사

사진측량 전에 현지에서 사진표정에 필요한 기준점을 삼각측량, 수준측량, 다각측량으로 실사하며, 이 작업을 기준점 측량(표정점 측량)이라 한다. 또 지면과 도로, 토지 이용의 종류 등도 현지에서 여러 자료를 해야 하며 지도에 표시한다.

4) 공중삼각측량

사진측량은 2매 1조의 모델 중에 3점 이상의 표정점의 위치와 높이를 알고 있어야 한다. 1급 도화기에 의하여 평면 기준점 4점(△), 표고 기준점 6점(●)이 소요되며 여기에서 축척이 보정되고 경사, 고저가 조정된다.

5) 도화

항공사진(양파필름)을 도화기에서 입체시하여 지형지물을 원도상에 표기한다. 기준점 전개 → 사진표정 → 지형지물 세부도화(수부, 인공, 지류, 등고) → 도화원도 획득

6) 편집

기계도화를 끝마친 도면은 아직 도식, 기호, 크기 및 형태 등이 기입되어 있지 않은 내용을 약속된 기호로 정리하여 주기, 지명 등의 기입을 편집이라 한다.

7) 답사

도화시 사진상 식별곤란한 내용에 대해 사진을 들고 가서 현지에서 확인 후 수록한다.

8) 원고 작성

완료된 도면을 정리한다.

(2) 촬영설계시 세부포함 사항

1) 사진축척

기준면으로부터 비행기의 고도와 촬영카메라 렌즈의 초점거리에 의해 사진축척이 결정된다. 따라서 사진축척은 지형의 표고에 따라 달라지고 사진측량에서는 표고를 촬영기준면이라 한다.

$$M = \frac{1}{M} = \frac{f}{L} = \frac{f}{H}$$

여기서, M : 사진축척분모수
l : 사진상길이
L : 실제거리

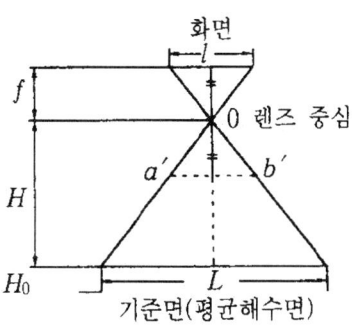

그림 11.6 사진축척

2) 촬영기선장

동일 촬영코스 중에 하나의 촬영점으로부터 다음 촬영점까지의 거리를 촬영기선장이라 한다.

3) 도화기 정도 및 촬영고도

사진정도는 도화기의 표고측정에 대한 정도가 C-계수로 규정되어지는 것인데, 이 C-계수가 높으면 그 기계는 표고측정 정도가 높다고 보고 촬영고도(H)는 지역 내의 저지면을 기준으로 하고, 비고가 클 때는 평균포고를 사용하며, 1급 도화기는 1600~2000, 2급은 800~1200, 3급은 600~800이다.

여기서, H : 촬영고도
C : C계수
$\triangle h$: 최소 등고선 간격

4) 유효면적의 계산

사진 한 변의 길이가 a(사진이 정사각형시) 또는 a, b(사진이 직사각형 시)

① 단코스의 경우(1장에 찍힌 사진 면적 A)
$$A = (a, m)(a, m) = a^2 m^2$$

② 단촬영경로(사진이 종방향으로 접합된 모형)인 경우 유효입체 모형면적
$$A_o = am \cdot am\left(1 - \frac{p}{100}\right) = a^2 m^2 \left(1 - \frac{p}{100}\right) = \alpha\left(1 - \frac{p}{100}\right)$$

③ 복촬영경로(사진이 종방향으로 접합된 모형)인 경우 유효입체 모형면적
$$A_o = A\left(1 - \frac{p}{100}\right)\left(1 - \frac{q}{100}\right)$$

여기서, $p = 60\%$, $q = 30\%$ 주로 사용

$$A_o = A\left(1 - \frac{60}{100}\right)\left(1 - \frac{30}{100}\right) = 0.28A ≒ 0.3A$$

④ 사진매수
$$N = \frac{F}{A} \times (1 + 안전율)$$

여기서, N : 사진매수
A : 면적
F : 촬영대상지역

5) 촬영

항공사진 촬영은 일반적으로 운항속도 180~200km/h 정도의 소형 항공기로서 촬영용 카메라가 장착된 항공기가 이용된다. 높은 고도에서 촬영한 경우는 고속기를 이용하는 것이 좋으며 낮은 고도에서 촬영시는 노출중의 편류에 의한 영향에 주의할 필요가 있다. 촬영은 지도가 요구하는 정도나 작업방법, 사용기계의 종류에 따라 사진촬영의 규격도 달라지고 카메라, 비행기의 성능, 계절적, 기상적 조건의 영향을 많이 받으며, 촬영시 고려할 사항은 다음과 같다.

① 지정된 코스에서 코스 간격의 10% 이상 차이가 없도록 한다.
② 지정고도에서 5% 이상 낮게 혹은 10% 이상 높게 진동하지 않도록 직선상에서 일정고도를 유지하면서 촬영하여야 한다.
③ 편규각 5° 이내, 앞·위 사진 간이 회전각 5° 이내, 카메라의 경사 3° 이내여야

한다.
④ 중복된 한 쌍의 사진에 의해 입체시 되는 부분으로 입체모델이 될 수 있어야 한다.
⑤ 촬영코스는 동서방향으로 하고 남북으로 긴 경우는 남북방향으로 촬영코스를 계획하여 일반적으로 코스의 연장은 30km를 이내로 하는 것이 좋다.
⑥ 촬영시각은 구름이 없는 쾌청일의 오전 10시~오후 2시, 태양각 30° 이상이 최적이며 우리나라 연평균 쾌청일은 80일이다. 또한 촬영 노출시간과 조리개의 결정은 사용하는 필름의 감광도 필터의 성질, 촬영 목적물에서의 반사광의 스펙트럼 분포등을 고려하여야 한다.

$$최장노출시간 \quad Tl = \frac{\triangle s \cdot m}{v}$$

$$최소노출시간 \quad Ts = \frac{B}{v}$$

여기서, Tl : 최장노출시간
B : 촬영종기선장
V : 항공기초속
$\triangle s$: 허용흔들림 양
T_s : 최소노출시간

촬영카메라의 경사를 표시하는 수준기는 카메라 경사도를 나타내고 지표는 사진의 각변 혹은 모서리에 표시된 것으로 연결하여 만나는 점이 사진의 주점이 된다.

6) 대공표지(對空標識)

항공사진에 표정용 기준점의 위치를 정확하게 표시하기 위하여 촬영 전에 지상표지점으로서 주고 백색천, 석회 등으로 하고 최근에는 사진측량술의 발전으로 대공표시를 잘 하지 않는다. 대공표지를 설치하여 지상측량에 의하여 그 위치와 높이를 정확하게 결정해 놓아야 한다.

$$d = \frac{1}{T \cdot M} \fallingdotseq \frac{m}{T}(\text{cm})$$

여기서, d : 사진상에서 최소크기
V : 촬영축척에 대한 상수
M : 사진축척
m : 축척 역수

인간과 지형공간정보학

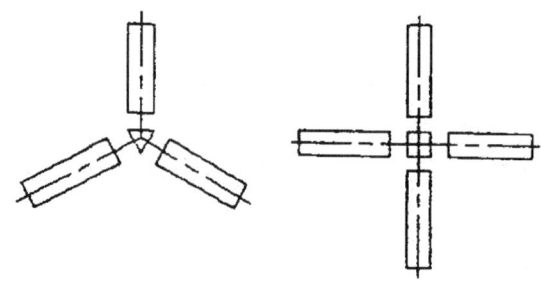

그림 11.7 대공표시 모양

대공표지를 할 경우 사진상에서 정확하게 위치를 결정하고자 하는 점으로서 항공삼각 측정을 위하여 필요로 하는 지상 기준점이 되어야 한다.

7) 사진 제작처리

촬영된 필름은 현상하여 밀착양화를 만들어 촬영의 상태를 검사하고 이용 목적에 따라 분류한다. 검사내용은 중복부에 공백이 없고 구름이나 그림자, 수증기, 스모그 현상이 없어야 하고 지정된 촬영경로와 종중복 60%, 횡중복 30% 만족과 경사 3° 이내, 편류한 5° 이내 여부를 판단 후 이에 부합되지 않으면 재촬영한다.

8) 기준점 측량

제작된 사진에 의해서 현지에서 필요한 기준점을 지상측량으로 실시하는 것으로 축척을 보정하는 평면 기준점 4점, 경사·고저를 보정하는 표고 기준점 6점으로 해서 모델당 10개점씩 측량한다.

9) 항공사진 측량(航空寫眞測量)

입체도화기 및 정밀좌표측정기(Comparptor)에 의하여 사진상의 좌표를 측정한 다음 지상 기준점의 성과를 이용하여 측정된 점들의 좌표를 전자계산기, 블록조정기 및 도해적 방법에 의하여 절대좌표로 환산하는 기법으로 항공삼각측정(Aerial trangulation)은 정밀도화기 및 정밀좌표측정기에 의하여 관측된 많은 항공사진 좌표군을 소수의 대응지상기준점성과를 이용하여 사진좌표를 대지좌표(혹은 측지좌표)로 조정 전환하는 작업이다.

10) 표정점 측량

표정점(Orientation point)의 선점은 촬영된 지도상에 표시하는 점으로서 다음과 같다.

① 표정점은 X, Y, Z가 동시에 정확하게 결정될 수 있는 점이어야 한다.
② 사진상에서 명료한 점을 택하여 상공에서 잘 보이는 점이어야 한다.
③ 시간적으로 변화하는 것들은 없어야 하고, 가상상, 가상점을 해서는 안 된다.
④ 경사가 급한 지표면이나 경사변환선상을 택해서는 안 되며, 헐레이션(halation)이 발생되기 쉬운 점은 안 된다.
⑤ 원판상의 가장자리에서 1cm 이상 떨어져 나타나는 점을 택하는 것이 좋으며 지표면에서 기준이 되는 높이의 점이어야 한다.
⑥ 사진사에 표고 표정점의 주위에 적어도 10cm 정도는 평판하고 급격한 색조의 변화가 없어야 한다. 표정점 측량의 필요 정도로는 다음과 같다.

 ㉠ 위치 표정점의 필요 정도

$$mp = \frac{0.5}{\sqrt{M_o}} cm = 0.5\sqrt{m_o cm}$$

 ㉡ 표고 표정점의 필요 정도

$$mp = 0.1 \cdot \triangle h(m) = 10\triangle h(cm)$$

여기서, mp : 위치 표정점의 필요정도
mh : 표고 표정점 필요정도
M_o : 축척
m_o : 축척 분모수
$\triangle h$: 최소등고선 간격

11) 보조 기준점

좌표 해석이나 항공사진 측량과정에서 접합표정에 의한 종접합, 횡접합을 하기위해 사용되는 점으로서, 입체모델 사이의 중복부에 선택되어지며 세 사진상에 나타난다. 항공사진 결과에 얻어진 좌표값은 좌표를 필요로 하는 과정 도화작업 시 수치화작업 절대 표정에 이용된다.

12) 도화작업

도화기의 모델에 따라 차이가 있으나 일반적인 작업 방법은 다음과 같다.

인간과 지형공간정보학

① 도화지역의 투명필름, 밀착사진, 현지조사사진 기준점, 성과표 등의 필요한 자료를 준비한다.
② 기계축척과 도화축척을 결정한다.
③ 투명양화상에 위치를 확인하고 기준점을 전개한다.
④ 주점거리를 정확히 맞춘다.
⑤ 투명필름을 고정시킨다.
⑥ 상호표정과 기준점 위치와 표고에 의하여 절대표정하고 고정시킨다.
⑦ 명확히 확인된 점을 평편한 장소에 몇 개 선택하여 위치를 표시하고 기입해둔다.
⑧ 도로, 철도를 먼저 도화 후 하천, 수호, 지물, 지류계 및 급경사 등고선을 그린다. 등고선은 주곡선, 계곡선, 간곡선, 조곡선 순으로 그린다.
⑨ 독립 표정점을 일정간격으로 관측한다.

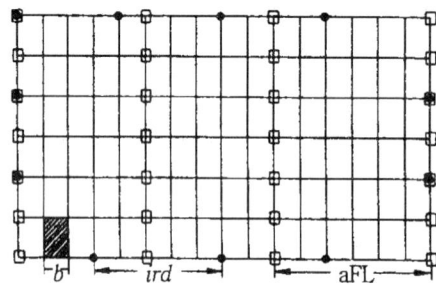

- 수평위치 기준점(평면)
- 수준기준점(표고)
- aFL : 수직위치기준점

그림 11.8 종접합

11.5 사진지도

보통 지형도 대신에 사진 여러 장을 접합하여 사용하도록 한 것으로 모자이크 사진도 넓은 뜻으로는 사진지도라 한다. 보통 지형도와 같게 평면위치도 바르게 필요한 주기(注記)도 하고 이것을 복사한다든지 인쇄한 것을 가리키며, 지형도에 표현할 수 없는 실제 정보를 얻을 수 있다.

(1) 사진지도의 장단점

1) 장점

① 넓은 지역을 한 눈에 알 수 있다.
② 조사하는 데 편리하다.
③ 지표면에 있는 단속적인 징후도 경사로 되어 연속으로 보인다.

④ 지형, 지질이 다른 것을 사진 상에서 추적할 수 있다.

2) 단점
① 산지와 평지에서는 지형이 일치하지 않는다.
② 운반하는 데 불편하다.
③ 사진의 색조가 다르므로 오판할 경우가 많다.
④ 산의 사면이 실제보다 깊게 찍혀 있다.

(2) 사진지도의 제작방법
사진지도의 제작방법은 서로 인접한 2장의 중복한 부분을 이용하는 것으로 다음과 같은 방법이 있다.

1) 지물(地物)에 의한 법
2장의 사진면에 있는 같은 지물이 거듭되게 사진을 붙여 맞춰가는 것인데 지물의 접속에 비교적 잘 이뤄진다. 그러나 토지의 기복이나 사진기의 경사에 의한 왜곡 때문에 완전하게 접속되지는 않는다. 좁은 구역을 연결하는 데 사용한다.

2) 주점기선(住點基線)에 의한 법
2장의 사진면 위에 주점과 주점을 맺는 선을 겹쳐서 점차로 합쳐가는 방법으로 지물에 대해서는 생각지 않기 때문에 각 지물에 접촉은 반드시 합치지는 않는다.

3) 중간법(中間法)
2장의 사진중간에 있는 지물을 목표로 하여 그 방향에 겹쳐 붙혀 맞춰가는 방법인데 가급적 사진의 중앙부를 가로지르는 도로나 하천 등의 선상지물을 합침과 동시에 주점기선도 합치시키는 것인데 그 모두가 완전히 합치되지는 않는다.

(3) 사진지도의 분류

1) 약집성 사진지도(Uncontrolled Mosaic map)
카메라의 경사에 의한 변위, 지표면의 비고에 의한 변위를 수정하지 않고 사진을 그대로 붙이고 접합한 사진지도를 말한다.

2) 조정집성 사진지도(Controlled Mosaic map)
카메라의 경사에 의한 변위를 수정하고 축척도 조정한 지도를 말한다.

3) 정사투영 사진지도(Orthophoto map)

카메라의 경사, 지표면의 비고를 수정하고 등고선을 삽입한 지도를 말한다.

4) 반조정 집성 사진지도(Semi controlled Mosaic map)

일부 수정만을 위한 지도를 말한다.

11.6 사진화상의 판독

사진판독은 사진면으로부터 얻어진 여러 가지 피사체의 정보를 목적에 따라 해석하는 기술이다.

(1) 항공사진 판독

1) 요소

① **크기와 형태** : 육안판독의 최소한계 0.2mm로서 입체적, 평면적 길이를 뜻한다.
② **색조** : 빛의 반사에 의한 것으로 주로 인간의 육안으로 10~15단계를 알 수 있다.
③ **모양** : 사진사의 배열상태에 의한 개체로서 지질, 지리, 토양, 삼림 및 자원 등의 조사분야를 말한다.
④ **질감** : 색조, 형태, 크기, 음영 등을 조밀, 거칠음 등으로 표현한다.
⑤ **음영** : 입체적인 감각에 의한 것으로 색조가 갖는 이외의 대상물의 윤곽을 주는 것이다.
⑥ **파고감** : 렌저의 초점거리와 중복도에 의한 것으로 평탄한 지형판독에 도움이 되고 경사면에 보다 급한 현상으로 보인다.
⑦ **상호위치 관계** : 주위 물체와의 관계가 어떻게 사진 상에 성립되어 나타나는가의 파악이다.

2) 순서

항공사진 판독순서는 일반적으로 다음과 같다.

① **촬영조건** : 촬영시일, 기상조건, 고도, 촬영기의 성능, 필름의 종류, 노출시간, 비행기의 성능렌즈 선정 등을 한다.
② **촬영범위** : 지상의 각종 물체는 지역에 따라 지방색이 있으니 주의해서 판독해야 한다.

③ 형상(Shape) : 지물의 평면형상으로 인공지물을 각기 독특한 형상에 의해 개체난 대상물의 윤곽, 구성, 배치 및 일반적인 내용을 판독한다.
④ 색조(Tone) : 빛의 반사에 의한 것으로 논, 밭의 구별, 침엽수, 활엽수의 구별 등 색조는 주로 식물류의 판독에 쓰이고 대상물이 가지는 빛이 반사에 의해 판별하며 인간의 육안으로 보통 10~15단계 구별이 가능하다.
⑤ 음영 : 물체가 받는 빛의 양과 물체가 광선을 가림으로써 생기는 현상으로 음영이 자기앞에 오도록 관할한다.
⑥ 계절, 천후 : 춘계사진 및 추계사진이 사진측량용으로 적합하며 하절기는 수목상태, 동계는 천후 파악용으로 용이하다.
⑦ 촬영시간 : 기존 촬영시간에 따라서 음영색깔의 변화가 있다.
⑧ 색조, 모양, 질감, 크기, 형상 음영 이외에 파고감과 상호위치 관계가 판독요소에 사용되는 경우는 주위의 사진과 성립되기 때문이다.

(2) 사진판독의 일반적 성질

① 항공사진 판독에는 팬크로(Panchro) 사진이 가장 많이 이용되나 천연색이나 적외선 사진도 좋은 효과를 나타낸다.
② 팬크로 필름에서 하천부분은 전체가 백색으로 나타나거나 회색으로 나타난다.
③ 학교, 병원, 공장 등 건물은 그 형상으로부터 쉽게 판독한다.
④ 침엽수나 활엽수의 판독은 색조, 윤곽 등이 불명확하여 판독이 어렵다.
⑤ 항만시설이나 호안시설 들은 형태나 명암이 비슷하여 판독이 용이하지 않다.

(3) 항공사진을 이용한 지형도

1) 집성법

사진의 기울기와 토지의 기복, 비행고도의 변동 등에 의한 사진의 편이가 있어도 이것을 무시하게 차례로 사진을 붙여서 한 장의 사진도를 만드는 작업을 말한다. 경우에 따라서는 사진도 위에 지명, 등고선 등을 넣은 사진도를 만드는 경우도 있다. 이 방법은 가장 간단한 방법으로 정밀고도가 낮으나 급히 지도를 만들 경우에는 편리하다. 집성법으로 사진을 붙이는 방법에는 지물 집성법, 주점 기선 집성 및 지물의 방향에 의한 집성법이 있다.

2) 기계법

이 방법은 실체사진 측량법이라고도 하며 실체사진 측량기를 사용하여 지형도를

그리는 방법인데 사진측량 중 가장 정확하고 작업도 신속하여 최근의 사진측량은 이 실체 사진측량이 주가 되어 있다.

3) 사선법(기선법, 도회법)

연속하여 촬영한 사진의 중복부를 이용하여 각 사진의 주점에서 그은 사선의 교차에 의하여 필요한 지형의 정사치를 구하는 방법으로는 평판측량에서 행하는 교차법과 같으나 단지 측각을 사진 위에서 한다는 점이 다를 뿐이다.

11.7 입체사진 측정

입체시라고도 하며 2매 중복된 사진을 사용하여 항공기에 탑승 때처럼 지면을 입체적으로 보이게 하는 방법이다. 즉 사람이 사물을 관찰할 때는 한 눈 관찰을 단안시(Monocular vision)와 두 눈으로 관찰하는 쌍안시(Bunocular vision)로 나누며 입체시는 쌍안경에 의한 정입체시가 있다. 일반적으로 입체시는 정입체시를 의미한다.

(1) 정입체시

1) 방법
① 정입체시 : 중복부가 있는 한 쌍의 사진을 입체시할 때 높게 보이고 낮은 것은 작게 보이는 현상으로 한 쌍의 사진에서 좌우 사진을 바꾸어 입체시 하는 경우를 말한다.
② 역입체시 : 높은 것이 낮게, 낮은 것이 높게 입체시되는 현상으로 두 가지 원인이 있다. 정상적인 여색 입체시 과정에서 색안경의 적과 청을 바꾸어 볼 경우를 말한다.

2) 조건
① 2장의 사진을 촬영한 카메라의 광축은 거의 동일평면 내에 있어야 한다.
② 기선 고도비(B/H)가 적당한 값(약 0.25 정도)이어야 한다.
③ 2매의 사진축척은 거의 같아야 한다.

3) 변화
① 촬영 기선이 긴 경우가 짧은 경우보다 더 높게 조인다.
② 렌즈의 초점거리가 긴 쪽의 사진이 짧은 쪽의 사진보다 더 높게 보인다.

③ 촬영고도가 낮은 쪽이 고도가 높은 쪽보다 더 높게 보인다.
④ 눈의 위치가 약간 높아짐에 따라 입체상은 더 높게 보인다.
⑤ 눈을 옆으로 돌렸을 때 항공기의 방향선상에서 움직이면 눈의 움직이는 쪽으로 기울어져 보인다.

(2) 입체경에 의한 입체시

1) 소형 입체경

휴대용 입체경으로 현지에서 사용하고 숙달되면 입체경과 같은 정도를 얻을 수 있다.

2) 대형 입체경

이 방법은 두 장의 사진을 중첩하여 반사경을 통하여 사진상의 피사체를 식별할 수 있는 방법으로 실체사진을 렌즈의 초점거리에 맞추어 놓고 관찰하면 사진에서 나온 광선은 평행광선으로 되어 자연상태 그대로 반사되므로 눈의 수정체 조절이 대단히 편하고 좌우의 상이 무리없이 실체시 할 수 있다.

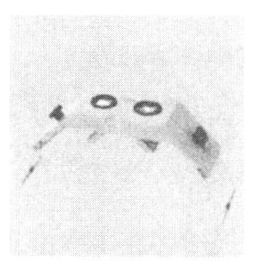
(a) 휴대용 입체경

(b) 대형 입체경

그림 11.9 입체경

① 반사식 입체경에 의한 반경
  ㉠ 중복된 1대의 사진 주점 P_1, P_2를 구한다.
  ㉡ P_1, P_2에 대응하는 점을 이사하여 P_1', P_2'로 한다.(P_1, P_2', P_2, P_1'를 주점기선이라 한다.)
  ㉢ 2개의 사진의 주점기선을 일직선이 되도록 고정한다.
  ㉣ 이때 P_1, P_1'의 간격은 약 25cm로 한다.

고정시킨 사진 위에 반사식 입체경을 놓고 실체시하면 그림이 입체적으로 보인다. 이때 아직 완전하게 상이 묶여지지 않은 경우는 다시 사진간격을 조정할 필요가 있다.

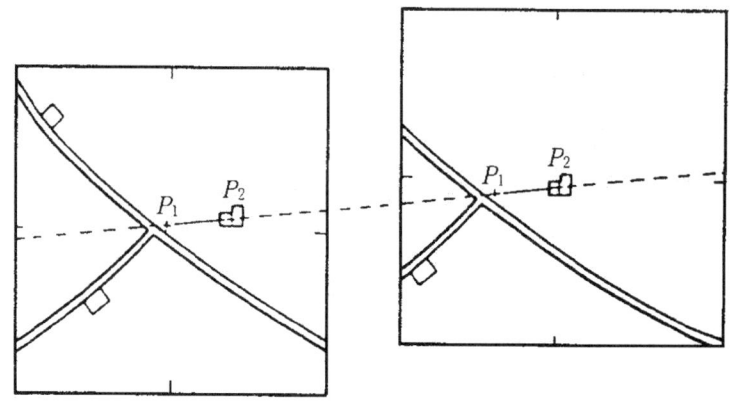

그림 11.10 반사식 입체경 측정현상

② 반사식 입체경과 시차 측정관

반사식 입체경과 시차측정관은 시선을 반사평면경 및 프리즘으로 반사시키고 반사선을 렌즈에 의하여 확대한 실체시가 될 수 있도록 되어 있다.

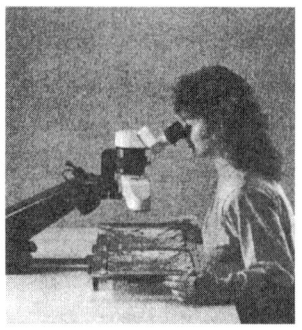

그림 11.11 시차 측정관

③ 육안 실체시의 원리

㉠ 그림처럼 두 개의 흑점이 있다. 오른쪽 흑점을 오른눈으로, 왼쪽의 흑점을 왼눈으로 바라보면서 얼굴을 가까이 댄다. 이윽고 좌우의 흑점이 중앙에서 겹친다.

㉡ 흑점이 겹치기 시작하면 같은 요령으로 다음 그림 실체시 접합하여 입체적으로 보이기 시작하면 실체시는 되는 것이다.

제11장 사진측량

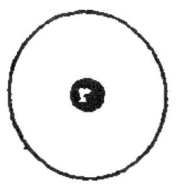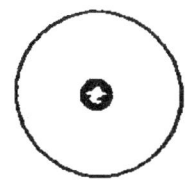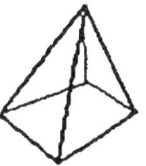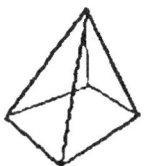

그림 11.12 육안실체시 숙달 　　　　　그림 11.13 실체시 접합

3) 시차

시차(Parallax)는 입체시 하기 위하여 촬영간격 카메라의 위치에 따라 생기는 사진상의 상점으로서 높이가 같은 지점은 모두 같다. 사진을 입체시 양안의 시각에 의한 차이를 시차라 한다. 입체시 하기 때문에 촬영간격 B에서 1대의 사진을 생각한다.

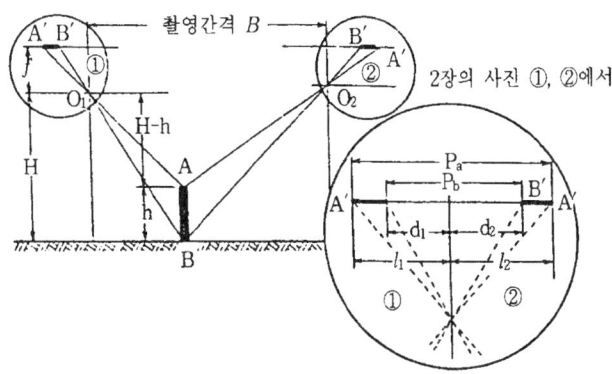

그림 11.14 시차차와 고저차

① **시차** : 카메라의 위치에 따라 생기는 사진상의 상점위치의 상위, 그림 11.14에서는 $(l_1 + l_2)$ 또는 $(d_1 + d_2)$이다. 높이가 같은 지점의 시차는 모두 같다.
② **시차차** : 횡시차의 차를 말한다.

$$시차차\ dp = (l_1 + l_2)(d_1 + d_2) = P_a - P_b$$

또 높이로 표현하면

$$dp = \frac{fB}{H-h} - \frac{fB}{H} = \frac{fB}{H}\left(\frac{h}{H-h}\right) \cdots\cdots\ ⓐ$$
b는 사진상 주점 간격 ⋯⋯⋯⋯⋯⋯⋯⋯ ⓑ

인간과 지형공간정보학

$$b = \frac{B}{H}f \text{ 이니까}$$

$$dp = b\left(\frac{h}{H-h}\right)$$

시차차에서 고저차를 구하면 식 ⓑ에서

$$h = \frac{Hdp}{b+dp}$$

b에 비하여 dp가 매우 작은 경우에는 분모인 dp는 무시할 수 있으므로 일반적으로 식은 다음과 같다.

$$\therefore h = \frac{Hdp}{b}$$

여기서, h : 비고
H : 촬영고도
dp : 시차차
b : 주점기선장

예제 01

1:50,000의 항공사진을 만들기 위해 6,000m의 비행고도로 촬영하였을 때 평면에서 상대오차는?

● 해설 평면오차는 $(10\sim30)\mu \cdot$ m이므로
$= \left(\frac{10}{1,000} \sim \frac{30}{1,000}\right) \times 50,000$
$= 0.5\sim1.5\text{m}$
여기서, $1\mu = \frac{1}{1,000}$ mm
평면오차 $= (10\sim30)\mu \times$ 촬영축척분모수

예제 02

항공사진의 주점이란?

● 해설 주점은 사진의 중심에서 렌즈의 중심으로부터 화면에 내린 수선의 발로서, 렌즈의 광축과 화면이 교차하는 점이다. 또한 항공사진측량에서는 마주보는 지표의 대각선이 서로 만나는 점이다.

제11장 사진측량

예제 03

표고 300m의 지점을 초점거리 15cm의 카메라로 고도 3,000m에서 촬영된 사진의 축척은 얼마인가?

해설

$$M = \frac{1}{M} = \frac{f}{H} = \frac{f}{H \pm h}$$

$$= \frac{0.15}{3,000 - 300} = \frac{1}{18,000}$$

예제 04

평지를 촬영고도 4,500m에서 촬영한 밀착사진의 종중복도 60%, 횡중복도 30%일 때 연직사진의 유효모델 면적은?

해설

① $M = \dfrac{1}{m} = \dfrac{f}{H}$ 에서 $\dfrac{0.150}{4,500} = \dfrac{1}{30,000}$

② A_0(복코스의 경우)

$$= A\left(1 - \frac{p}{100}\right)\left(1 - \frac{q}{100}\right)$$

$$= (m \cdot a)^2 \left(1 - \frac{p}{100}\right)\left(1 - \frac{q}{100}\right)$$

$$= (30,000 \times 0.23)^2 \left(1 - \frac{60}{100}\right)\left(1 - \frac{30}{100}\right)$$

$$= 1,330,800 \text{m}^2$$

$$= 13.3 \text{km}^2$$

예제 05

80m 높이의 굴뚝 높이를 촬영고도 3,600m의 높이에서 촬영한 사진에서 주기선장이 10cm일 때 이 굴뚝의 시차는?

해설

시차 차$(\Delta p) = \dfrac{h}{H} \cdot b_0$ 에서

$$\frac{80}{3,600} \times 0.1 = 0.0022 \text{m}$$

$$= 2.2 \text{mm}$$

인간과 지형공간정보학

예제 06

항공사진 판독시 1명이 판독할 수 있는 사진축척은 얼마인가?

● 해설   사람 1명까지 판독 가능한 사진축척은 $\frac{1}{1,000}$ 이상이다.

예제 07

화면 크기가 23cm×23cm이고, 연직사진의 축척이 1 : 25,000이다. 종중복도를 60%라 할 때 촬영기선장은?

● 해설
$$B = m \cdot a\left(1 - \frac{p}{100}\right)$$
$$= 25,000 \times 0.23\left(1 - \frac{60}{100}\right)$$
$$= 2,300\text{m}$$

예제 08

항공사진 판독에서 고려해야 할 요소는?

● 해설
① 항공사진의 판독요소는 크기와 형태, 색조, 모양, 질감, 음영 그 외 과고감, 상호위치관계가 있다.
② 항공사진 판독 3요소는 색조, 음영, 형상이다.
③ 촬영조건에는 날짜, 시간, 일기, 고도, 항공기 성능, 카메라 성능이다.

예제 09

항공기 항속이 520km이고, 촬영고도가 3,000m이다. 이때 사용한 카메라의 초점거리가 150mm이고, 허용 흔들림이 0.01mm이라면 최장노출시간은?

● 해설
$$T_l = \frac{\Delta S \cdot m}{V} = \frac{0.01 \times 20,000}{520 \times 1,000,000 \times \frac{1}{3,600}} = \frac{1}{722}\text{초}$$

여기서, $\frac{1}{m} = \frac{f}{H} = \frac{0.150}{3,000} = \frac{1}{20,000}$

제12장 GPS 개론

12.1 GPS 역사

1950년대 후반과 1960년대 초기에 걸쳐 미 해군은 위성에 기초한 두 종류의 측량 및 항해 체계를 마련하였다. 트랜짓(Transit)이라고 불리워진 시스템은 1964년부터 가동되기 시작하였고 1969년에 일반에게 공개되었다. 한편 티메이션(Timation)은 위성에 기초한 측량 및 항해 체계의 원형으로만 자리잡았을뿐 실행에 옮겨지지 못하였다. 때를 같이하여 시스템 621B 라고 일컬어지는 계획을 미 공군에서 착수하였는데 1973년에 미 국방차관이 해군에서 계획했던 티메이션(Timation)과 시스템621B를 동합할 것을 지시하였고 이것이 DNSS(Defense Navigation Satellite System)으로 명명되었으며, 후에 Navstar(Navigation System with Timing And Ranging) GPS로 발전되었다. 위성 항해 개념의 검증을 위한 1단계가 1970년대에 착수되었는데 최초로 위성이 제작되고 여러 실험이 행해졌다. 1977년 6월에 최초로 기능을 수행할 수 있는 Navstar 위성이 발사되었고 NTS-2(Navigation Technology Satellite 2)라고 불리워졌다.

NTS-2는 단지 7달 동안만 운영되었으나 위성에 기초한 항해 이론이 타당함을 입증하였고 1978년 2월 최초의 Block I 위성이 발사되었다. 1979년에 2단계로 전체 규모의 설계와 검증이 행해졌는데 9개의 Block I 위성이 이후 6년 동안 추가로 발사되었다. 3단계는 1985년 말에 2세대의 Block II 위성이 제작되면서 시작하였다.

GPS 신호의 민간 수신은 1983년 소련에 의한 한국 항공기 KAL-007기의 격추 사건을 계기로 1984년 레이건 대통령이 공식 선언하였다.

인간과 지형공간정보학

12.2 GPS 원리

GPS가 어떠한 원리로 작동되는가를 이해하는 것은 개념적으로 매우 단순하다. 근본적으로 GPS는 삼각측량의 원리를 사용하는데 전형적인 삼각측량에서는 알려지지 않은 지점의 위치가 그 점을 제외한 두 각의 크기와 그 사이 변의 길이를 측정함으로 결정되는 데 반해, GPS에서는 알고 싶은 점을 사이에 두고 있는 두 변의 길이를 측정하므로 미지의 점의 위치를 결정한다는 것이 고전적인 삼각측량과의 차이점이라 할 수 있겠다. 인공위성으로부터 수신기까지의 거리는 각 위성에서 발생시키는 부호 신호의 발생 시점과 수신 시점의 시간 차이를 측정한 다음 여기에 빛의 속도를 곱하여 계산한다.

> 거리 = 빛의 속도 × 경과시간

실제로 위성의 위치를 기준으로 수신기의 위치를 결정하기 위해서는 이 거리 자료 이외에도 위성의 정확한 위치를 알아야 하는데, 이 위성의 위치를 계산하는데는 GPS 위성으로부터 전송되는 궤도력을 사용한다. 각 위성은 두 가지의 다른 주파수의 신호를 동시에 발생시키는데 L1 반송파라고 알려진 1.57542GHz 주파수와 L2 반송파라고 불리워지는 1.2276GHz 주파수의 신호로 구성되어 있다. 이러한 반송파에 중첩되는 정보는 PRN(Pseudo-Random Noise)부호와 항법메시지로(Navigation Message) 이루어진다.

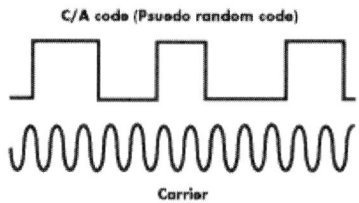

PRN 부호는 각 위성마다 유일하도록 서로 다르며 이진 부호로 구성되는데, 매우 길고 복잡하기 때문에 신호 자체만 보았을 때는 의미를 파악할 수 없다. 사실상 PRN 부호는 어떠한 정보를 담고 있는 것이 아니라 이름에서 알 수 있듯이(Random Noise) 어떠한 규칙에 의해 만들어지는 불규칙한 이진 수열로써 위성까지를 거리를 측정하는 데 사용되어지기 위한 것이다. 이 PRN 부호는 다시 두 종류의 부호로 나누어지는데 Coasrse Acquisition이라고 불리워지는 C/A 부호는 민간 신호라고도 이야기되며, 특

별히 허락 받지 않은 개인이나 단체도 이용할 수 있으나 P 부호(Precise code)는 신호의 암호화가 이루어지므로 이용을 위해서는 허가가 필요하다.

12.3 GPS 구성

GPS는 우주 부문(Space Segment), 관제 부문(Control Segment), 사용자 부문(User Segment) 3가지 영역이 있다.

12.3.1 우주 부문(Space Segment)

GPS 우주 부문은 모두 24개의 위성으로 구성되는데, 이 중 21개가 항법에 사용되며 3개의 위성은 예비용으로 배치된다. 모든 위성은 고도 20,200km 상공에서 12시간을 주기로 지구 주위를 돌고 있으며 궤도면은 지구의 적도면과 55의 각도를 이루고 있다. 모두 6개의 궤도는 60도씩 떨어져 있고 한 궤도면에는 4개의 위성이 위치한다. 이와 같이 GPS 위성을 지구 궤도상에 배치하는 것은 지구상 어느 지점에서나 동시에 5개에서 최대 8개까지 위성을 볼 수 있게 하기 위함이다.

현재의 GPS 위성들은 미국의 Rockwell 사에서 제작되고 있으며 가격은 위성 한 대당 약 4천만 달러이다. 한편 위성을 궤도에 진입시키는데 드는 발사비용은 위성 한 대가격의 약 1/4인 1천만 달러로써 지금까지 GPS 체계를 유지하는데 미국방성에서 투자한 금액은 100억 달러 이상이다. 각 위성의 무게 900kg 정도로 태양 전지판을 완전히 펼쳤을 경우 폭이 약 5m로 아래의 사진에서 SV3의 모습을 볼 수 있다.

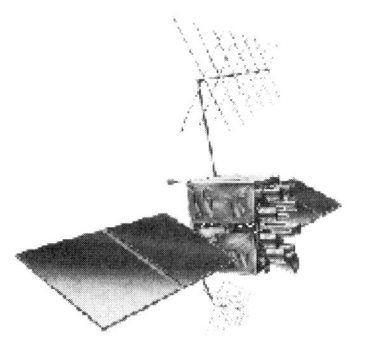
그림 12.1 GPS 위성사진

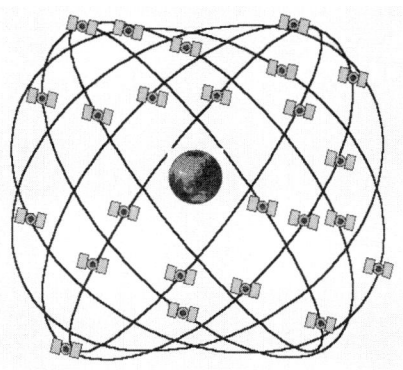
그림 12.2 GPS 위성 궤도면 도해사진

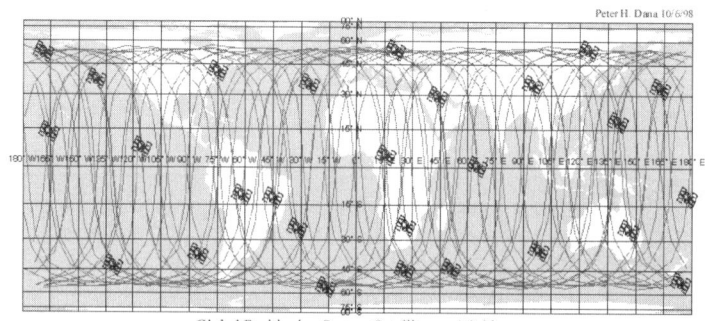

그림 12.3 GPS 위성 지상 궤적사진

12.3.2 관제 부문(Control Segment)

GPS의 관제는 하나의 주 관제국(MCS: Master Control Station)과 무인으로 운영되는 다섯개의 부 관제국(Monitor Station)으로 구성된다. 주 관제국은 미국 콜로라도 스프링의 팰콘 공군기지에 위치해있고 부 관제국들은 전 세계에 나뉘어져 배치되어 있다. 한편 이들 관제국 이외에 적도면을 따라 일정한 간격으로 위치하고 있는 3개의 지상 안테나를 운영하고 있으며 유사 시 주 관제국을 대신할 수 있는 두 개의 예비 주 관제국을 하나는 캘리포니아의 써니베일, 다른 하나는 메릴랜드의 락빌에 두고 있다.

무인으로 운영되는 부 관제국들은 주어진 시간에 관측할 수 있는 모든 GPS 위성의 신호를 추적, 신호를 저장한 다음 주 관제국으로 전송하게 되는데, 이 통신 시설을 DSCS(Defense Satellite Communication System)이라고 부른다. 이렇게 여러 부 관제국에서 보내온 자료를 주 관제국에서는 방송궤도력(Broadcast Ephemerides)과 위성에 있는 원자시계 오차(Clock-bias)를 추정하는 데 사용하며 결과를 주기적으로 GPS 위성으로 전송하게 된다.

12.3.3 사용자 부문(User Segment)

GPS의 사용자 부문은 GPS 수신기와 사용자 단체로 이루어진다. GPS 수신기는 위성으로 부터 수신받은 신호를 처리하여 수신기의 위치와 속도, 시간을 계산하는 데 4개 이상 위성의 동시관측을 필요로 한다. 이것은 3차원 좌표와 시간이 합쳐져 4개의 미지수를 결정해야 하기 때문이다. GPS 수신기는 현재 항해와, 위치 측량, 시간보정 등 다양한 분야에 이용되고 있다.

그림 12.4 GPS 이용 사진

12.4 GPS 측량

측지분야에 종사하는 사람들은 수년 전부터 GPS를 이용하여 극히 정밀한 측정을 해 오고 있었다. 이것은 한점의 위치를 mm까지의 정밀도로 상대 측지하는 것으로 간섭계 (Interferometry)의 원리를 GPS에 적용하므로 가능하다. DGPS에서처럼 여러 수신기를 사용하는데 일반 사용자들이 이용하는 것과는 다른 매우 고가의 수신장비를 이용하여 장시간 동안의 측량을 통해서 이루어질 수 있다. 측지가들이 이용하는 이러한 기술들은 일반사용자들이 구현하기에는 다소 너무 전문적이었지만 현재는 보통 GPS 수신기에도 이러한 기술들이 서서히 적용되고 있다. 반송파의 경우 수신된 파가 언제 위성으로부터 출발하였는지 알 수 없으므로 2개 이상의 측량용 수신기로 GPS 위성이 방송하는 C/A 코드 및 L1, L2 전파의 위상(Carrier Phase)을 관측하여, 상대 측위를 행함으로써 관측점 간의 기선 벡터를 구할 수 있게 된다.

12.4.1 상대 측위

GPS 위상관측식을 이용하여 GPS 수신기로 수신된 반송파 위상의 개수를 기록한 자료로 측량계산을 실시한다. 측량개시 시 위성과 GPS 수신기 사이에 존재했던 반송파의 정 현파수, 즉 위상수를 모호정수치(Integer Number)라고 부르는데, 이를 알면 상대 측위에 의하여 두 점 간의 기선 벡터의 계산이 가능하게 된다. 문제는 반송파는 모든

파장의 파형이 고르기 때문에 파장의 개수를 세기가 까다롭다는 것인데, 따라서 GPS 측량계산의 기본은 모호정수치를 빨리 또는 적은량의 데이터로 구하느냐 하는데 있다. 모호정수치를 구하기 위한 상대측위 방법에는 Single Difference, Double Difference, Triple Difference가 있다.

GPS 위상관측식은 다음과 같이 표현된다.

> 위상관측치 = (수신된 위상관측치 − 발신된 위상치) − (수신기 시계의 지연오차량
> − 위성 시계의 지연오차량)
> + (전리층의 전파지연량 − 대류권 전파지연량)
> + (최초 위상관측시 위성과 수신기간의 파장수)
> + (불규칙 오차항)

Single difference는 1위성/2수신기 간의 위상관측식을 계산함으로써 위성시계의 오차항을 제거하거나, 또는 2위성/1수신기 간의 위상관측식을 계산함으로써 수신기 시계의 오차항을 제거한다. GPS 위성의 고도에 비해 두 수신기 사이의 거리가 짧다면 궤도오차와 대기권 지연오차를 줄일 수 있다.

Double difference는 2개 이상의 single difference를 계산하여 수신기 및 위성시계의 오차항을 모두 제거하고, 미지항은 모호정수항 만을 남기게 된다. 따라서 4개의 위성에 대한 관측식으로 3개의 double difference를 이용하여 측량 계산을 실시한다.

Triple difference는 double difference를 연속된 시간에 따라 빼주는 것으로 정보의 내용이 빈약해서 double difference를 이용하는 것보다 덜 정확하다. 관측 도중 발생하는 사이클 슬립(Cycle Slip)을 보정하는 데 이용한다. 사이클 슬립은 관측 도중 나무와 같은 장애물을 통과하거나, 전리층의 활발한 활동 또는 전파가 많이 발사되는 지역에서 전자파 장애로 인하여 생긴다.

12.4.2 측량방법

(1) 후처리 상대측위 기법

한 대의 GPS 수신기를 이용하여 위치측정을 수행할 경우, 위치 결정 정밀도는 수신기의 능력에 의해 좌우된다. GPS 신호의 부호체계 중 C/A코드를 이용하여 수신자의 위치를 결정하는 저가의 상용 수신기는 그 정밀도가 수십 미터에서 수백미터에 이르며, 암호화된 P코드를 사용하는 수신기의 경우에도 1m 이하의 정밀도를 갖기가 어렵다. 측지 및 측량, 지각 변동의 감시등과 같이 수 cm 이하의 고정밀 위치결정이 요구되는 분야에서는 단독측위에 따른 GPS의 위치결정 한계를 극복하기 위하여 후처리 상대측위

기법을 이용한다. 이 기법은 단독측위와는 달리 정밀한 위치를 알고 있는 지점과 위치 측정이 요구되는 지점에서 동시에 GPS 관측을 수행하고, 두 수신기에 수신된 고주파 확산 스펙트럼 형식인 반송파를 이용한 자료처리로 정밀도를 현저하게 증가시키는 방법이다.

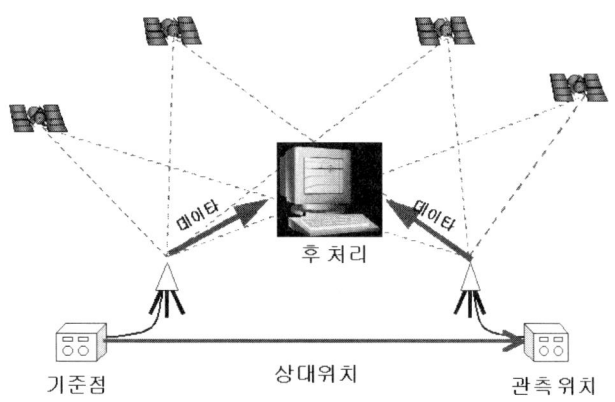

두 지점에서 동시에 관측된 GPS 위성의 반송파 자료는 관측종료 후 반송파를 이용한 상대측위 결정 능력을 갖는 프로그램에 의해 계산되어져야 하며, 이때 기준점의 위치오차가 결정하고자 하는 지점의 위치에 영향을 미치게 된다. 따라서 IGS 관측소와 같은 매우 정밀한 기준점이 요구된다. 또한 정밀 위치결정에 있어서 GPS 위성의 정확한 궤도정보도 필수적이므로, IGS에서 제공하는 고정밀 궤도력도 요구된다.

반송파를 이용한 후처리 상대측위 기법은 정밀도를 향상시키기 위하여 자료처리와 관련하여 발생할 수 있는 여러 오차원인을 제거할 수 있는 능력을 갖추어야 하며, 이때 필요한 각종 환경변수들의 적절한 모델을 갖고 있는 고정밀 자료처리 프로그램이 필요하다.

일반적으로 상용화된 고정밀 GPS 자료처리 프로그램은 기선거리에 대하여 백만분의 일(1ppm : 1 part per million) 또는 천만분의 일 정도의 정밀도를 가지며, 스위스 베른대학의 천문 연구소에서 개발한 Bernese GPS S/W와 같은 연구용 프로그램의 경우, 두 수신기간의 직선거리에 대해 1억분의 2(20ppb : part per billion)의 정밀도로 위치를 측정할 수 있는 능력을 갖고 있다.

(2) 실시각 이동측위(RTK) 기법

GPS의 신호체계상 반송파에 의한 위치결정 방법이 코드에 의한 위치결정보다 정밀

인간과 지형공간정보학

도면에서 큰 이득을 주지만, 반송파에 의한 단독측위 역시 후처리 상대측위 기법보다는 정밀도가 떨어지는 단점을 가지고 있다. 광범위한 관측점의 정밀 좌표들을 빠른 시간 내에 획득하기 위해서는 이동측량을 수행하는 동시에 후처리 자료처리 기법이 갖는 정밀도에 근접한 결과를 산출할 수 있는 방법이 요구된다.

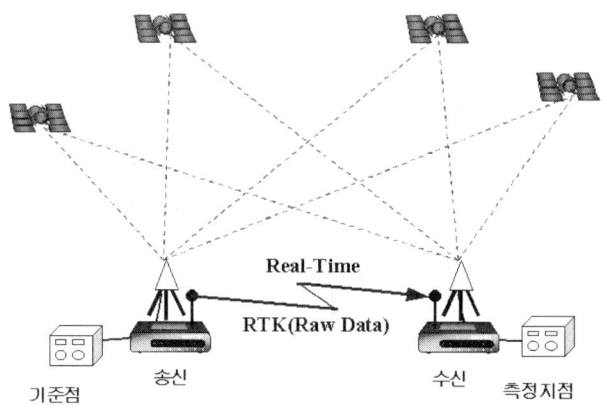

이러한 목적을 위해 개발된 것이 고정밀 이동측량 기법인 RTK(Real Time Kinematic)로서, 기본개념은 정밀한 위치를 확보한 기준점의 반송파 오차 보정치를 이용하여 사용자가 실시각으로 수 cm의 정밀도를 유지하는 관측치를 얻을 수 있게 하는 것이다. RTK의 기본개념은 오차보정을 위해 기준국에서 전송되는 데이터가 반송파 수신자료라는 것을 제외하고는 DGPS의 개념과 거의 유사하다. 다만 RTK가 각 위성에 대한 반송파 측정치를 지속적으로 제공하여야 하고, 정보의 전송장애로 발생할 수 있는 오차의 한계가 DGPS보다 상대적으로 크기 때문에 보다 안정적이고도 신속한 정보전달 통신 시스템이 요구된다. 현재 GPS를 응용하는 여러 분야에서 DGPS와 RTK가 주로 사용되고 있으며, GIS나 측량, 항법 등 모든 응용분야가 RTK 기법의 사용에 초점을 맞추어 실용화되고 있다.

12.5 GPS오차

12.5.1 구조적 오차

(1) 위치오차와 시간오차

시간오차와 위치오차는 미 공군에서 계속 감시하고 오차를 매 시간마다 보정해주기 때문에 다른 오차들에 비해 상대적으로 적은 편이다. 그러나 인공위성이 본 궤도에서 약간이라도 이탈하는 경우가 생긴다면 그리고 오차 보정이 되지 않은 자료를 사용했다면 큰 오차를 가질 수도 있다.

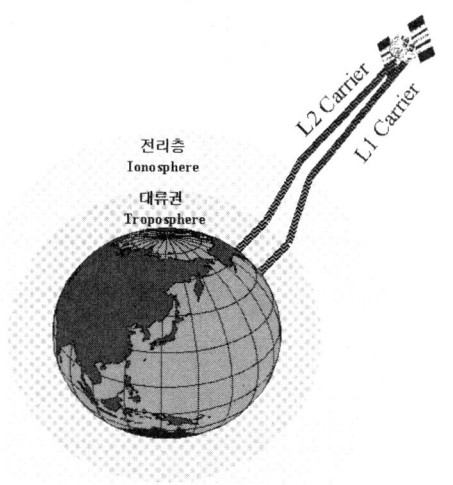

그림 12.5 전리층과 대류층의 굴절

(2) 전리층과 대류층의 굴절

우주 공간에서 라디오 파의 속도는 빛의 속도인 300,000km/s이다. 그러나 인공위성에서 오는 신호는 약 300km 정도의 지구 대기를 통과해야만 한다. 전리층은 전기적으로 하전된 입자를 가지고 있는 층으로 약 50~200km 사이에 위치하고 대류층은 우리가 일반적으로 대기라고 생각하는 층으로 8~16km 고도에 위치하고 있다. 이 층들은 라디오파를 밑으로 잡아끌어서 굴절시키는데 약간의 굴절도 상당한 영향을 줄 수 있고 더구나 각 층의 굴절률이 다르기 때문에 양상은 더욱 복잡해진다.

전리층에서는 하전된 입자들이 들어오는 신호를 끌어당겨서 굴절시키고 대류층에서는 다른 비율로 물방울들이 같은 역할을 한다. 이러한 문제들은 인공위성이 지평선으로

고도가 낮아질 때 더욱 심해진다. 왜냐하면 인공위성에서 오는 신호는 더 두꺼운 대기층을 통과해서 들어와야 하기 때문이다.

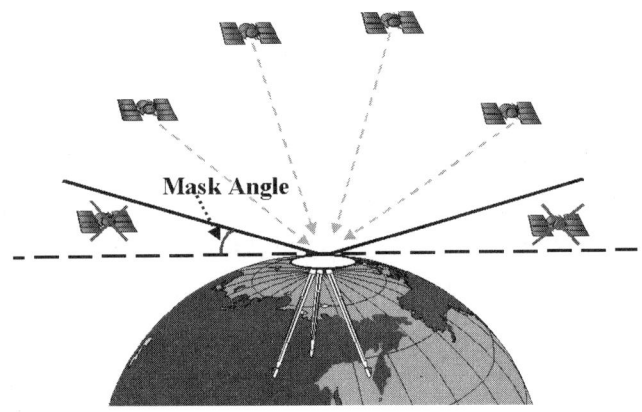

그림 12.6 Mask Angle

이 문제를 해결하는 데는 여러 가지 방법이 있다. 첫째로 인공위성의 항법 메시지는 대기 굴절 모델을 포함하고 있어서 50~70%의 오차를 해결할 수 있다. 더 효과적인 두 번째 방법은 dual-frequency 수신기를 사용해서 동시에 L1과 L2 반송파에 신호를 모으는 것이다. 굴절의 크기는 진동수에 반비례하므로 같은 대기를 같은 시간에 통과한 두 다른 진동수를 이용하면 굴절의 크기를 더 쉽게 계산할 수 있다. 그러나 이 방법은 대류층의 굴절률이 진동수에 무관하므로 전리층에만 적용될 수 있다. 그러나 dual-frequency 수신기는 너무 비싸다는 단점이 있다.

수신기 하나만으로 더 적은 비용을 가지고 할 수 있는 방법이 있다. 대부분 수신기는 사용자 입력으로 수평선 위로 어느 각도 밑에 있는 인공위성으로부터 오는 신호는 무시하도록 되어있다. 이 각도를 "Mask Angle"이라고 한다. 이것의 단점은 mask angle이 너무 높게 입력된 경우에는 최소 필요한 4개의 위성에 미달될 수도 있다. 대부분 mask angle은 15~20도 정도로 유지되게 설정되어 있다.

(3) 잡음(Noise)

매우 약한 신호와 간섭을 일으켜서 수신기 자체에서 발생한다. 잡음은 각 신호기마다 다르지만 대부분 수신기는 잡음을 최소화하기 위한 내부 필터링 장치를 가지고 있다. PRN 코드 잡음과 수신기 잡음이 합쳐져서 전체 잡음이 된다.

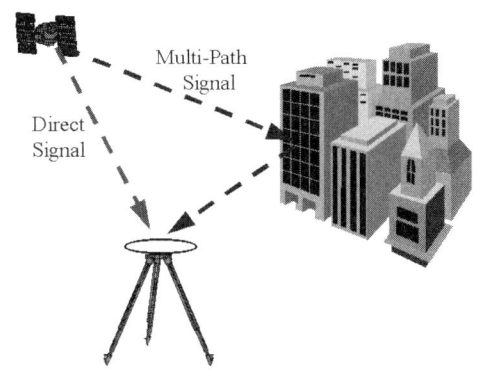

그림 12.7 Multi-Path

(4) 다중 경로(Multi-Path)오차

Multi-Path 신호는 인공위성에서 바로 오는 신호가 아니 반사되어 들어오는 신호를 받아들이는 것이다. 반사된 신호는 더 길어진 경로를 통해 인공위성에 들어오므로 결과적으로 틀린 위치를 측정하게 된다. 그리고 신호의 세기도 약해지므로 대부분 수신기는 신호의 세기를 비교해서 약한 신호를 제거함으로써 오차를 줄인다.

15.5.2 기하학적 오차

측위 시 이용되는 위성들의 배치상황에 따라 오차가 증가하게 되는데, 이는 육상에서 독도법으로 위치를 낼 때 적당 한 간격의 물표를 선택하여 독도법을 실시하면 오차삼각형이 적어져 서 위치가 정확해지고, 몰려있는 물표를 이용하는 경우 오차삼각형이 커져서 위치가 부정확해지는 것과 마찬가지로 수신기 주위로 위성이 적당히 고르게 배치되어 있는 경우에 위치의 오차가 작아진다. 보이는 위성의 배치의 고른 정도를 DOP(Dilution of Precision)이라고 한다. DOP의 값은 2보다 적은 경우는 매우 우수한 경우이고 2~3 값을 가지면 우수 4~5 값을 가지면 보통이고 6 이상이 되는 경우의 자료는 효용가치가 없다.

DOP의 종류는 여러 가지가 있지만 가장 많이 사용되는 것은 PDOP(Positional DOP)라고 한다. GPS 수신기는 관측된 데이터를 이용하여 PDOP를 계산하고, 이를 거리오차에 곱하면 측위오차가 된다.

즉, 거리오차(Range Error)×PDOP = 측위오차가 된다.

따라서 대부분의 수신기는 PDOP가 작은 위성의 조합을 선택하여 측위 계산을 하고

인간과 지형공간정보학

이를 표시하도록 설계되어 있다. 최근 수신기의 성능이 좋아서 PDOP가 3인 경우 위치 오차는 대략 15m CEP(Circular Error Probability), 즉 50% 오차확률의 범위에서 평면으로 약 15m정도이다.

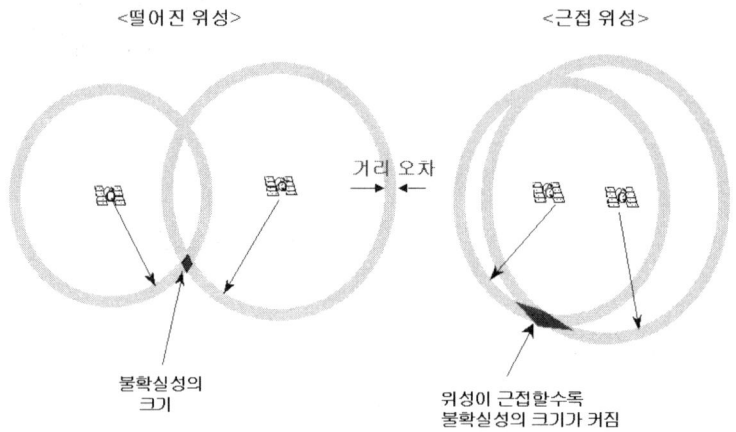

15.5.3 SA(Selective Availability)

SA는 오차요소 중 가장 큰 오차의 원인이다. 허가되지 않은 일반 사용자들이 일정한 도내로 정확성을 얻지 못하게 하기 위해 고의적으로 인공위성의 시간에다 오차를 집어 넣어서 95% 확률로 최대 100m까지 오차가 나게 만든 것을 말한다.

12.6 GPS 신호

GPS 위성에서 신호를 보낼 때는 L1, L2 두 Microwave 반송파에 신호를 실어 보내게 되는데, 어느 반송파에 실리느냐에 따라 PPS, SPS의 특성이 결정되게 된다.

L1(1575.42MHz) 반송파는 Navigation Message와 SA를 적용하는 C/A Code Signal을 싣고, L2(1227.60MHz)의 반송파는 전리층에서 생기는 Delay를 측정하는데 쓰이게 된다.

두 반송파에 담겨져서 보내지는 정보는 C/A Code, P-Code, Navigation Message 등으로 아래의 그림(12.8)에서와 같이 나타내어진다.

제12장 GPS 개론

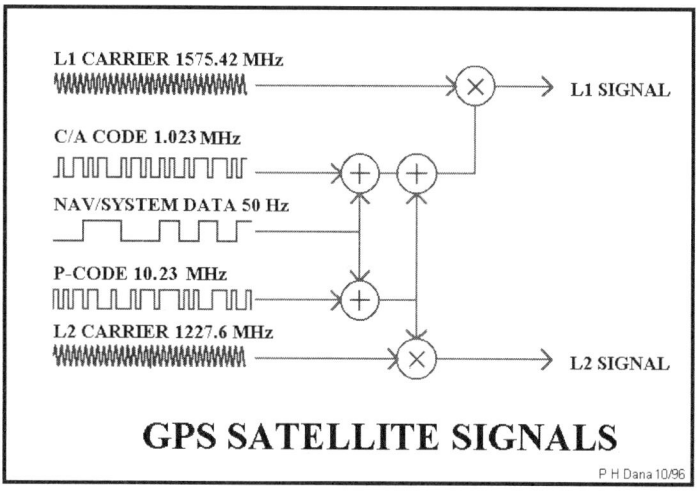

그림 12.8 GPS 신호의 구성

(1) C/A Code

C/A Code는 L1 반송파에 담겨지는 Data이다. 이 Code는 대역폭이 1MHz인 Pseudo Random Noise(PRN)를 반복하게 되는데, PRN은 Noise같이 보이지만, 실제로는 일정한 규칙성을 나타내는 사람이 만들어낸 Signal으로서 1MHz의 대역폭 내에 분포하고 있다. 이 PRN은 각 위성마다 달라서 각각의 위성의 고유한 Code Number로서 위성을 식별할 수 있는 지표가 된다. C/A Code는 L1 반송파에 변조되어 일반 SPS에게 제공된다.

(2) P-Code

P-Code(Precise)는 L1과 L2에 모두 변조되는 주기가 매우 긴(7일) 10MHz PRN Code이다. 이 Code는 특정한 사람에게만 쓰일 수 있게 Anti-Spoofing(AS) Mode로 동작하기 위해서 Y-Code로 Encode되어 보내진다. Encode된 Y-Code는 사용자의 Receiver Channel에서 AS Module을 분류하여 암호해독이 된다. 따라서 이 Code는 PPS에서 사용되게 된다.

(3) Navigation Massage

Navigation Massage는 C/A Code와 함께 L1에 변조된다. 이 Message는 50Hz의 신호로 GPS 위성의 궤도, 시간 그리고 다른 System Parameter들을 포함하는 Dara Bit 이다.

인간과 지형공간정보학

12.7 GPS 데이터

GPS Navigation Massage는 SV로부터 5개의 Subframe으로 이루어진 연속적인 Frame들의 군집이다. 한 Frame당 1500bit 정보 중 300bit단위로 5개의 Subframe으로 구성되어 있다.

한 Frame의 주기는 30초로 각 Subframe은 6초 간격으로 나타난다. 한 Frame에는 Clock과 Orbital Data가 수록되는데 첫 번째 Subframe에는 SV Clock, 두 번째 세 번째 Subframe에는 SV Orbital Data를 담고 있다. 나머지 네 번째와 다섯 번째 Subframe에는 다른 System Data(iono, 모든 위성들의 일지 Data)를 담고 있다.

Navigation Message를 완성하기 위해선 25개의 Frame(125개의 Subframe, 12.5분의 주기)이 필요하다. 한 Subframe(300bit)엔 Data를 검사하고 제한적인 에러정정을 할 수 있는 Parity가 수록되어 있다.

각 Subfram에 수록되는 Data들을 살펴보면,

① Clock Data는 SV Clock과 GPS Time간의 관계를 나타낸다.
② Ephemeris Data는 SV의 괘도를 나타내는 것으로 일반적으로 Receiver가 매시간 새 Data를 얻지만, 4시간 이내의 Data를 그다지 많지 않은 오차로서 사용한다. Empemeris 계획되어진 일정한 괘도를 도는 한 SV의 정확한 위치를 Parameter로서 알아낼 수 있다.
③ Ionosheric Parameter는 전리층에 의한 Phase delay 정도를 나타내는 인자이다.
④ Universal Coordianted Time(UTC)로 맞추어진 GPS Time을 SV에 Receiver에게 보내어진다.
⑤ Other system parameters들은 그 System의 특정한 자세한 사항을 보내는 인자이다.

12.8 GPS 사용 용도

12.8.1 카 네비게이션 및 관련업체의 차세대 항법시스템

도로교통정보망에 대응 일본은 ATIS(1995년~) 및 VICS(1996년~), UTMS(실제 운용은 2000년 이후) 등의 도로교통망에 네비게이션이 단계적으로 적용되어 가고 있지만 이는 시장의 형성과 밀접한 관계를 가지고 있다. VICS 인프라에 대응하기 위한 유니트는 7,8만엔 정도 되나 향후 저가격 실현 을 어떻게 하느냐가 업체의 경쟁 포인트가 되고 있다. 일본의 1996년도 네비게이션은 VICS의 활용으로 공방이 치열하며, 네비게이션 용 네트워크인프라는 VICS와 같은 미디어가 중심될 것이다. 쌍방향 무선 데이터통신은 이용가격이 높고 네비게이션에서는 쉽사리 적용할 수없지 않을까 생각된다. FM 다중 유니트도 1996년부터 증가하고 있다. 또 인터넷을 이용한 미국/일본/유럽을 연결한 인프라도 향후 가능성이 높다. IBM계 퍼스널 컴퓨터통신 네트워크 '피플'에서는 도로상의 영상을 CCD 카메라로 입력하여 이것을 인터넷에서 전 세계에 서비스하는 것도 모색하고 있는 것 같다.

최근의 ITS 국제회의에서는 세계 표준 아키텍처 완성에 각 업체의 시선이 집중되고 있고 카 네비게이션은 현재 일본 위주로의 시장이 형성되고 있기 때문에 카 네비게이션이 월드와이드 시장에 확산되려면 ITS 세계표준규격에 준거하는 제품으로 하는 수밖에 없다. 이미 일본의 각 업체도 ITS 준거 제품을 생각하고 있지만 특히 일본의 아이신 및 일본전장같은 순정품 업체는 수출차에 탑재 및 해외 자동차 업체와의 제휴 등을 추진하고 있다. 결국 도로교통정보 인프라는 카 네비게이션과 같은 차재용 정보통신 시스템과 접속되어지고 소위 정보 하이웨이네트워크에는 현재 이용되는 GPS, ATIS에도 이용되는 이동체통신, VICS에 이용되는 FM 다중, 같은 VICS에 이용되는 전파 또는 광비콘, 향후 이용도가 높을 것으로 예상되는 TCP/IP 접속 등이 있다.

저가격 경쟁 향후 저가격 경쟁도 큰 이슈가 된다. 얼마 전까지만 해도 일본에서 카 네비게이션은 수십만엔 대에 판매되었지만 현재는 약 10만 엔에 판매되는 등 가격이 저가화되고 있다. 보통 자동차 전장품의 보급가격대는 차량가격의 1/10 이하라는 경험치가 있다. 현재는 카 네비게이션의 모니터로 사용되는 LCD 및 GPS 수신기, DRAM 가격으로 인해 주로 고급차 위주로 판매되고 있으나 향후 이러한 부품의 가격이 내려가고 따라서 카 네비게이션 가격이 저가화되면 특히 중소형차에 적용되어 더욱 저가격 경쟁이 가속화될 것으로 예측하고 있다.

하이브리드형 네비게이션의 증가 및 GPS 단체형의 가전화 자체 센서를 보유하여 GPS 수신불가 지역에서도 연속적으로 네비게이션이 가능한 하이브리드형이 대중화되고 있으며, 이미 일본에서는 1995년을 기점으로 50%를 넘어섰다. GPS 단체형은 향후 저가의 가전 네비게이션으로 남을 가능성이 있다. 현재 하이브리드 네비게이션은 대부분이 진동자이로 센서를 이용하고 있으며, 고정밀도, 고가격인 광자이로는 점차 가격이 내려가고 있으므로 카 네비게이션에 적용될 가능성이 높다. 더욱이 자이로를 사용하지 않고 고정 도로 측위하는 DGPS와 같은 기술도 주목받고 있다.

타 미디어 및 관련기기로의 융합 카 네비게이션은 여러 가지 다른 미디어 또는 다른

기기와 융합하거나 변화해 갈 것이다. 변화융합하여 가는 방향으로는 다음과 같은 형태를 들 수 있다.

① AVC와 융합 가전과 카 오디오의 융합 또는 컴퓨터와 카 오디오와 융합으로도 말할 수 있으며, 일본에서는 1995년 말에 일부 제품에 카 네비게이션과 게임을 융합한 제품도 판매되고 있고 또 32비트 게임기와 PC와 카 네비게이션을 CD-ROM이라는 광 디스크로 호환성을 도모한 제품도 있었다. 따라서 시판업체에서 는 순정품과의 차별화 전략을 지속적으로 도모해 갈 것이다(AVC는 CD-I, 비디오 CD, 음악 CD, CD-G, DVD, 게임기, 가정용 컴퓨터 등을 말함).

② 통신/방송 단말과의 융합 통신기기에 강한 카 네비게이션 업체는 통신/방송 단말기(휴대전화, PHS, FM 다중, 지상파 등)와의 융합에 몰두하고 있으나 이용 가격 등의 저가화라는 난제를 해결해야 하는 숙제를 안고 있다. 현재는 휴대전화나 PHS와의 융합이 진전되고 있지만 장래에는 FM 다중방송이나 지상파, 위성방송 등의 방송네트워크에 의한 데이터 전송단말과의 융합도 증가할 것으로 보고 있다. 일본에서는 FM 다중이 유명하지만 구미에서는 지상파, 위성방송파에서의 서비스가 유망시되고 있다.

③ 인프라와의 융합 일본에서. 1996년 4월 VICS 서비스의 시작이 가장 주목되고 있다. 또 1995년 11월 에 개최된 ITS국제회의도 업계에 대단한 반향을 일으켰다. VICS 서비스가 시작되고 나서 각 업계에서 대응 유니트 상품화와 저가격화에 총력을 다하고 있고 이것이 카 네비게이션 시장의 제2무대의 승패를 결정한다고 말할 수 있다(여기에서 인프라는 VICS, ATIS, UTMS 등을 말함).

④ GPS 응용 제품으로의 변화 이것은 카 네비게이션 업체보다는 GPS 수신기 업체, PC 업체 그리고 지도 소프트웨어 업체에 관련된 시장을 말한다. 업무용 GPS 시스템으로 트랙킹 시스템, GPS 측량 시스템 등의 시장도 증가하고 있다. 휴대형 GPS 단말기 시장도 여러 회사가 참여하여 왔다. 지도 소프트웨어 시장은 지금까지 범용 컴퓨터/미니 컴퓨터/UNIX-WS을 플래트 폼으로 한 지도정보 시스템이 1994년 말부터 카 네비게이션이나 PC를 플래트 폼으로 한 저가격화 및 급성장을 하고 있다.

⑤ 카 일렉트로닉스와의 융합 엔진 파워 컨트롤, 안전장치계만이 아니고 기구계 일렉트로닉스 업체가 네비게이션 시장에 신규로 참여하는 경우도 있다. 카 일렉트로닉스(스피드메타, 타코메타, 엔진제어장치)와의 융합이라고 하는 점은 다음과 같은 응용이 예상된다.

㉠ GPS 주행궤적을 체크하여 드라이버에게 경보를 준다.

ⓒ 자동차가 고장을 일으킬 때나 사고를 일으킨 때 GPS를 받은 좌표를 무선으로 디스패치에 보내어 구원을 의뢰한다.
　　ⓒ 도난 차에서 발신하는 신호에 의해 도난차의 위치를 확정한다.

12.8.2 차세대 카 네비게이션

　　카 인텔리전트 시스템의 응용 향후 카 네비게이션은 네트워크를 이용한 여러 가지 응용 제품이 출현해 갈 것이다. 그것은 2000년에 차세대 네비게이션에 탑재되어 얼마 않되어 21세기에 등장할 카 인텔리전트 시스템에서 작동하는 응용이 될 것이다. 다음은 앞으로 출현할 차세대 카 인텔리전트 시스템의 미래와 그 관련 부문에 대한 것이다.
　① 현재의 카 네비게이션이 가능한 응용 장래의 제품을 이야기하기 전에 우선 현재의 카 네비게이션이 지금까지 가능한 주요한 응용을 돌이켜 보면 이것은 지도 소프트웨어를 사용한 Location Navigation의 응용이고 각각의 상황은 다음과 같다.
　　㉠ 지도 소프트웨어(CD-ROM, IC Card) : 기 장착
　　㉡ 음성안내 : 적용 완료
　　㉢ 경로안내 : 적용 완료, Static RGS
　　㉣ VICS, ATIS : 동정 경로 안내로 발전
　　㉤ DGPS : 미 장착, 기술 확보 결국 성능과 가격경쟁은 업체가 경쟁적으로 추진하면 좋을 것이고 이미 향후의 시나리오는 정해져 1996년부터 2000년에 걸친 차세대 네비게이션과 21세기 이후로 등장할 카 인텔리전트 시스템의 응용은 차차 서술하기로 한다.

　② 차세대 카 네비게이션에서 요구되는 중요 응용 카 인텔리전트 시스템을 갑자기 이야기하기 전에 우선 차세대 네비게이션에서 요구되는 가장 중요한 응용을 돌이켜 보면 다음과 같다.
　　㉠ 경로유도
　　㉡ 동적경로 네비게이션(지체정보, 사고, 공사정보 등 실시간 정보를 포함한 동적 경로 유도)
　　㉢ 개인주택 안내
　　㉣ 핸드프리
　　㉤ 팩시밀리 1과 2는 VICS 등으로부터 받은 정보가 운전자 모두에게 동일한 정보가 전달되어 결국 같은 루트를 취하기 때문에 그로 인한 지체발생 요건이 되는 결과도 나오고 있다. 3은 지금부터 기대하는 응용으로 차에서 방문하고 싶은 개인주택을 네비게이션한다고 것이 주 기능이다. 단지 이는 지도 데이터베이스의

응용일 뿐이다. 보통은 전화국 또는 데이터베이스 회사가 데이터를 취득하여 제공한다.

③ 21세기 카 인텔리전트 시스템에서 요구되는 응용 21세기의 카 인텔리전트 시스템에서는 어떠한 응용이 실시될 것인가 추론을 정리하면 다음과 같다.

    ㉠ 운전자와 함께 생각하는 기능 현재의 Ldcation 네비게이션에서 사용되는 CD-ROM의 지도 소프트웨어와 VICS 등의 인프라 소프트웨어를 정비한 것이 차세대 네비게이션이 되며, 그의 응용은 동적인 네비게이션과 개인주택용 네비게이션이다.

    ㉡ 구미의 카 인텔리전트 시스템의 응용 구미에서는 지도를 베이스로 하지 않고 또 도로안내가 없어도 차만 있으면 갈 수 있다고 하는 기본개념이 있기 때문에 지도는 필요 없고 그것보다도 어느 상품이 싸고 잘 팔릴 것인가는 많은 정보를 검색할 수 있는 응용이 요구되는 것 같다. 실시간 점포정보, 상품정보, 이벤트정보를 사용자의 요구에 맞게 골라내어 그 결정까지 조언해 주는 단말이 요구된다. 그리고 그렇게 되었을 때 그 단말은 운전자에게만 있을 필요는 없다. 네비게이션은 운전자의 도로안내장치이었지만 미주의 시스템은 자동차 사용자의 진로안내장치라 하는 위상이며 차에서 떼어 내면 퍼스널컴퓨터나 TV로서도 사용될 수 있는 광범위한 의미로의 생활정보단말이다. 구미에서는 시스템에서 도로정보는 주가 아니고 목적지 관련 정보가 응용의 중심이 된다. 이것들을 광 디스크나 네트워크를 통해 유저에게 전달하는 것이다.

    ㉢ 운전자에 방해가 되지 않는 조작 차에서 사용되는 응용이므로 운전자에게 방해가 되어서는 않된다. 현재는 음성안내가 카 네비게이션에서 적용되고 있지만 향후는 음성인식 시스템에 의해 조작, 입력하도록 되어 인간이 손을 사용하지 않아도 좋은 핸드 프리 응용이 출현할 것이다. 더욱이 귀의 프리, 시선의 프리로의 조작, 입력방법은 계속해서 추진될 것이다.

    ㉣ 광 디스크에서 네트워크로 시프트하는 정보조작 구미에서는 네비게이션에 지도 소프트웨어가 이용되지 않을 지도 모른다. 또 구미에서는 CD-ROM과 같은 광 디스크가 정보매체가 되지 않고 ITS의 구상과 같이 모두 정보는 네트워크에서 차내로 가져오는 것이 구상되어 진다. 일본에서는 VICS와 같은 비콘, FM다중방송, ATIS와 같은 이동체 통신 네트워크가 있지만 향후는 DAB(지상파 디지털 방송), CS 등이 네트워크로 등장할 가능성이 있고 인터넷도 이용될 것이다. 네트워크에 의한 정보가 광 디스크와 조합되어 동작하는 것도 있을 것이다. 어쨌든 네트워크 정보의 특성은 실시간인 것이다.

ⓑ 변화해 가는 표현방법 1995년에 닛산 및 자나비가 발표한 네비게이션의 '버드 뷰'는 지금까지의 세틀라이트 뷰에 비해 시점의 위치를 크게 변화시켰다고 말할 수 있다. 그러나 얼마 않되어 세틀라이 뷰시대가 온다. 옆자리에 앉은 사람이 교차점에서 방향을 가르쳐 주는 것과 같은 이미지가 있고 이것은 CG나 VR 등의 기술 진전에 의해 '입체표시'로의 세계가 등장할 것이다.

12.8.3 연계

① HUD와 카 네비게이션과의 연계 HUD(Head Up Display)는 카 네비게이션의 모니터 역할을 하게 될 것이다. 이미 스피드 메타에 HUD가 사용되고 있고 향후도 증가하는 경향으로 보아 카 네비게이션에서도 HUD가 이용되면 운전자가 화면을 아래로 볼 필요가 없으며 안전성이 향상될 것이다. 하지만 Map 소프트웨어 표시가 어느 레벨까지 HUD로 가능할 것인지는 미지수다. 일본의 전장품 업체에서는 카 네비게이션 메이커에 대해 채용을 부추기고 있지만 아직까지 폭발적인 상품이 되지 않는 이유는 다음과 같다

ⓐ 아직 고가이다.
ⓑ 밝은 곳에서 사용하기 힘들고 아직 기술적 해결할 수 없는 점이 있다.
ⓒ 콘바이너에 기준 문제가 있다.
ⓓ HUD가 안전장치의 일종이라는 인식이 약하다.
ⓔ 효과가 단순하다.

② 후방인식장치와 카 네비게이션과의 연계 대형차의 후방영상을 CCD 카메라에 표시하여 운전자가 모니터에서 후방의 안전을 확인할 수 있는 이 시스템은 모니터를 카 네비게이션의 모니터를 이용하면 상호간에 연계가 된다. 하지만 아키텍처의 통일 등 그 전에 해결해야 될 문제가 많다. 이 연계가 실시되려면 약 2,3년은 걸릴 것으로 보여진다. 현재 후방인식 탑재 차는 트럭이나 버스, 밴, 일부의 RV 카가 거의 대부분이다. '보통승용차에 장착은 위화감이 있다.', '유저의 평가가 아직 정해지지 않았다.' 등 향후 폭발적으로 장착이 확대된다는 상황으로는 미온적이다. 차의 사각에 있는 작은 어린이의 생명을 지킨다고 하는 점에서는 충분히 필요한 시스템이라 인식된다.

③ 차간 거리경보장치와 카 네비게이션과의 연계 차간거리 센서의 자도차로의 장착이 일반화되는 것은 21세기가 되어야 될 것이다. 이 시기는 ITS(일본은 VICS, TMS 등) 개념에 대한 시스템 일부 기능이 된다. 이 시점은 네비게이션이라기 보다는 운전자 계기판의 모니터와의 연계(카 인텔리전트 시스템의 일부)가 될 것이다.

인간과 지형공간정보학

12.9 GPS 위성

Block I (1978~1985)		개발위성 Yuma시험장으로 4개의 가시위성 제공. 예상수명을 초과해서 3기의 위성이 현재 작동 중.
Block II, II A (1989~1995)		• 동작위성 • 24기 위성 + 3기 보충위성 • 6~10기의 가시위성 보장
Block II R (1996~200X)		• 동작보충위성 • 20기 제작

12.10 GPS 응용분야

군사분야	• 군용 이동체 항법 및 유도 • Desert Storm
민간분야	• 우주 항법 • 항공기 항법 • 정밀 시각 측정 • Automatic Vehicle Navigation and Location • Fleet Management • 해상 항법 • 수색 및 구조 • Recreation

12.10.1 한국지도 재제작

① 울릉도에 GPS를 이용해 지적조사를 한 결과 북쪽으로 451m, 서쪽으로 112m, 남동쪽으로 465m가 실제 위치와 다르게 표시되어 일본이 침략 목적으로 제작한 지적도면에 많은 문제점이 있는 것이 드러났다.

② 이에 따라 우리나라 지도가 인공위성을 이용한 위치측정시스템을 이용해 다시 제작되었다.
③ 행정자치부에 따르면 국토의 효율적인 이용과 관리, 국민의 소유권 보호를 위해 2003년까지 기초작업과 시범사업을 거친 뒤 2004년부터 전국적인 지적재조사 사업을 벌여 지도를 다시 제작하였다. 이에 앞서 2000년까지 GPS 지적기준망 구축과 실험 사업이 이루어졌으며, 2001~2003년 새로운 측량 기준점을 이용한 시범 사업이 실시되었다.

12.11 GPS 관련 용어

- Almanac : GPS 위성의 항법메시지에 포함되어 있는 일련의 변수 묶음으로, 수신기가 위성들의 대략적인 위치를 계산하는 데에 쓰인다. 여기에는 모든 GPS 위성의 위치에 대한 정보가 들어 있다.

- Ambiguity : 임의의 cycle수로 관측된 반송파 위상의 초기 bias. 초기의 위상 관측치는 GPS 수신기가 GPS 신호를 처음 잡았을 때 만들어지는데, 이때 위성과 수신기간에 정확한 cycle수를 알 수가 없으므로 cycle 정수에 대한 모호성분이 생긴다. 수신기가 위성의 신호를 잡고 있는 동안 상수로 유지되는 이 모호성분은 반송파 위상자료처리를 할 때 만들어진다.

- Antispoofing(AS) : P 코드를 암호화하는 방법으로 2개의 변조된 코드를 합성한다. 즉, P 코드에 암호화된 W 코드를 합성하는 방식이다. 그 결과로 Y 코드가 만들어진다. AS는 암호를 풀 수 있는 수신기를 적들이 만들어낸 엉터리 P 코드의 영향으로부터 보호하는 기능이다.

- Binary Biphase Modulation : GPS 신호를 송신할 때 쓰이는 위상변조기술로써 코드나 메시지가 2진수 레벨로 송신될 때, 반송파의 위상을 180도 shift시키는 기술이다. 예를 들면, 0이 1로 변한다든지 1이 0으로 바뀌어 송신된다.

- Coarse Acquisition(C/A)-Code : GPS 위성에서 송신되는 코드로 PRN 코드와 같은 계열의 코드이다. 각각의 위성은 32개의 고유한 코드를 한 개씩 나누어 가지고 있다. 각각의 코드는 1023chips로 구성되어 초당, 1.023메가비트의 속도로 전송된다. 이 코드의 순서는 1/1000초마다 반복된다. C/A 코드는 Gold 코드와 PRN

코드로 나뉘는데, 이들은 두 코드 간에 매우 낮은 상관관계를 갖고 있어 구분된다.(즉, 두 코드는 orthogonal하다.) C/A 코드는 현재 L1 주파수로 송신된다.

- Carrier : 어떤 변조된 신호를 실어 나르는 라디오파.

- Carrier Phase : GPS 수신기가 신호를 잡은 L1이나 L2 carrier로 축적된 위상으로 integraed doppler라고도 불린다.

- Carrier to Noise Power Density(C/No) : 1Hz 밴드 폭에서의 신호대 잡음 강도비로 GPS 수신기의 수행능력을 분석하는 데 있어 중요한 지표이다. GPS 수신기의 공칭 신호대 잡음비는 40-50dB-Hz 정도이다.

- Carrier-Tracking Loop : GPS 수신기내에 있는 모듈로 수신기의 발진기 신호가 주파수 shift되어 수신된 carrier와 공조되는 신호를 찾아서 위성의 메시지를 변조하고 끄집어낸다. 수신기의 발진기 신호가 carrier와 공조되면 반송파 위상 관측치를 만들기 위해 carrier의 위상이 측정된다.

- Chip : bit 형식과 달리 binary 또는 digit 형식으로 정보를 실어 나르지 않는다. PRN 코드는 일련의 Chips로 구성되어 있다.

- Circular Error Probable(CEP) : 항해시의 위치정밀도 측정치로, 실제 수평좌표에서 오차타원에서 그 반경을 나타낸다. 이 값은 현재 위치가 실제 위치에 있을 확률이 50%임을 나타낸다.

- Code-Tracking Loop : 위성과 수신기의 PRN 코드와 공조시키는 수신기내의 모듈로 수신기에서 발생된 PRN 코드를 shift시켜 위성의 PRN 코드와 맞춘다.

- Costas Loop : GPS에서와 같이 압축된 반송파 신호를 보낼 때 사용되는 2중 sideband demodulating하는 데에, 쓰이는 일종의 carrier tracking loop로 I-Q(for inphase and quadrature)loop라 불린다.

- Cycle Slip : 반송파 위상 관측치의 끊김 현상으로 일시적인 신호 loss에 의함. 만일 어떤 장애물에 의해 일시적으로 신호가 끊긴다면 수신한 신호에는 jump가 생긴다.

- Delay-Lock Loop : Code-tracking Loop의 다른 용어.

- Differential GPS(DGPS) : GPS에 의해 결정한 위치오차를 줄이는 기술. 이미 위치를 정확하게 알고 있는 수신기의 위치를 기준으로 사용한다. 대게 DGPS는 기준

국에서의 항법메시지, 항법력 그리고 위성의 시계오차를 포함한 효과를 결정하는 것과, 일반 사용자에게 실시간으로 보정된 의사거리를 송신하는 일이 포함된다.

- Dilution of Precision(DOP) : 위성들의 상대적인 기하학이 위치결정에 미치는 오차를 나타내는 무차원의 수. DOP는 UERE에 대해 매우 복잡한 효과를 보인다. 일반적으로 위성들 간의 공간이 더 많으면 많을수록 수신기에서 결정하는 위치정밀도는 높다. 가장 일반적인 DOP는 Position DOP(PDOP)이다. PDOP에 rms UERE를 곱하면 rms 위치오차가 된다. 또 다른 DOP로는 Geometric DOP (GDOP), Horizintal DOP(HDOP), 그리고 Vertical DOP(VDOP) 등이 있다.

- Doppler Effect : 수신된 전파신호가 송수신기간의 상대적인 운동에 의해 주파수 shift되는 현상.

- Double Difference : 두 수신기가 같은 두 위성을 동시에 추적하여 측정한 반송파 위상의 수학적인 차이를 이용하는 GPS 관측. 첫 번째 위성으로부터 각각의 수신기가 수신한 위상의 차이. 두 번째 위성으로부터 각각의 수신가가 수신한 위상의 차이. 이 차이들을 빼줌으로서 위성과 수신기의 시계오차를 제거할 수 있다. 주로 위상관측치에 사용되는 방법이지만, 의사거리관측치에도 사용할 수 있다.

- Ephemeris : 시간에 따른 천체의 궤적을 기록한 것.(라틴어로 Diary라는 뜻) 각각의 GPS 위성으로부터 송신되는 항법 메시지에는 앞으로의 궤도에 대한 예측치가 들어있다. 형식은 매 30초마다 기록되어 있으며, 16개의 keplerian element로 구성되어 있다.

- Geodetic Datum : 특별히 고안된 기준 타원체로 대게 8개의 매개변수가 필요하다. 타원체의 차원을 결정하는 변수 2개, 지구질량중심에 대한 타원체의 중심의 위치를 결정하는 변수 3개, 그리니치 기준자오선과 지구의 평균 자전축에 대한 타원체의 방향을 결정하는 변수 3개.

- Geodetic Height : 타원체 기준면에서의 높이로 ellipsoidal height로도 알려져 있다. geodetic height와 orthometric height간의 차가 Geoidal height이다.

- Geoid : 기복이 있지만 완만하며, 지구 중력장의 등포텐샬면을 나타내고, 평균해수면과 거의 일치한다. 지오이드는 높이를 구할 때 기준이 되는 면이다.

- Geoidal Height : 타원체 기준면 위의 지오이드로부터 높이.

- GLONASS : GPS와 유사한 기능을 갖은 러시아의 Global Navigation Satellite

System(Global'naya Navigatsionnaya Sputnikovaya Sistema).

- GPS(System) Time : GPS 신호가 기준이 되는 시간으로 지상의 관측소와 위성의 원자시계로 유지된다. 이 시간은 세계표준시와 1마이크로초 이내에서 일치하도록 미 해군 천문대에서 유지하고 있으며, 세계표준시에서 적용되는 윤초는 적용되지 않는다. GPS Time은 1980년의 세계표준시와 일치했지만, 현재는 10초 빠르다.

- GPS Week : 1980년 1월 6일 이후 경과한 주일수로 매주 토요일과 일요일 사이의 자정을 기준으로 증가한다.

- Hand-Over Word(HOW) : 항법메시지의 서브프레임에서 두 번째 word로 다음 서브프레임 앞부분에서 Z-Count를 포함한다. Z-Count는 수신기에서 P 코드를 발생할 때 그 상관관계를 알아내어 결정할 때 쓰인다.

- Kalman Filter : 잡음이 섞여있는 관측치로부터 역학적으로 변하는 변수를 연속적으로 추정해내는 최적의 수학적 과정.

- Keplerian Elements : 타원궤도를 돌고 있는 위성을 위치(3)와 속도(3)성분으로 나타낼 수 있는 불변량으로 여기에는 궤도장반경, 궤도이심률, 궤도경사각, 승교점의 적경, 근지점인수, 근지점 통과시각 등이 있다.

- L-Band : 1~2GHz 사이의 주파수대.

- Local Area DGPS(LADGPS) : DGPS의 한 형태로 대게 시선방향에 보이는 기준 수신기로부터 의사거리와 위상의 보정치를 사용자 수신기로 수신한다. 보정치에는 기준점에서의 항법메시지 ephemeris에 의한 영향과 위성의 시계오차(SA도 포함) 그리고, 대기에 의한 전파지연효과가 포함되어 있다. 이 방법은 국부적인 지역에 존재하는 사용자의 수신기에서도 같은 오차를 보인다는 가정 하에 사용된다.

- Microstrip Antenna : GPS 수신기에 일반적으로 사용되는 안테나의 한 종류로, 대게 직사각형 모양으로 여러 개의 안테나가 설치된다. 이 안테나는 종종 patch 안테나로 불린다.

- Multipath : GPS 위성으로부터의 신호는 두 세 가지 경로로 수신기에 들어오는데, 한 가지는 실제로 오는 것이고, 다른 한 가지는 시선방향으로 오는 것이며, 마지막으로 주위의 장애물에 의해 반사되어 오는 것이다. 이러한 경로길이의 차이로 의사거리와 위상관측치에 영향을 줄 수 있다.

- Multiplexing : 위성추적채널을 통해 2개 이상의 위성신호를 신속히 sequencing 하는 기술로 일부 수신기에 사용된다. 이렇게 추적된 위성으로부터 얻은 항법메시지들은 근본적으로 동시에 관측된 것이다.

- Narrow Correlator : code tracking loop에 사용되는 correlator로서, 수신기에서 만들어지는 기준 code의 초기와 나중의 것 간의 간격이 1chip보다 작다. 이것을 사용하면 의사거리 관측치의 noise가 낮게 유지된다.

- Narrow Lane : GPS 관측치는 L1, L2 주파수에서 동시에 관측된 반송파 위상 관측치를 합하여 얻어진다. 협대역 관측치의 유효파장은 10.7cm이고 협대역 관측치로 반송파 위상의 모호성분을 분해할 수 있다.

- Navigation Message : GPS 신호에 포함된 37,500비트의 메시지로 초당 50비트로 송신된다. 여기에는 위성의 ephemeris와 clock 자료, almanac, 그리고 위성들과 그 신호에 대한 정보들이 포함된다.

- NMEA 0183 : National Marine Electronics Association의 위원회 번호. 이 위원회는 해상 전자 장치의 인터페이싱의 표준을 정하는 것을 목적으로 발족되었다. 이 표준은 GPS 수신기의 인터페이싱에도 널리 사용된다.

- On-the-Fly(OTF) : GPS 수신기가 어떤 시각에 정지되어 있을 필요 없이 움직이면서 differential 반송파 위상의 정수 ambiguity를 분해하는 기술을 일컫는 용어이다.

- Orthogonal Height : 지오이드 위의 높이.

- Precision(P)-Code : GPS 위성에 의해 송신되는 PRN 코드. 이 코드는 총 2.35×10^{14}개의 chip으로 구성되어 있고, 초당 10.23MB 속도로 보내진다. 이러한 속도로 모두 전송하려면 266일이나 걸린다. 각각의 위성은 고유의 어떤 한 주에 대한 정보를 할당받으며, 이 정보는 매주 토요일과 일요일 사이의 자정에 reset된다. P-Code는 현재 L1, L2 주파수로 전송된다.

- Phase-Lock Loop : Carrier tracking loop의 다른 용어

- Precise Positioning Service(PPS) : 한 개의 수신기를 이용하여 얻을 수 있는 정밀한 위치 서비스로 미국과 연합 군조직 그리고 허가된 기관에 제공된다. 이 서비스는 암호화되지 않은 P 코드에 대한 접근과 SA 효과를 없앨 수 있게 해 준다.

- Pseudorandom Noise(PRN) Code : 잡음과 같은 성질을 지닌 결정적인 2진

sequence로 Pseudonoise codes라고도 불리운다. 이러한 코드는 확산 스펙트럼 방식 통신 시스템과 GPS와 같은 거리계산 시스템에 사용된다. GPS 위성에서는 C/A코드와 P코드로 송신된다.

- Pseudorange : C/A 코드나 P코드를 사용한 수신기의 Delay-loack loop에 의해 측정된 위성과 수신기의 안테나 간 위상거리. 이 거리는 위성과 수신기의 시계에 의한 오차와 대기층에 의한 전파지연이 포함되어 있다.

- Quadrifilar Helix : 일부 GPS 수신기에 사용되는 원형편광 안테나
이 안테나는 Volute 안테나로도 알려져 있다.

- Real-Time Kinematic(RTK) : DGPS에 있어서 반송파 위상에 대한 보정치는 실시간으로 기준 수신기로부터 사용자에게 송신되는데, 이러한 실시간 진행과정을 일컫는다.

- RINEX : GPS 관측치를 어떤 수신기로 관측하여도 그에 무관하게 공통적인 양식으로 변환되는 형식. 여기에서 만들어지는 공통적인 자료로는 의사거리와 위상자료 그리고 도플러자료 등이다.(Receiver-Indepedent Exchange Format)

- RTCM SC-104 : DGPS의 표준을 권장하기 위해서 만들어진 Radio Technical Commission for Maritime Service의 특별 위원회.

- Selective Availability(SA) : 대부분의 비군용 GPS 사용자들에게 정밀도를 의도적으로 저하시키는 조치. 이 조치는 위성의 시계를 떨리게 하여 거리 정밀도를 저하시키는 delta 과정과 항법 메시지의 ephemeris의 정밀도를 떨어뜨리는 epsilon 과정이 있다. 최근에는 delta 과정이 주로 쓰인다. 이 조치는 암호를 해독하거나 DGPS 방법을 사용하여 대처할 수 있다.

- Single Difference : 위상으로 측정된 GPS 관측치에 포함된 위성과 수신기의 시계오차를 줄이는 방법. 한 위성을 두 대의 수신기가 추적하여 위성의 시계오차를 제거하는 것을 수신기간 Single Difference라고 하며, 한 수신기가 두 위성을 추적하여 수신기의 시계오차를 제거하는 것을 위성 간 Single Difference라고 한다. 대게 이 방법은 위상자료에 대해 사용되지만 의사거리자료에도 사용될 수 있다.

- Spherical Error Probable(SEP) : 항해 정밀도를 측정한 것으로, 이 오차타원의 반경 안에 3차원 위치좌표가 50% 확률로 존재할 경우를 나타낸다.

- Spread-Spectrum : 송신되는 신호는 보통 좁은 송신밴드로 충분하지만, 어떤

경우에는 밴드 폭을 확산시켜 송신하는 경우가 있다. 예를 들어, GPS 항법메시지를 송신하는 데에는 초당 50비트로 50Hz 정도의 밴드폭에 실어 전송하지만, 확산방식을 취하면 밴드 폭이 1MHz인 C/A코드로 전송된다.

- Standard Positioning Service(SPS) : 한 개의 GPS 수신기로 L1밴드의 C/A코드를 이용한 위치결정은 지구상 어떤 사용자에게 가능한 것이다. SA조치가 취해질 경우 95% 이내에서 수평정밀도가 100m 정도이고 수직정밀도가 156m 정도가 된다. 시간으로는 334nano초이다.

- Triple Difference : 이 방법은 Integer Ambiguity를 없애는 방법으로 doubly differenced 위상자료를 이용한다. 이 관측치는 상대측위에 있어서의 위치를 초기의 근사적인 좌표로 결정하는 것과 위상자료의 cycle slip을 알아내는 데에 유용하다.

- UTC(Coordinated Universal Time) : 원자초에 따르는 시간으로 지구의 자전과 맞추기 위해 윤초를 주기적으로 넣어 보정한다. 윤초 조정은 UT1과 0.9초 이내에서 유지되도록 한다.

- User Equivalent Range Error(UERE) : GPS 측위에서 오차에 기여하는 어떤 오차원인으로 위성과 수신기간의 거리오차와 같은 의미로 표현한다. 또한 사용자 거리오차(User Range Error ; URE)로 알려져 있다. UERE오차는 서로 무관한 원인으로부터 발생되는 것이며, 그 원인도 서로 다른 것이다. UERE는 각각의 오차의 제곱합의 제곱근과 같다. UERE의 최대기대치는(이온층에 의한 오차는 빼고) 항법메시지의 사용자 거리 정밀도(User Range Accuracy ; URA)에 있다.

- UT1 : 자구자전에 따르는 시간으로, 지구의 자전이 항상 일정하지 않기 때문에 UT1도 일정한 시간은 아니다.

- Wide Area Augmentation System(WAAS) : 광역에서 GPS SPS를 향상시킬 수 있는 시스템으로 연방항공국에서 개발되었다. 이 시스템은 WADGPS 보정치와 정지위성으로부터 부가적인 거리측정신호를 제공하여 GPS와 정지위성으로부터 받은 신호를 integrate한다.

- Wide Area DGPS(WADGPS) : DGPS의 한 형태로 지리적으로 넓은 지역에 걸쳐 분포한 기준국간의 망으로부터 결정된 보정치를 사용자가 수신한다. 분리된 보정치는 각각 특정한 오차원인을 결정할 수 있게 해준다(위성의 시계오차, 이온층의

전파지연, ephemeris오차 등). 그리고 사용자로 하여금 그 보정치를 이용하여 좌표를 결정할 수 있도록 한다. 일반적으로 이러한 보정치는 정지통신위성이나 지상의 송신망을 통해 실시간으로 제공된다. Post-processing collected data를 위해 나중 자료에 대한 보정치도 제공된다.

- Wide-Lane Observable : L1, L2 반송파 위상을 동시에 측정해서 Differencing을 통해 얻은 GPS 관측치로 유효파장이 86.2cm이다. 이것은 반송파 위상의 ambiguity를 분해하는 데에 유용하다.

- World Geodetic System 1984(WGS 84) : 지구의 지리적 그리고, 물리학적 측지간에 상관관계를 결정하게 위해 미국방 지도국에서 만든 일련의 매개변수들로 정의된 시스템으로 여기에는, 지구중심을 기준으로 한 타원체에서의 좌표와 지구중력장 모델에 대한 변수들이 있다. 이 타원체는 1908년 국제 측지학 및 지구물리학회 기준이 되었다. 이 좌표계는 국제지구자전협회에서 정의한 바와 같이 전통적인 지구중심 좌표이다. GPS 위성의 항법메시지에 좌표도 이 좌표 기준이다.

- Y-Code : P-Code를 암호화한 것.

- Z-Count : 기본적인 GPS 시간 단위로 29 비트 2진수이다. 이중 10비트는 GPS 주를 나타내고 나머지 19비트는 그 주의 시간을 1.5초를 단위로 나타낸다.(Time of Week ; TOW) TOW의 truncated version은 항법메시지의 hand-over word에 포함되어 있다.

12.12 GPS 미래

GPS는 GPS안테나가 달린 위성에서 보낸 신호를 수신하여 현재 위치를 계산해 주는 위성항법시스템이다. 그동안 우리가 가장 쉽게 주변 환경에서 GPS 기술을 접하던 분야는 주로 내비게이션이었다. 특히 항공기, 선박, 자동차 등의 내비게이션 장치에 많이 쓰이며, 스마트폰, 태블릿 PC 등에서도 그 활용 범위가 확산되어지는 추세이다. 특히 GPS 장착 스마트폰 등이 보급되면서 이에 파생되어지는 새로운 서비스들이 속속 등장하고 있다.

GPS안테나가 장착된 스마트 기술을 이용한 위치기반서비스는 더 많은 분야로 확산될 것이다.

제12장 GPS 개론

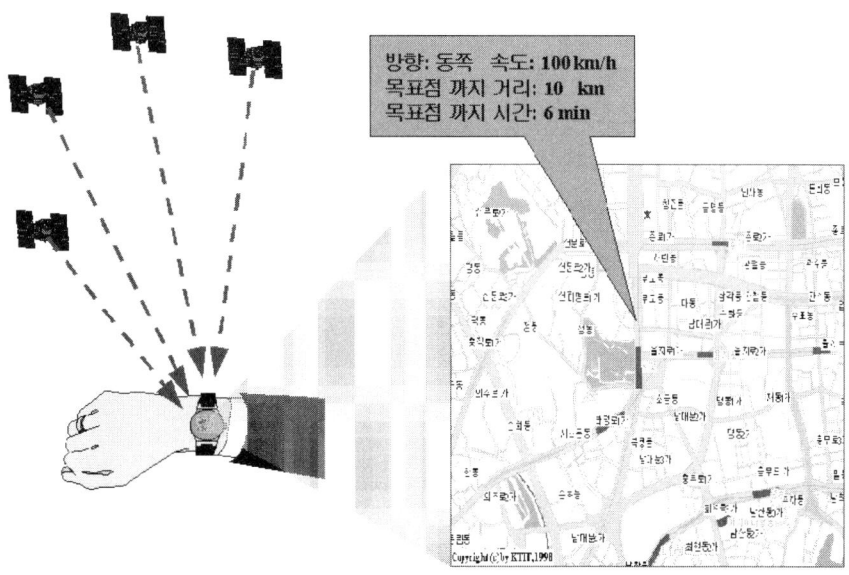

그림 12.9 GPS 보편화 사진

부록 1

측량 및 지형공간정보기사
핵심 요점정리

인간과 지형공간정보학

 측량학 개론

1. 정의

측지학이란 지구 내부의 특성, 지구의 형상, 지구표면의 상호위치 관계를 정하는 학문이다.

2. 측량학의 분류

(1) 평면측량

지구의 곡률을 고려하지 않는 측량으로 정도 $\frac{1}{10^6}$ 이하로 할 때 반경 11km(지름 22km) 이내의 지역을 평면으로 간주하는 측량

① 거리오차 $d - D = \frac{D^3}{12\, r^2}$

② 정도 $\frac{d - D}{D} = \frac{D^2}{12\, r^2} = \frac{1}{m} = M$

(D : 평면거리, r : 지구의 반경(6370km), m : 축척의 분모수)

- 거리의 허용오차 $\frac{1}{10^6}$, 평면거리 D=22km, 거리오차 $d-D$=22mm, 면적 400㎢의 범위 내를 평면으로 간주.
- 투영오차 : 평면거리(S_1)와 구면거리(S_2)의 차

  투영오차의 평면거리 $\log S_1 = \log S_2 + \log\left(\frac{S_1}{S_2}\right)$

(2) 측지측량(대지측량)

① 지구의 곡률을 고려한 정밀 측량
② 기하학적 측지학
③ 물리학적 측지학

(3) 지구물리 측정

1) 지자기 측정의 3요소

① 편각 : 지자기의 방향과 자오선이 이루는 각

② 복각 : 지자기의 방향과 수평면이 이루는 각
③ 수평분력 : 수평면 내에서의 지지기장의 크기

2) 탄성파(지진파) 측정
① 굴절법 : 지표면으로부터 낮은 곳의 측정
② 반사법 : 지표면으로부터 높은 곳의 측정

3. U.T.M 좌표
① 적도를 횡축, 자오선을 종축으로 하는 국제적인 평면직각좌표
② 지구 전체를 회전타원체로 간주 : Bessel 값을 사용
③ 평사투영법 사용
④ 경도 : 지구전체를 6°간격으로 60등분
⑤ 위도 : 적도에서 8°간격으로 20등분
⑥ 중앙자오선에서의 축척계수는 0.9996이다.
⑦ 축적은 중앙자오선에서 멀어질수록 커진다.

4. 지구의 형상
(1) 지구(구체)의 원점에서 평균 곡률반경
$$R = \frac{1}{3}(2a+b) \quad a : 장반경(적도반경) \quad b : 단반경(극반경)$$

(2) 회전타원체
1) 제성질

① 편심률(이심률) $\quad e = \frac{\sqrt{a^2 - b^2}}{a}$

② 편평률 $\quad P = \frac{a-b}{a} = 1 - \sqrt{1-e^2}$

③ 자오선 곡률반경(M)
④ 횡곡률 반경(N)
⑤ 중등곡률 반경 $R = \sqrt{MN}$

2) 위도
① 측지위도 : 지구상의 한 점 A에서 회전타원체의 법선이 적도면과 만든 각
② 천문위도 : 지구상의 한 점 A에서 연직선이 적도면과 만든 각

③ 지심위도 : 지구상의 한 점 A와 지구중심 O를 맺는 직선이 적도면과 만든 각
④ 화성위도 : 지구 중심으로부터 장반경 a를 반경으로 한 원을 그려 그 위의 한 점 A'와 지구의 중심 O를 맺는 선이 적도면과 만든 각

3) 법면선과 측지선

① 측지선
- 타원체상의 2점을 연결하는 최단거리를 측지선이라 한다.
- 측지선은 일반적으로 2개의 법면선의 중간에 있으며 a, b의 교각을 2:1로 나누는 성질이 있다.
- 법면선과 측지선의 길이의 차이는 극히 작으므로 거리가 100km 이하일 경우에는 거의 무시한다.

(3) 구과량

① 구과량 $\varepsilon'' = E\dfrac{\rho''}{\gamma^2}$

(E : 구면삼각형의 면적 = $\dfrac{1}{2}ab\sin\alpha$, γ : 지구의 곡률반경 6370km, ρ'' : 206265")

② 한 변의 길이가 20km 이상일 때, n다각형의 내각의 합은 $180°(n-2)$보다 반드시 크게 나타난다.

(4) 지오이드

① 평균해면을 육지에 연장한 가상적인 곡면을 말하며, 준거타원체와 거의 일치한다.
② 지구의 형은 평균해수면과 일치하는 지오이드면으로 볼 수 있다.
③ 지오이드는 중력방향과 일치하기 때문에 등포텐셜면으로 볼 수 있다.
④ 실제로 지오이드면은 굴곡이 심하기 때문에 측지측량의 기준으로 할 수 없다.

5. 지진파

① 기록되는 순서 : P파 → S파 → L파
② 지진파의 종류
- P파(종파) : 진동방향은 진행방향과 일치, 모든 물체에 전파하는 성질을 가지고 있다. 아주 작은 폭으로 일어난다.
- S파(횡파) : 진동방향은 진행방향에 직각, 고체 내에서만 전파
- L파(표면파) : 진동방향은 수평 및 수직, 아주 큰 폭으로 일어난다.

③ 지진기상과 PS시
- 지진기상 : 지진계에 지진파가 기록되는 모습
- PS시(초기미동 계속시간) : 지진계에 P파가 도착한 후 S파가 도착할 때까지의 시간 간격(PS시는 8분이다.)

6. 지구 자기장의 변화
① 영년변화 : 지구 내부 원인에 의하여 자기장의 오랜 세월을 두고 변화하는 것 변화의 원인은 외핵의 맨틀에 대한 상대적인 속도변화 때문이다.
② 일변화 : 지구 외부의 원인에 의하여 하루를 주기로 규칙적인 변화를 한다. 변화의 원인은 유도전류에 의해서 생기는 자기장이 원래의 지구 자기장에 첨부되기 때문이다.

7. 해상에서의 위치결정 방법
위성항법, 전파항법, 지문항법, 천문항법, 음향항법

거리측량

1. 거리측량

(1) 직접 거리측량
삼각구분법, 수선구분법, 계선법

(2) 간접 거리측량

1) 광파거리 측량기(Geodimeter), 전파거리 측량기(Tellurometer)

2) 수평표척

① 수평거리 $S = \dfrac{b}{2} \cot \dfrac{\alpha}{2}$

(b : 수평표척의 길이, α : 수평표척 양끝을 시준한 사이각)

② 정밀도에 영향을 주는 것 : 트랜싯의 각 관측 정도, 표척과 관측거리 방향의 직교성의 정도, 표척길이의 정도이며, 양단의 길이는 2m 정도이며, 상대밀도는 1/20000 정도로 한다.

인간과 지형공간정보학

2. 거리측량 방법

(1) 거리측량의 순서

답사 → 선점 → 골격측량 → 세부측량

(2) 골격측량

① 방사법 : 측량 구역 내에 장애물이 없을 때, 좁은 지역의 측량에 이용
② 삼각구분법 : 장애물이 없고, 투시가 잘되며, 비교적 좁고 긴 경우에 이용
③ 수선구분법 : 측량구역의 경계선상에 장애물이 있을 때 이용
④ 계선법 : 측량구역의 면적이 넓고, 장애물이 있어 대각선 투시가 곤란할 때 이용

(3) 세부측량

① 지거측량
② 야장기입법

3. 거리측량의 오차

(1) 오차의 종류

1) 정오차(누차, 누적오차)

① 측량 후 오차 조정이 가능
② 정오차 = $n \cdot \delta$
 (n : 관측횟수, δ : 1회 관측에 대한 누적오차)

2) 우연오차(부정오차)

① 오차 제거가 어려우며, 최소제곱법으로 오차가 보정된다.
② 우연오차 = $\pm \delta \sqrt{n}$

3) 과실

측정자의 부주의에 의하여 발생하는 오차

(2) 오차의 3대 법칙

① 작은 크기의 오차는 큰 오차보다 발생할 확률이 높다.
② 같은 크기의 정(+)오차와 부(−)오차의 발생 확률은 같다.
③ 매우 큰 오차는 거의 발생하지 않는다.

(3) 정오차의 보정

① 관측한 줄자의 정수보정 $C_u = L \times \dfrac{\delta}{l}$

    (δ : 1회 관측에 대한 누적오차, l : 관측한 줄자의 길이)

② 온도보정 $C_t = \alpha \cdot L(t - t_0)$

    (α : 선팽창계수, L : 관측한 길이, t : 측정시의 평균온도, t_0 : 표준온도(15℃))

③ 경사보정 $C_i = -\dfrac{h^2}{2L}$

    ∴ 정확한 거리 $L_0 = L - \dfrac{h^2}{2L}$ (L : 경사길이, h : 고저차)

④ 평균해면상의 길이보정 $C_k = -\dfrac{LH}{R}$ ∴ 평균해면상의 길이 $L_0 = L - \dfrac{LH}{R}$

    (L : 수평거리, R : 지구의 곡률반경(6379km), H : 표고차)

⑤ 장력에 대한 보정 $C_p = \dfrac{L}{AE}(P - P_0)$

    (L : 관측길이, A : 테이프의 단면적, E : 탄성계수, P : 관측시의 장력, P_0 : 표준장력)

⑥ 처짐에 대한 보정 $C_s = -\dfrac{L}{24}\dfrac{w^2 l^2}{P^2}$

    (w : 쇠줄자의 자중, P : 장력 L : 관측기선)

(4) 관측값의 처리

1) 최확치
① 같은 구간을 관측횟수를 다르게 했을 경우의 경중률은 관측횟수(N)에 비례한다.
② 관측치에 대한 평균제곱근오차의 경중률은 평균제곱근오차의 제곱에 반비례한다.

2) 잔차 : 최확치와 측정치의 차이

$$\text{잔차}(v) = \text{최확치}(L_0) - \text{측정치}(l)$$

3) 평균제곱근오차(표준편차, 중등오차)

① 1회 측정시 : 경중률이 일정한 경우 $m_0 = \pm \sqrt{\dfrac{\Sigma v^2}{n-1}}$

    경중률이 다른 경우 $m_0 = \pm \sqrt{\dfrac{\Sigma P v^2}{n-1}}$

4) 확률오차

① 1회 측정시 : 경중률이 일정한 경우 $r_0 = \pm 0.6745\sqrt{\dfrac{\Sigma v^2}{n-1}}$

② 최확값에 대한 확률오차 : 경중률이 일정한 경우 $r_0 = \pm 0.6745\sqrt{\dfrac{\Sigma v^2}{n(n-1)}}$

경중률이 다른 경우 $r_0 = \pm 0.6745\sqrt{\dfrac{\Sigma Pv^2}{P(n-1)}}$

5) 정도

$$정도 = \dfrac{m_0}{L_0}$$

(m_0 : 표준편차, L_0 : 최확치)

(5) 오차전파의 법칙

1) 각 구간거리가 다르고 평균제곱근오차가 다른 경우

$$M = \pm \sqrt{m_1^2 + m_2^2 + m_3^2 + \cdots + m_n^2}$$

2) 면적 측정시 최확치 및 평균제곱근 오차의 합

$$A = x \cdot y$$

$$M = \pm \sqrt{(y \cdot m_1)^2 + (x \cdot m_2)^2}$$

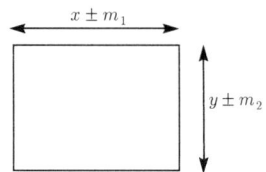

4. 축척과 거리 및 면적

(1) **축척** $= \dfrac{1}{m} = \dfrac{도상거리}{실제거리}$

(2) **면적** : $(축척)^2 = \left(\dfrac{1}{m}\right)^2 = \left(\dfrac{도상거리}{실제거리}\right)^2 = \dfrac{도상면적}{실제면적}$

(3) **거리측정시 정밀도의 허용범위**

1) 산지 : $\dfrac{1}{500} \sim \dfrac{1}{1000}$

2) 평지 : $\dfrac{1}{1000} \sim \dfrac{1}{5000}$

3) 시가지 : $\dfrac{1}{5000} \sim \dfrac{1}{50000}$

① 면적 $A_0 = A(1 \pm \varepsilon)^2$

② 실제면적 $A = \dfrac{(부정길이)^2}{(표준길이)^2} \times 총면적$

3장. 평판측량

1. 평판의 설치
(1) 평판에 사용되는 기계 기구
1) 앨리데이드
① 전시준판에 새겨져 있는 한눈금의 크기는 양시준판 간격의 1/100로 나눈다.
② 전시준판에 있는 시준사의 크기는 0.2~0.5mm이다.
③ 후시준판에 있는 시준공의 크기는 0.5~0.8mm이며, 상시준공(35), 중시준공(20), 하시준공(0)
④ 몸통 중앙에 곡률반지름 1.0~1.5cm 정도의 기포관이 있다.
⑤ 양시준판의 간격은 22~27cm이다.

(2) 평판측량의 3요소
① 정준 : 수평맞추기
② 치심, 구심 : 중심맞추기
③ 표정 : 평판을 일정한 방향으로 고정시키는 것을 말하며, 표정작업의 오차가 평판측량에 가장 큰 영향을 끼친다.

2. 평판측량의 방법
(1) 방사법
측량할 구역 안에 장애물이 없고 비교적 좁은 지역에 적합, 대축척의 높은 정도를 얻음.

(2) 전진법
측량할 구역이 비교적 넓고 장애물이 많을 경우에 적합

(3) 교회법
넓은 지역에서 세부도근 측량이나 소축척의 세부측량에 적합

1) 전방교회법
기지점에서 미지점의 위치를 결정하는 방법

2) 측방교회법

3) 후방교회법
미지점에 평판을 세워 기지의 2점 또는 3점을 이용하여 미지점의 위치를 결정하는 방법으로 시오삼각형법, 레에만법, 벳셀법, 투사지법이 있다.
① 레에만 방법 : 경험만 있으면 신속하게 작업할 수 있어서 많이 이용되는 방법
  - 구하는 점이 abc를 연결하는 삼각형의 내부에 있을 때 구점의 위치는 시오삼각형 내부에 있다.
  - 구하는 점이 abc를 연결하는 삼각형의 외부에 있고, 원주의 내부에 있을 때 시오삼각형의 반대쪽에 있다.
  - 구하는 점이 원주의 외부에 있고, 삼각형 abc의 한변 ac에 대응할 때 시오삼각형과 같은 쪽에 있다.
  ※ 삼점문제에서 평판의 표정오차가 있어도 시오삼각형이 생기지 않을 수 있는 경우는 구점이 외접원 위 있을 경우이다.
② 벳셀법 : 경험이 없이도 할 수 있고, 시간이 많이 걸리며 정확하다.
③ 투사지법(트레이싱 페이법) : 가장 간단한 방법으로 현장에서 주로 사용

4) 교회법의 주의 사항
① 교각은 30°~150°사이에 있도록 한다. (90°일 때가 가장 이상적인 교각이다.)
② 시오삼각형의 내접원 직경은 도상에서 5mm 이내가 되도록 한다.
③ 방향선의 길이는 도상 10cm 이내가 되도록 한다. : 도면상의 오차가 0.2mm 이상이 되기 때문이다.
  - 방향선의 수는 3방향 이상이 되도록 한다.
  - 시오삼각형의 내접원의 직경이 0.4mm 이내인 경우 이를 무시한다.
  - 전방교회법에서는 시오삼각형이 한 점에 일치하지 않을 경우 재측량을 해야 한다.

3. 수평거리 및 높이의 관측

(1) 수평거리의 관측

1) 시준판의 눈금과 폴의 높이를 측정했을 경우

$$수평거리\ D = \frac{100}{n_1 - n_2} H$$

(n_1, n_2 : 시준판의 눈금, H : 상하측표의 간격(폴의 길이))

2) 경사거리 l을 재고 수평거리를 구하는 방법

$$수평거리\ D = \frac{100\ l}{\sqrt{100^2 + n^2}}$$

(n : 시준판의 눈금, l : 경사거리)

(2) 높이의 관측

1) 전시의 경우

$$H_B = H_A + I + H - h$$

($H = \frac{n}{100} D$, n : 분획, h : 시준고, I : 기계고)

2) 후시의 경우

$$H_B = H_A - H - I + h$$

4. 평판측량의 오차

(1) 기계오차

1) 앨리데이드의 외심오차

$$q = \frac{e}{M}$$

(q : 도상허용오차(제도허용오차), e : 외심오차, M : 축척의 분모수)

2) 앨리데이드의 시준오차

$$q = \frac{\sqrt{d^2 + t^2}}{2\ l} L$$

(d : 시준공의 지름, t : 시준사의 굵기, l : 시준판의 간격, L : 방향선길이)

(2) 표정오차(정치오차)

1) 평판의 경사에 의한 오차

$$q = \frac{b}{\gamma} \cdot \frac{n}{100} L$$

(b : 기포의 변위량, γ : 기포관의 곡률반경, $\frac{n}{100}$: 평판의 경사, L : 시준선길이)

2) 구심오차(외심오차)

$$q = \frac{2e}{M}$$

(q : 도상허용오차 e : 구심오차, M : 축척의 분모수)

3) 자침오차

$$q = \frac{0.2}{S} \cdot L$$

(S : 자침의 중심에서 첨단까지 길이, L : 방향선, 시준선길이)

(3) 측량오차

① 전진법에 의한 오차 $S = \pm 0.3\sqrt{n}$ (n : 측선수)

② 교회법에 의한 오차 $S = \pm \sqrt{2} \cdot \frac{0.2}{\sin} \theta \text{mm}$ (θ : 교각)

5. 평판측량의 정도 및 오차의 조정

(1) 평판측량의 정도

① 폐합비 $R = \frac{E}{\Sigma L}$

(ΣL : 전측선의 길이, E : 폐합오차)

② 폐합비의 정도
- 평탄지 : 1/1000 이하
- 완경사지 : 1/800~1/600
- 산지 또는 복잡한 지형 : 1/500~1/300

(2) 폐합오차의 조정

① 허용정도 이내일 경우 : 거리에 비례하여 분배

② 허용정도 이상일 경우 : 재측량 분배한다.

$$조정량\ d = \frac{E}{\Sigma L} \cdot l$$

(E : 폐합오차, ΣL : 측선길이의 총합, l : 출발점에서 조정할 측점까지의 거리)

(3) 평판 측량에서 일어나는 오차

1) 기계적 오차
① 시준판, 시준선, 시준축이 기울어져서 생기는 오차
② 앨리데이드의 외심오차

2) 표정오차
① 구심오차
② 평판의 경사에 의한 오차
③ 자침오차

3) 제도오차
① 방향선을 그을 때 생기는 오차
② 제도지의 신축에 의한 오차
③ 측침에 의한 오차

4장. 수준측량

1. 수준측량의 용어

(1) 기준면(DL)
높이의 기준이 되는 수평면, 평균해수면을 기준면으로 쓴다.

(2) 수준점(BM)
기준면에서 표고를 정확하게 측정해서 표시해 둔 점
우리나라 국도 및 주요도로에서의 수준점
1등은 4km, 2등은 2km마다 수준점을 설치한다.

인간과 지형공간정보학

(3) 중간점(IP)
그 점에 오차가 발생해도 다른 지역에는 영향을 전혀 끼치지 못한다.

2. 직접수준측량

(1) 전·후시 거리를 같게 함으로 제거되는 오차
① 레벨의 조정이 불완전하여 시준선이 기포관축과 평행하지 않을 때(=시준축 오차)
② 지구의 곡률오차와 빛의 굴절오차를 제거한다.
③ 초점나사를 움직일 필요가 없으므로 그로인해 생기는 오차를 제거한다.

(2) 직접수준측량의 원리
① 기계고 $I.H = G.H + B.S$
② 지반고 $G.H = I.H - F.S$

3. 간접수준측량

(1) 앨리데이드에 의한 수준측량
$$H_B = H_A + I + H - h \quad \left(H : \frac{n}{100}D\right)$$

4. 교호수준측량
$$h = \frac{1}{2}[(a_1 - b_1) + (a_2 - b_2)]$$

5. 레벨의 구조

(1) 망원경의 배율
대물렌즈 초점거리(F)대 접안렌즈의 초점거리(f)로 나타낸다.

$$배율 = \frac{F}{f}$$

(2) 기포관의 감도
$$\alpha'' = \frac{\rho l}{nD}, \quad R = \frac{\rho}{\alpha''} \cdot d$$

(l : 표척의 읽음값, n : 이동눈금, D : 수평거리, R : 기포관의 곡률반경, d : 한자 눈의 크기)

6. 수준측량의 허용오차

(1) 하천측량

4km에 대한 허용오차의 범위

① 유조부 : 10mm

② 무조부 : 15mm

③ 급류부 : 20mm

(2) 일반수준측량

① 1등수준측량 : 2km 왕복측량시-허용오차 $E = \pm 2.5\sqrt{L}$

② 2등수준측량 : 2km 왕복측량시-허용오차 $E = \pm 5.0\sqrt{L}$ (L : 노선거리)

③ 폐합시킨 경우 : 1등 수준측량-허용오차 $E = \pm 2.0\sqrt{L}$

2등 수준측량-허용오차 $E = \pm 5.0\sqrt{L}$ (mm)

7. 레벨의 조정량

조정량 $d = \dfrac{D+e}{D}[(a_1 - b_1) - (a_2 - b_2)]$

정확한 읽음값 $= b_2 \pm d$

5장. 각측량

1. 각측량의 일반

(1) 단위의 상호관계

1) 도와 그레이드

① 100grade(g) = 90°

② 1g = 100centi grade = 0.9° = 0°54′

2) 호도와 각도

$R\theta = \rho l$

(R : 수평거리, θ : 각오차, ρ : 206265″, l : 위치오차)

인간과 지형공간정보학

(2) 트랜싯의 구조

1) 버니어

① 순유표(순버니어) : 주척의 $(n-1)$ 눈금의 길이를 유표로 n등분하는 것이다.

$$V = \frac{n-1}{n} \cdot S$$

(V : 버니어의 1눈금의 크기)

$$C = \frac{1}{n} \cdot S$$

(C : S와 V의 차(최소눈금), S : 주척의 1눈금의 크기, n : 버니어의 등분수)

② 역유표(역버니어) : 주척의 $(n+1)$ 눈금을 n등분한 것이다.

$$C = -\frac{1}{n} \cdot S$$

2. 트랜싯의 조정

(1) 트랜싯의 조정 조건
① 기포관축(수준기축)과 연직축은 직교해야 한다.
② 시준선과 수평축은 직교해야 한다.
③ 수평축과 연직축은 직교해야 한다.

(2) 트랜싯의 제6조정
① 평반기포관의 조정
② 십자종선의 조정
③ 수평축의 조정
④ 십자횡선의 조정
⑤ 망원경 기포관의 조정
⑥ 연직분도원의 조정

3. 수평각 관측과 오차

(1) 수평각 관측
① 단측법
② 배각법

③ 방향관측법
④ 각 관측법 : 한 측점에서 모든 방향의 각을 전부 정, 반 위치에서 측정하는 방법.
- 1등삼각측량에 주로 사용하며, 정도가 가장 높다.
- 각 관측의 수 = $\frac{1}{2}s(s-1)$ (s : 방향선 수)

(2) 수평각 관측의 오차

1) 단측법에서의 시준, 읽기오차
1각에 대한 시준, 읽기오차 $m = \pm\sqrt{2(\alpha^2 + \beta^2)}$ (α : 시준오차, β : 읽기오차)

2) 배각법에서의 오차
① 시준오차

n배각 관측시 1각에 포함되는 시준오차 $m = \pm\sqrt{\frac{2\alpha^2}{n}}$

② 읽기오차

1각에 생기는 배각법의 오차 $m = \pm\sqrt{\frac{2}{n}(\alpha^2 + \frac{\beta^2}{n})}$

3) 방향각법에서의 오차

n회 관측한 평균치에 있어서의 오차 $m = \pm\sqrt{\frac{2}{n}(\alpha^2 + \beta^2)}$

(3) 정오차의 원인과 처리방법

1) 회전축의 편심오차
트랜싯에서 기계의 수평회전축과 수평분도원의 중심이 일치되지 않으므로 생기는 오차로서 양 버니어의 읽음값을 평균하면 오차가 소거된다.

2) 망원경을 정, 반으로 관측하여 평균을 취하면 없어지는 오차
수평축 오차, 시준축 오차, 망원경 편심오차

3) 연직축 오차는 어떤 관측법으로도 소거되지 않는다.

인간과 지형공간정보학

 **6장 다각측량**

1. 다각측량의 종류

(1) 폐합 트래버스
소규모의 지역에 적합한 방법

(2) 개방 트래버스
정밀도가 가장 낮은 트래버스(하천이나 노선의 기준점을 정하는 데 사용)

(3) 결합 트래버스
정밀도가 가장 높은 트래버스(기지점은 삼각점 이용)

2. 다각측량의 계산

(1) 각 관측값의 오차

1) 폐합 트래버스
① 내각 관측시 $E_\alpha = [\alpha] - 180(n-2)$ (n : 측각의 수)
② 외각 관측시 $E_\alpha = [\alpha] - 180(n+2)$
③ 편각 관측시 $E_\alpha = [\alpha] - 360°$

2) 결합 트래버스
① $E_\alpha = \omega_a - \omega_b + [\alpha] - 180(n+1)$: 두 선이 다 나갔을 경우
② $E_\alpha = \omega_a - \omega_b + [\alpha] - 180(n-1)$: 한 선만 나갔을 경우
③ $E_\alpha = \omega_a - \omega_b + [\alpha] - 180(n-3)$: 두 선이 다 안으로 들어왔을 경우

(2) 측각오차의 조정

1) 오차

$$E_\alpha = \pm \varepsilon_\alpha \sqrt{n}$$

(E_α : n개 각의 각오차, ε_α : 1개 각의 각오차, n : 측각수)

2) 허용오차의 범위
① 시가지 $20\sqrt{n} \sim 30\sqrt{n}$ (초)

② 평탄지 $0.5\sqrt{n} \sim 1\sqrt{n}$ (분)
③ 산림 및 복잡한 지형 $1.5\sqrt{n}$ (분)
④ 오차가 위의 허용오차의 범위를 넘으면 재측한다.

(3) 방위각의 계산

1) 교각을 시계방향으로 측정시

방위각 = 하나앞 측선의 방위각 + 180° − 그 측선의 교각

2) 교각을 반시계방향으로 측정시

방위각 = 하나앞 측선의 방위각 + 180° + 그 측선의 교각

3) 역방위각 = 방위각 + 180°

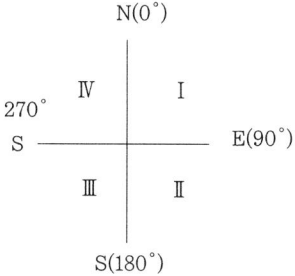

(4) 위거 및 경거의 계산

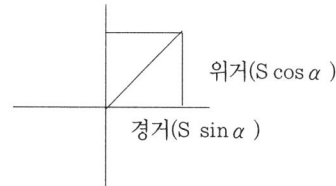

(5) 폐합오차 및 폐합비

① 폐합오차 $E = \sqrt{(\Delta l)^2 + (\Delta d)^2}$

(Δl : 위거오차, Δd : 경거오차)

② 폐합비 $R = \dfrac{E}{\Sigma L} = \dfrac{1}{M}$

(E : 폐합오차, ΣL : 전측선 길이의 합)

(6) 폐합오차의 조정량

① 컴퍼스법칙 : 각 측량의 정도와 거리측량의 정도가 거의 같을 때 사용

위거조정량 $\Delta l = \dfrac{\Delta l}{\Sigma l} \cdot l$

(Δl : 위거오차, Σl : 측선길이의 합, l : 그 측선의 길이)

② 트랜싯법칙 : 각 측량의 정도가 거리측량의 정도보다 좋을 때 사용

위거조정량 $\Delta l = \dfrac{\Delta l}{|L|} \cdot L$

($|L|$: 위거 절대치의 합, L : 조정할 측선의 위거)

(7) 면적 계산

1) 배횡거

① 첫 측선의 배횡거는 첫 측선의 경거와 같다.
② 임의 측선의 배횡거는 전측선의 배횡거 + 전측선의 경거 + 그 측선의 경거
③ 마지막 측선의 배횡거는 마지막 측선의 경거와 같다.(단, 부호는 반대)

2) 면적

① 배면적 = 배횡거 × 위거
② 면적 = 배면적 / 2

7장. 시거측량(Stadia survey)

1. 시거측량의 원리

(1) 시거측량의 원리

1) 스타디아 측량의 기본식

$$D = Kl + C$$

($K = \dfrac{f}{i}$, f : 대물렌즈의 초점거리, i : 시거선 간격, K : 일반적으로 100으로 가정, C : 0으로 가정-소축척 지형측량시)

2) 경사선에 의한 수평거리와 고저차

① 수평거리 $D = Kl\cos^2\alpha + C\cos\alpha$ (l : 협장)

② 고저차 $H = \dfrac{1}{2}Kl\sin2\alpha + C\sin\alpha$

③ B점의 지반고 $H_B = H_A + i + H - h = H_A + i + H - \left(l_1 + \dfrac{l}{2}\right)$

(l_1 : 하시거의 읽음 값, l : 협장)

2. 시거측량의 오차

(1) 협장으로 인한 오차

① 시거선의 읽음오차 $dl = 0.2 + 0.05\sqrt{S}$ (cm) (S : 시준거리(m))

② 수평거리의 오차 $ds = Kdl\cos^2\alpha$

③ 고저차의 오차 $d_H = \dfrac{1}{2}Kdl\sin2\alpha$

(2) 시거정수로 인한 오차

① 시거정수(ΔK)가 거리에 미치는 영향 $\Delta S_k = \Delta Kl\cos^2\alpha$

② 시거정수(ΔK)가 고저차에 미치는 영향 $\Delta H_k = \dfrac{1}{2}\Delta Kl\sin2\alpha$

(3) 스타디아 측량의 오차와 정도

1) 오차 원인

① 스타디아 정수가 정확하지 않을 때(정오차)
② 표척눈금이 정확하지 않을 때(정오차)
③ 연직각 관측이 바르지 않으므로 생기는 오차(정오차)
④ 광선의 불규칙적인 굴절에 의한 오차(정오차), 오차가 가장 적다.
⑤ 표척읽기가 정확하지 않을 때 생기는 오차(우연오차) : 표척눈금을 정확히 읽지 않았을 때 : 오차가 가장 크다. - 표척이 불완전 할 때

◆ 보충

- 시거측량시 빛의 굴절의 영향을 가장 많이 받을 때는 아침과 저녁시간이다.
- 시거측량시 시준고와 기계고를 같게 하면 계산이 쉬워진다.
- 스타디아 측량은 정확한 정도를 요하지 않는 트래버스 측량에 이용한다.

인간과 지형공간정보학

 삼각측량

1. 삼각측량의 일반

(1) 삼각점
① 대삼각본점
② 대삼각보점
③ 소삼각1등점 ●
④ 소삼각2등점 ◎

(2) 삼각망의 종류

1) 단열삼각망
① 폭이 좁고 거리가 먼 지역에 적합하다.
② 노선, 하천, 터널 측량 등에 이용한다.

2) 유심다각망
① 방대한 지역에 적합하다.
② 농지 측량 및 평탄한 지역에 사용한다.

3) 사변형 삼각망
조선식의 수가 가장 많아 정도가 가장 높다.

4) 육각형 삼각망
비교적 정도가 높다.

(3) 삼각측량의 작업 순서
계획 및 준비 → 답사 → 선점 → 조표 → 관측 → 계산 및 정리

1) 선점
① 기선삼각망의 선점 : 기선확대는 보통 1회 확대하는데 기선길이의 3배, 2회 확대하는데 8배 이내 이고, 10배로 증대하는 데는 3회 이내로 해야 한다.
② 검기선 : 삼각형수의 15~20개마다 설치, 우리나라 1등삼각 검기선은 200km마다 설치하였다.
③ 기선설치 : 평탄한 곳이 좋고, 경사는 1/25 이하, 내각 최소가 20° 이하가 되어서는 안 된다.

2. 조정계산

(1) 조건방정식의 계산
① 각 조건식의 수 = $S - P + 1$
② 변 조건식의 수 = $B + S - 2P + 2$
③ 조건식의 총수 = $B + a - 2P + 3$
(S : 변의 수, P : 삼각점 수, B : 기선 수, a : 각의 수)

3. 삼각측량의 오차와 귀심계산

(1) 삼각측량의 오차

1) 구차(지구곡률오차) = $+\dfrac{S^2}{2R}$
① 지구가 회전타원체인 것에 기인된 오차
② 표고를 높게 조정

2) 기차(대기층의 굴절오차) = $-\dfrac{KS^2}{2R}$
① 지구공간의 대기가 지표면에 가까울수록 밀도가 커지므로 생기는 오차
② 표고를 낮게 조정

3) 양차(h)

구차(h_1) + 기차(h_2) = $\dfrac{S^2}{2R}(1-K)$

(2) 귀심계산

$$x_1 = \dfrac{e}{S_1}\sin(360° - \phi)\rho''$$

$$x_2 = \dfrac{e}{S_2}\sin(360° - \phi + t)\rho''$$

$$T = t + x_2 - x_1$$

> **보충**
> **삼각측량의 성과표 내용**
> - 삼각점의 등급과 번호 및 명칭
> - 측점 및 시준점의 명칭

인간과 지형공간정보학

- 방위각
- 자북방위각
- 평균거리의 대수
- 평면직각좌표
- 위도 및 경도
- 삼각점의 표고

지형측량

1. 지형의 표시법

(1) 자연적 도법
① 영선법(우모법)
② 음영법(명암법)

(2) 부호적 도법

1) 점고법
① 지표의 표고를 도상에 숫자로 표시하는 방법
② 하천, 항만, 해양 등 심천을 나타내는 경우에 사용한다.

2) 등고선법
지형측량시 많이 사용한다.

3) 채색법
지리관계의 지도에 사용한다.

(3) 등고선의 성질
① 동일 등고선상에 있는 모든 점은 같은 높이이다.
② 등고선은 도면 내나 외에서 폐합하는 폐곡선이다.
③ 동굴이나 절벽은 반드시 두 점에서 교차한다.
④ 최대 경사의 방향은 등고선과 직각으로 교차한다.
⑤ 등고선은 분수선과 직각으로 만난다.
⑥ 등고선의 수평거리는 산꼭대기 및 산밑에서는 크고 산중턱에서는 작다.

(4) 등고선의 종류
① 계곡선
② 주곡선 : 지형을 표시하는데 가장 기본이 되는 곡선
③ 간곡선
④ 조곡선
⑤ 등고선 간격의 예 (단위 : M)

등고선의 종류	기호	1/10000	1/25000	1/50000
계곡선	굵은 실선	25	50	100
주곡선	가는 실선	5	10	20
간곡선	가는 파선	2.5	5	10
보조곡선(조곡선)	가는 점선	1.25	2.5	5

2. 지형도를 읽는 방법

(1) 지형도의 식별
① 산릉 : 산꼭대기와 산꼭대기 사이의 제일 높은 점을 연결한 선
② 안부 : 서로 인접한 2개의 산꼭대기가 서로 만나는 곳으로 고개부분을 말한다.
③ 계곡
④ 선상지 : 하구 부근에는 삼각주가 된다.

(2) 지성선(지세선)
지표면을 다수의 평면으로 이루어졌다고 생각할 때 이 평면의 접합부, 즉 접선을 말한다.

1) 능선(철선)
① 지표면의 높은 곳의 꼭대기를 연결한 선이다.
② 분수선, 능선이라고도 한다.

2) 계곡선
① 지표면이 낮거나 움푹패인 점을 연결한 선이다.
② 합수선, 합곡선이라고도 한다.

3) 경사변환선
동일 방향의 경사면에서 경사의 크기가 다른 두 면의 접합선

인간과 지형공간정보학

4) 최대경사선(유하선)
① 등고선에 직각으로 교차한다.
② 물이 흐르는 방향이라는 의미에서 유하선이라 한다.

3. 등고선의 측정방법 및 이용

(1) 등고선의 특정방법

1) 목측에 의한 방법
① 현장에서 대충 점의 위치를 결정하여 그리는 방법
② 1/10000 이하의 소축척의 지형측량에 이용한다.

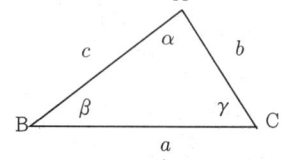

2) 방안법(점고법)
① 각 교점의 표고를 관측
② 지형이 복잡한 곳에 이용

3) 종단점법
소축척의 산지 등의 측량에 이용

4) 횡단점법
노선측량의 평면도에 등고선을 삽입할 경우 이용

(2) 지형도의 이용

① 등경사의 관측 $i = \dfrac{h}{D} \times 100(\%)$

　　(i : 경사, h : 등고선 간격, D : 수평거리)

② 단면도 작성 (종, 횡단면도 제작에 이용)
③ 노선의 도상선정
④ 저수량 및 토공량의 산정
⑤ 등구배선 결정
⑥ 면적의 도상 측정

◆ 보충
일반적으로 등고선의 간격은 축척 분모수의 1/2000로 한다.

10장 면적 및 체적계산

1. 도상거리법

(1) 이변법

두 변의 길이와 그 사잇각을 측정한 경우

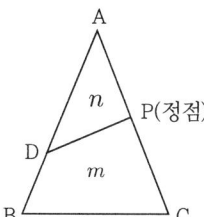

$$A = \frac{1}{2}ab\sin\gamma$$
$$= \frac{1}{2}ac\sin\beta$$
$$= \frac{1}{2}bc\sin\alpha$$

(2) 삼변법

삼각형의 세 변 a, b, c를 관측하여 면적을 구하는 방법

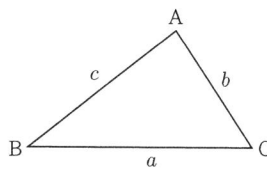

$$A = \sqrt{S(S-a)(S-b)(S-c)}$$

여기서, $S = \frac{1}{2}(a+b+c)$

(3) 지거법

1) 심프슨 제1법칙(경계선을 포물선으로 간주)

$$A = \frac{d}{3}\left[y_0 + y_n + 4(y_1 + y_3 + y_5) + 2(y_2 + y_4)\right] \quad (d : \text{지거 간격})$$

2) 심프슨 제2법칙

$$A = \frac{3}{8}d\left[y_0 + y_n + 3(y_1 + y_2 + y_4 + y_5) + 2(y_3 + y_6)\right]$$

3) 지거법(경계선을 직선으로 간주)

$$A = d\left[\frac{y_0 + y_n}{2} + y_1 + y_2 + y_3\right]$$

인간과 지형공간정보학

(4) 분할법

1) 1변에 평행한 직선에 따른 분할

$$\overline{AD} = \sqrt{\frac{m}{m+n}} \cdot \overline{AB}$$

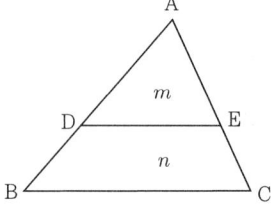

2) 변상의 정점을 통하는 분할

$$AD = \frac{AB \times AC}{AP} \cdot \frac{n}{m+n}$$

3) 삼각형의 정점을 통하는 분할

$$BP = \frac{m}{m+n} \times BC$$

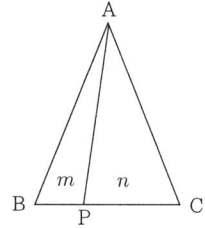

2. 구적기에 의한 면적의 계산

(1) 도면의 축척과 구적기의 축척이 같을 경우

$$A = C \cdot n = C(a_2 - a_1)$$

(C : 구적기의 단위면적, n : 회전눈금수(관측값), a_1 : 제1읽기, a_2 : 제2읽기)

(2) 도면의 축척과 구적기의 축척이 다를 경우

1) 도면의 축척(종, 횡)이 같을 경우

$$A = \left(\frac{M}{m}\right)^2 \cdot C \cdot n \quad (M : \text{도면의 축척분모수}, \ m : \text{구적기의 축척분모수})$$

2) 도면의 축척(종, 횡)이 다를 경우

$$A = \left(\frac{M_1 \times M_2}{m^2}\right) \cdot C \cdot n$$

(3) 축척과 단위면적과의 관계

$$a_2 = \left(\frac{m_2}{m_1}\right)^2 a_1$$

(a_1 : 주어진 단위면적, a_2 : 구하는 단위면적, m_1 : 주어진 단위면적의 축척분모, m_2 : 구하려고 하는 단위면적의 축척분모)

$$a = \frac{m^2}{1000} d\pi l$$

(a : 축척 1/m인 경우의 단위면적, d : 측륜의 직경, l : 측간의 길이, $\frac{d\pi}{1000}$: 측륜 한 눈금의 크기)

(4) 구적기의 사용시 주의할 사항
① 구적기의 오차는 2~3% 감안해야 한다.
② 눈금을 읽을 때 숫자판의 눈금이 0을 통과하는 경우에는 읽음값에 10000을 더한다.
③ 측기의 정확도를 점검한 후 측도침의 시점을 정하고 도면의 경계선상에 표시한다.
④ 측기의 길이는 구적기의 격납 상자에 붙어 있거나 측기에 붙어 있는 값에 의한다.

3. 용적의 계산

(1) 토공량 산정의 기본식

1) 각주공식

$$V_0 = \frac{h}{6}(A_1 + 4A_m + A_2)$$

(2) 점고법에 의한 용적의 계산
넓은 지역의 매립, 땅고르기 등 필요한 토공량을 계산하는 데 사용

인간과 지형공간정보학

1) 사각형으로 나눈 전토공량의 계산

① 토량 $V_0 = \dfrac{1}{4}A(\Sigma h_1 + 2\Sigma h_2 + 3\Sigma h_3 + 4\Sigma h_4)$

② 계획고 $h = \dfrac{V_0}{nA}$ (n : 구형의 수, A : 1개 구형의 면적)

2) 삼각형으로 나눈 전토공량의 용적

토량 $V_0 = \dfrac{1}{3}A(\Sigma h_1 + 2\Sigma h_2 + 3\Sigma h_3 + 4\Sigma h_4)$

(3) 등고선법에 의한 용적의 계산

저수지의 용량, 넓은 부지의 토공량을 계산할 때 많이 사용한다.

$$V_0 = \dfrac{h}{3}[A_0 + A_n + 4(A_1 + A_3 + A_5) + 2(A_2 + A_4 + A_6)]$$

(h : 등고선 간격, A : 각 단면의 면적)

  11장 노선측량

1. 곡선설치법

(1) 곡선의 분류

① 원곡선 : 단곡선, 복심곡선, 반향곡선, 배향곡선
② 완화곡선 : 클로소이드곡선, 3차 포물선, 레미니스케이트곡선

> **참고**
> - 클로소이드곡선 : 고속도로
> - 3차 포물선 : 철도
> - 레미니스케이트곡선 : 지하철에서 가장 많이 사용

(2) 원곡선의 설치

1) 공식

① 접선길이 $TL = R\tan\dfrac{I}{2}$

② 곡선길이 $CL = 0.01745RI$

③ 외할 $E = SL = R\left(\sec\dfrac{I}{2} - 1\right)$

④ 중앙종거 $M = R\left(1 - \cos\dfrac{I}{2}\right)$

⑤ 현길이 $L = 2R\sin\dfrac{I}{2}$

2) 호길이와 현길이의 차

$$L - l = \dfrac{L^3}{24R^2} \quad (L : \text{호길이}, \ l : \text{현길이})$$

3) 중앙종거와 곡률반경의 관계

$$R = \dfrac{L^2}{8M}$$

(3) 편각에 의한 방법

① 도로, 철도, 수로등에서 단곡선을 설치하는 데 사용

② 시단현 편각 $\delta_1 = 1718.87'\dfrac{l_1}{R}$

③ 종단현 편각 $\delta_2 = 1718.87'\dfrac{l_2}{R}$

(4) 중앙종거에 의한 방법

① 곡선반경이나 곡선길이가 작은 시가지의 곡선설치나 철도, 도로 등의 기설곡선의 검사 또는 개정에 편리

② 1/4 법이라고도 한다.

(5) 접선에 대한 지거법
터널 내의 곡선설치나 산림지의 벌채량을 줄일 경우 적당한 방법이다.

$$지거\ y = \frac{l^2}{2R}$$

(6) 접선편거와 현편거에 의한 방법
① 트랜싯을 사용하지 않고 pole과 tape만으로 곡선을 설치하는 방법
② 농로측설에 많이 사용한다.

2. 완화곡선

(1) 캔트와 확폭

1) 캔트
열차의 계획최고속도를 고려한 경우의 균형 캔트는

$$Cant = \frac{V^2 \cdot S}{g \cdot R}$$

(R : 곡선반경, V : 열차의 계획최고속도, g : 중력가속도, S : 레일간 거리)

2) 확폭

$$\epsilon = \frac{L^2}{2R}$$

(ϵ : 확폭량, L : 차량의 전면에서 뒷바퀴까지 거리, R : 곡선반경)

(2) 완화곡선의 성질

1) 완화곡선이 가지고 있는 성질
① 곡선반경은 완화곡선의 시점에서 무한대, 종점에서 원곡선 R로 된다.
② 완화곡선의 접선은 시점에서 직선에, 종점에서 원호에 접한다.
③ 완화곡선에 연한 곡선반경의 감소율은 캔트의 증가율과 다른 부호로 된다. 또 종점에 있는 캔트는 원곡선의 캔트와 같게 된다.

2) 완화곡선장(길이)

$$L = \frac{N}{1000} C \quad (N : \text{완화 곡선장과 캔트와의 비}, \; C : \text{캔트})$$

3) 이정

$$f = \frac{L^2}{24R} \quad (L : \text{완화곡선장})$$

(3) 클로소이드 곡선
곡률이 곡선장에 비례하는 곡선

1) 공식

① 곡율반경 $R = \dfrac{A}{\sqrt{2\tau}}$

② 곡선장 $L = A\sqrt{2\tau}$

③ 매개변수 $A = \sqrt{RL} \quad A^2 = RL$

2) 클로소이드의 형식
① S형 : 반향곡선의 사이에 클로소이드를 삽입한 것
② 난형 : 복심곡선의 사이에 클로소이드를 삽입한 것

3) 클로소이드의 성질
① 클로소이드는 나선의 일종이다.
② 모든 클로소이드는 닮음꼴이다.
③ τ는 radian으로 구한다.
④ 단위가 있는 것도 있고, 없는 것도 있다.

4) 클로소이드의 곡선설치 표시방법
① 직각좌표에 의한 방법 : 주접선에서 직각좌표에 의한 설치법, 현에서 직각좌표에 의한 설치법, 접선으로부터 직각좌표에 의한 설치법
② 극좌표에 의한 중간점 설치법 : 극각 동경법에 의한 설치법, 극각 현장법에 의한 설치법, 현각 현장법에 의한 설치법
③ 기타에 의한 설치법 : 2/8법에 의한 설치법, 현다각으로부터의 설치법

인간과 지형공간정보학

3. 종단곡선

(1) 곡선길이(L)

1) 도로

$$L = \frac{(m-n)}{360} V^2 \quad (m, n : 구배(상향 +, 하향 -))$$

2) 철도

① 포물선인 경우 $L = 4\left(\dfrac{m}{1000} - \dfrac{n}{1000}\right)$

② 원곡선인 경우 $L = \dfrac{R}{2}\left(\dfrac{m}{1000} - \dfrac{n}{1000}\right)$

(2) 종거(y)

1) 철도

$$y = \frac{x^2}{2R} \quad (x : 곡선시점에서 종거까지의 거리)$$

(3) 구배선 계획고

$$H' = H_0 + \frac{m}{100} x$$

12장 하천측량

1. 하천측량의 분류

(1) 평면측량

1) 평면측량의 범위

① 유제부 : 제외지의 전부와 제내지의 300m 이내

② 무제부 : 홍수 시에 물이 흐르는 맨 옆에서 100m까지
즉 홍수가 영향을 주는 구역보다 약간 넓게 측량한다.

2) 삼각측량

기본삼각점을 이용, 삼각점은 2~3km마다 설치, 단열삼각망 이용

3) 트래버스 측량
결합다각형의 폐합차는 3′ 이내, 거리의 정도는 1/1000 이내로 한다.

4) 세부측량
① 수애선 : 수면과 하안과의 경계선으로 평균 평수위에 가까운 동시수위에 의해 정해진다.

(2) 수준측량

1) 거리표 설치
① 하천의 중심에서 직각방향으로 설치한다.
② 하구 또는 하천의 합류점으로부터 100~200m마다 설치
③ 석표 : 1km마다 매립

2) 종단측량
① 수준기표 : 5km마다 암반에 설치
② 허용오차 : 4km 왕복에서 유조부 10mm, 무조부 15mm, 급류부 20mm
③ 축척 : 종 1/100(높이), 횡 1/1000(거리)

3) 횡단측량
① 200m마다의 거리표를 기준으로 한다.
② 간격은 10~20m마다 측량을 실시
③ 축척 : 종 1/100(높이), 횡 1/1000(거리)

2. 수위관측

(1) 용어설명
① 최다수위 : 일정 기간 동안 제일 많이 생긴 수위
② 지정수위 : 홍수 시에 매시 수위를 관측하는 수위
③ 갈수위 : 355일 이상 이보다 적어지지 않는 수위
④ 저수위 : 275일 이상 이보다 적어지지 않는 수위
⑤ 평수위 : 185일 이상 이보다 적어지지 않는 수위
⑥ 홍수위 : 최대수위

(2) 수위관측소와 양수표의 설치장소
① 하상과 하안이 안전하고 세굴이나 퇴적이 생기지 않는 장소일 것

② 상, 하류 약 100m 정도의 직선인 장소일 것
③ 수위가 교각이나 기타 구조물에 의한 영향을 받지 않는 장소일 것
④ 어떠한 갈수 시에도 양수표가 노출되지 않는 장소일 것
⑤ 양수표는 하천에 연하여 5~10km마다 배치한다.

3. 평균유속의 측정

(1) 부자에 의한 방법

1) 표면부자
① 주로 하폭이 크고 홍수시 표면 유속 측정에 적합, 홍수시에 사용
② 투하지점은 10m 이상, B/3 이상, 20초 이상(약 30초)으로 한다.

$$V_m = (0.8 \sim 0.9)v$$

(V_m : 평균유속, v : 유속, 0.9 : 큰 하천에서의 부자고, 0.8 : 작은 하천에서 부자고)

2) 수중부자
① 유속이 빠르고 유속계 사용이 어려운 경우
② 유량이 적을 경우 : 피토관 이용

3) 막대부자
평균유속을 직접 구하는 방법으로 종 평균유속 측정시 사용, 홍수에 가장 유리

4) 부자의 유하거리
① 하천폭의 2배
② 부자에 의한 평균유속 $V_m = \dfrac{l}{t}$
③ 제1단면과 제2단면의 간격 : 큰 하천인 경우 : 100~200m,
　　　　　　　　　　　　　　　작은 하천인 경우 : 20~50m

(2) 평균유속을 구하는 방법

① 1점법 $V_m = V_{0.6}$
② 2점법 $V_m = \dfrac{1}{2}(V_{0.2} + V_{0.8})$
③ 3점법 $V_m = \dfrac{1}{4}(V_{0.2} + 2V_{0.6} + V_{0.8})$

◆ 보충
수준점 : 5km, 삼각점 : 2~3km, 석표 : 1km, 양수표 : 5~10km마다 설치

13장 항공사진측량

1. 항공사진측량의 장점과 단점

(1) 장점
① 정량적 및 정성적 측정이 가능하다.
② 정도가 균일하다.

$$평면오차 = \left(\frac{10}{1000} \sim \frac{30}{1000}\right) \times m \quad (m : 촬영축척의 분모수)$$

③ 분업화에 의한 작업능률성이 높다.
④ 축척변경이 용이하다.
⑤ 거시적인 관찰을 할 수 있다.
⑥ 4차원 측정이 가능하다.

2. 항공사진의 일반적인 성질

(1) 항공사진의 분류

1) 촬영 방향에 의한 분류
① 항공사진
  - 수직사진 : 카메라의 경사가 3° 이내일 때의 사진
  - 경사사진 : 카메라의 경사가 3° 이상일 때의 사진
② 경사사진
  - 고각도경사사진 : 화면에 지평선이 찍혀있는 사진
  - 저각도경사사진 : 지평선이 찍혀있지 않는 사진
③ 수평사진

2) 필름에 의한 분류
① 적외선 사진 : 지도작성, 지질, 토양, 수자원 및 산림조사 판독작업에 이용
② 위색사진 : 식물의 잎은 적색, 그외는 청색으로 찍히며, 생물 및 식물의 연구나 조사 등에 이용

3) 카메라의 화각에 의한 분류
① 초광각 : 소축척도화용

② 광각 : 일반도화, 판독용
③ 보통각 : 삼림조사용
④ 협각 : 특수한 대축척도화용 판독용

(2) 항공사진의 특수 3점

① 주점(화면거리) : 렌즈의 중심으로부터 화면에 내린 수선의 발
② 연직점(촬영고도) : 렌즈의 중심으로부터 지표면에 내린 수선의 발
③ 등각점 : 사진면에 직교되는 광선과 연직선이 이루는 각을 2등분하는 광선이 사진면에 교차하는 점

$$nj = f \tan \frac{i}{2} \quad (nj : 연직점과 등각점사이의 거리, \ i : 경사, \ f : 초점거리)$$

(3) 항공사진의 축척

1) 기준면에 대한 축척

$$M = \frac{1}{m} = \frac{l}{L} = \frac{f}{H} \quad (M : 축척, \ m : 축척의 분모수, \ f : 초점거리, \ H : 촬영(비행)고도, \ l : 사진상의 거리, \ L : 실제거리)$$

2) 비고가 있을 때 사진축척

① 기준면보다 높은 경우 $M = \dfrac{f}{H-h}$

② 기준면보다 낮은 경우 $M = \dfrac{f}{H+h}$

(4) 항공사진의 촬영

1) 촬영 코스
① 넓은 지역 촬영시는 동서방향으로 직선 코스로 계획한다.
② 남북으로 긴 경우는 남북방향으로 계획한다.
③ 1코스 길이는 보통 30km 이내이다.

2) 중복도
① 산악지역 : 한 모델, 한 사진상에서의 고저차가 촬영고도의 10% 이상인 지역
② 종중복 : 촬영 진행 방향에 따라 중복시키는 것으로 보통 60%, 최소한 50% 이상 중복을 주어 촬영한다.

③ 횡중복 : 촬영 진행 방향에 직각으로 중복시키며 보통 30%, 최소한 5% 이상 중복을 주어 촬영한다.

3) 촬영기선길이

$$B = ma\left(1 - \frac{p}{100}\right)$$

(B : 촬영종기선 길이, m : 축척 분모수, a : 화면의 크기, p : 종중복도)

※ 주점기선길이 $b_0 = a\left(1 - \frac{p}{100}\right)$

4) 촬영일시

구름이 없는 쾌청일의 오전 10~오후 2시경까지가 최적이며 연평균 쾌청일수는 80일이다. 태양각 최저 30°이상, 45°인 경우가 가장 좋다.

5) 촬영고도와 C계수

$$\Delta h = \frac{H}{C}$$ (Δh : 등고선 간격, H : 촬영고도, C : 도화기의 계수)

6) 사진의 면적

① 실제 면적 $A = (m \cdot a)^2$ (a : 사진의 크기)
② 사진의 유효 면적 (A_0)

- 단코스의 경우 $A_0 = (ma)^2\left(1 - \frac{p}{100}\right)$
- 복코스의 경우 $A_0 = (ma)^2\left(1 - \frac{p}{100}\right)\left(1 - \frac{q}{100}\right)$ (p : 종중복도, q : 횡중복도)

7) 사진 매수

$\frac{F}{A_0}$ (F : 촬영 대상지역의 전체면적, A : 사진 1매의 실제면적, A_0 : 유효면적)

$= \frac{F}{A_0}(1 + 안전율)$: 안전율을 고려한 경우

① 모델수에 의한 사진매수

- 종 모델수 $\dfrac{S_1}{ma\left(1 - \dfrac{p}{100}\right)}$ (S_1 : 코스의 종길이)

- 횡 모델수 $\dfrac{S_2}{ma\left(1-\dfrac{q}{100}\right)}$ (S_2 : 횡기선의 길이)

- 총 모델수 = 종 모델수 × 횡 모델수
  사진매수 = (종 모델수 + 1) × 횡 모델수

8) 노출시간

$$T_t = \dfrac{\Delta S \cdot m}{V}, \quad T_s = \dfrac{B}{V}$$

(T_t : 최장 노출시간, ΔS : 흔들림 양, m : 사진축척 분모수, V : 항공기의 초속, T_s : 최소 노출시간)

9) 항공사진의 변위

① 변위량 $\Delta r = \dfrac{h}{H} \cdot r$

(h : 비고, H : 비행고도(촬영고도), r : 화면 연직점(주점)에서의 거리)

② 최대 변위량 $\Delta \gamma_{\max} = \dfrac{h}{H} \cdot \gamma_{\max}$

($\gamma_{\max}$: 최대 화면 연직점에서의 거리 $= \dfrac{\sqrt{2}}{2} \cdot a$)

3. 입체사진 측정

(1) 입체시

1) 육안에 의한 입체시
사진간격 6cm, 명시거리 25cm일 때 0.09mm정도의 정확도로 측정가능

2) 기구에 의한 입체시
① 여색 입체시 : 1쌍의 사진의 오른쪽은 적색, 왼쪽은 청색으로 현상하여 이것을 겹쳐서 인쇄한 것으로 왼쪽에 적색, 오른쪽에 청색의 안경으로 보면 입체감을 얻는다.

(2) 시차
두 장의 연속된 사진에서 발생하는 동일지점의 사진상의 변위를 말한다.

1) 시차차에 의한 변위량

$$h = \frac{H}{P_\gamma + \Delta P} \cdot \Delta P \quad (h : 시차(굴뚝의 높이), \ H : 비행고도, \ \Delta P : 시차차,$$

$$P_\gamma = \frac{\text{I} + \text{II}}{2} : 기준면의 시차차)$$

시차차 $\Delta P = \dfrac{h}{H} b_0 \quad (b_0 : 주점기선장)$

(3) 표정
지형의 정확한 입체모델을 기하학적으로 재현하는 과정

1) 표정의 순서
내부표정 → 상호표정 → 절대표정(대지표정) → 접합표정

2) 내부표정
① 도화기의 투영기에 촬영당시와 똑같은 상태로 양화건판을 장착시키는 작업
② 주점의 위치 결정
③ 화면거리의 결정

3) 상호표정
① 촬영면상에 이루어지는 종시차를 소거하여 목표 지형물의 상대적 위치를 맞추는 작업이다.
② 인자 : $k, \ \omega, \ \phi, \ b_y, \ b_z$ (5개 인자로 구성)

4) 절대표정 (대지표정)
① 축척의 결정
② 수준면의 결정(표고, 경사의 결정)
③ 위치의 결정
④ 인자 : 7개의 인자로 구성

5) 접합표정
한쪽의 인자는 움직이지 않고 다른 쪽만 움직여 접합시키는 표정법

4. 항공사진 판독과 사진지도

(1) 항공사진 판독의 요소
크기와 형태, 색조, 모양, 질감, 음영, 과고감

인간과 지형공간정보학

(2) 사진지도의 분류
① 약집성 사진지도
② 조정집성 사진지도 : 카메라의 경사에 의한 변위를 수정하고 축척도 조정한 지도를 말한다.
③ 정사투영 사진지도 : 카메라의 경사, 지표면의 비고를 수정하고 등고선을 삽입한 지도를 말한다.

5. 원격측정
(1) 특징
① 반복 측정이 가능
② 정량화가 가능
③ 회전주기가 일정하므로 원하는 지점 및 시기에 관측하기가 어렵다.
④ 영상은 정사투영상에 가깝다.
⑤ 재해, 환경문제 해결에 편리하다.
⑥ 넓은 지역에 적합

(2) 분류
① 원격센서 : 화상센서, 비화상센서
② 화상센도 : 수동적센서, 능동적센서
③ 수동적센서 : 선주사 방식, 카메라 방식
④ 능동적센서 : Radar 방식, Laser 방식

◆ 보충
■ 지상사진측량과 항공사진측량과의 비교
① 항공사진은 후방교회법이고 지상사진은 전방교회법이다.
② 항공사진은 광각사진이 바람직하고, 지상사진은 보통각이 좋다.
③ 항공사진보다 평면정도는 떨어지나 높이의 정도는 좋다.
④ 지상사진은 수직, 수평사진, 편각수평, 수렴수평 촬영이 되나 항공사진은 수직, 사각사진만 가능하다.

■ 투영
① 중심투영 : 사진을 제작할 때만 사용(항공사진)
② 정사투영 : 지도를 제작할 때 사용한다.

부록 2

인간과 지형공간정보

제1장 인간과 공간의 총론

1.1 의의

1.1.1 인간(人間, human being)이란

인간은 원래 동물의 일원이지만 다른 동물에서 볼 수 없는 고도의 지능을 소유하고 독특한 삶을 영위하는 고등동물이다.

한글사전에는 인간이란 단어를 인류, 사람 됨됨이 마땅치 않은 사람을 얕잡아 이르는 말로 표현되어 있다.

조직사회를 이루고 언어와 도구를 사용하면서 생활을 한다. 이 같은 생활방법은 사람이 태어날 때부터 가지고 있는 것은 아니고 각자가 생후에 사회에서 습득하며, 자손에게 전해지는 것이다.

신체적 특징은 생물로서의 유전법칙에 의해 부모로부터 자식에게 전해지지만, 생후에 습득한 언어나 기술은 사회를 통해 세대에서 세대로 전해진다.

생후에 획득한 신체적 형질(形質)은 다음 대에 유전되지 않지만, 어떤 세대에서 발명되고 개선된 생활기술은 다음 세대에 계승되고 발전한다. 이 같이 신체의 진화와 생활기술의 진보는, 각자에 따라 발전의 방법을 전적으로 달리하고 있다.

초기의 인간은 어느 쪽의 발전도 지극히 완만했으나, 생활기술의 발전은 점차 그 속도를 빨리하여 생물로서의 진화를 앞지르게 되었다. 이제는 인간의 진화는 정지한 것처럼 보이기도 한다. 이 같은 인간 특유의 생활기술도, 그 근원을 거슬러 올라가면 역시 인간이 동물로서의 삶을 영위함에 있어서 이를 보충하기 위한 생물로서의 특성에 기인한 것에 불과하다.

일찍이 지혜를 간직한 뇌의 발전은 사람으로 하여금 사람답게 하는 근원이라고 간주되었다. 그러나 오늘날에는 화석인류(化石人類)와 문화유물에 나타난 증거에서, 이족직립보행(二足直立步行)에 알맞은 신체구조의 변화가 먼저 이루어지고, 뇌의 발달은 이보다 늦게 진행되었다는 사실이 명백해졌다.

그리하여 인간의 생물로서의 특성에 바탕을 두고 성립된 생활기술은 반대로 생물로서의 진화에 영향을 주는 요인이 되었고, 지구상에 출현한 지 200만 년에 이르러 오늘날 지구상에 널리 퍼져, 독특한 생활을 영위하는 인간세계를 나타나게 하였다.

1.2 인간관계와 인간관계론

1.2.1 인간관계(人間關係, human relation)

사람과 사람과의 인격적인 관계, 특히 경영조직 내부에서의 비공식적인 인간관계의 총칭.

조직 구성원 사이의 지능적·합리적 관계보다는 심리적·정서적 관계를 말한다.

인간관계론의 주창자들은 작업능률이 노동조건과 물적 조건의 개선에 의해 향상될 수 있으나 구성원의 심리적 욕구 충족이 중요하다는 사실을 강조한다. 즉 경영에서는 인적요소 일반 인간관계를 중시한 관리기법을 의미한다.

호손실험(Hawthorne experiments)의 결과 기업의 목표달성도는 종업원의 사기(士氣)에 의하여 크게 영향을 받는다는 점이 밝혀진 이래 사기앙양 요인으로서 비공식집단(informal group)의 중요성이 주목을 받게 되었다. 그리하여 직장의 인간관계에 유의하며 종업원의 사기를 높이고 그들의 자발적인 협력을 확보하기 위한 여러 방책이 추구되기에 이르렀다.

1.2.2 인간관계론(人間關係論, human relations approach)

인간이 태초에 사회를 형성하는 과정에서 자연적으로 발생하는 현상이라 할 수 있으나, 문헌상 기록은 1841년 이후 테일러(Fredrick Winslow Taylor, 1856~1915)의 과학적 관리기법을 기초한 테일러리즘과 페이욜(Henri Fayol 1841~1925)의 기숙적 차원에서 경험적 관리를 시도한 페이욜리즘이 정립된 시점으로 정리되어 있다.

조직구성원들의 사회적·심리적 욕구와 조직 내 비공식집단 등을 중시하며, 조직의 목표와 조직구성원들의 목표 간의 균형유지를 위한 민주적·참여적 관리방식을 처방하는 조직이론을 말한다.

과학적 관리론에 대한 반발로 등장한 인간관계론은 E. Mayo 등 하바드 대학의 경영학교수들이 미국의 Western Electric 회사 Hawthorne 공장에서 1927년부터 1932년까지 수행한 일련의 실험에 의해 이론적 틀이 마련되었다.

인간과 지형공간정보학

인간관계론의 요지는 첫째 조직구성원의 생산성은 생리적·경제적 유인으로만 자극받는 것이 아니라 사회·심리적 요인도 크게 작용한다는 점과, 둘째 이러한 비경제적 보상을 위해서는 대인관계·비공식적 자생집단 등을 통한 사회·심리적 욕구의 충족이 중요하며, 셋째 이를 위해서는 조직 내에서의 의사전달·참여가 존중되어야 한다는 것이다.

인간중심적 관리를 중시한 이와 같은 인간관계론은 현대 조직이론에 지대한 영향을 미치게 되었다. 즉 조직인도주의(organizational humanism)와 행태과학(behaviorism), 사회·기술학파 등의 이론 발전에 큰 영향을 미치게 된 것이다.

1.2.3. 인간관계의 대두

인간관계는 현대사회의 인간상호 간의 관계성과 유기성을 중심으로 특정집단의 목표 달성을 위한 종업원 협동(cooperate)와 능률향상을 위한 생산(produce), 작업만족(satisfaction) 등의 기본적 목적을 달성하여 목표지향적 협동관계(oriented cooperative system)을 확립하면서 집단의 성장과 발전을 도모할 수 있는가라는 근본적인 목적이며, 인간관계 연구방법(Human relation approach)로부터 인간관계(Human Relations)라는 용어가 하나의 학술용어로 유래된 것은 1930년대에 미국의 벨(Bell)식 전화기 제조회사인 웨스턴 일렉트릭회사(Western Electric Company)의 호오손 공장에서 이루어진 소위 호오손 실험(Howthorne Experiment)의 결과로부터 전개되었다.

1.2.4. 인간관계의 용어 의미

인간관계란 용어는 오늘날 다양한 뜻으로 사용되고 있으나 이를 대별하여 보면 통용적 의미와 학문적 의미로 구분할 수 있다.

통용적 의미의 인간관계는, 첫째로 인간과 인간의 심리적 관계, 둘째는 대인관계, 셋째는 인화 등과 같은 의미로 사용되고 있으며, 학문적 의미의 인간관계는 가장 포괄적 개념으로서의 인간관계의 과학(Science of Human Relation)을 지칭하는 경우와 산업사회에서 사용되는 인간관계 및 인사관리에 있어서의 인간관계의 의미로 다시 나누어 생각할 수 있다.

즉 인간관계의 의미를 인간관계의 과학적으로 파악하는 경우는 사회과학과 거의 동의어로 사용되어 여기에는 심리학, 사회학, 사회심리학, 사회인류학, 임상심리학 및 경제학, 정치학 또는 법학까지도 포함시키고 있다. 그리고 산업사회에서 사용되는 인간관계의 의미는 조직체 내에 존재하는 현실 그대로의 기술상 제도상 및 자생적 인간관계의 사실을 뜻하며, 인사관리에 있어서의 인간관계의 의미는 인간관계적 관리기술을 의미한다. 즉 인화, 활발한 의사소통, 직장의 안정, 주체적 참가 팀워크 등 조직체 내의 계층 및 모든 장면에서 창출하는 관리기술을 의미한다.

1.3 공간(空間, space)

직접적인 경험에 의한 상식적인 개념으로 상하·전후·좌우 3방향으로 퍼져 있는 빈 곳을 말한다. 공간의 개념은 각 학문의 특성에 따라 다르게 인식될 수 있다.

한글 사전에는 공간의 뜻은 '아무것도 없이 비어있는 곳, 모든 방향으로 끝없이 펼쳐져 있는 곳, 우주공간을 말한다'라고 되어 있다.

그러나 이러한 공간의 개념은 각 학문의 특성에 따라 다르게 인식될 수 있다. 즉, 심리학적으로 말하면, 시각이나 촉각 등의 작용에 의한 공간지각(空間知覺)에 입각하여 공간표상(空間表象)으로서 주어지며, 철학적으로는 그 공간표상에서 출발한 경험적 공간을, 어떤 특별한 요소에 의해서 성격이 부여된 선험적 공간(先驗的空間)과 구별하고 있다.

기하학에서의 공간의 개념은 역사와 더불어 변모하였다.

처음에는 2차원, 3차원의 유클리드공간이 그 대상이었으나, 《기하학원본》에서 제시된 평행선의 공리에 대한 의문에서 출발하여 그 공리를 바꾼 로바체프스키공간, 리만공간 등의 비유클리드공간이 탄생하였다. 한편 R.데카르트가 해석기하학을 창안한 후 유클리드공간이 수를 사용하여 해석적으로 표현되고 연구되었다.

이후 공간은 해석학과 관계를 맺어 해석학의 대상이 공간적으로 표현되기에 이르렀으며, 이에 따라 공간 개념이 확대되어 n차원공간을 생각하게 되었다.

미분기하학의 대상은 일반적인 리만공간이며, 상대성이론에서도 사용된다. 비유클리드공간의 연구로 발전된 공간은 유클리드공간과 더불어 벡터공간론이 되고, 무한차원의 벡터공간으로 생각되었던 힐베르트공간은 양자역학의 연구에 불가결의 무기가 되었다.

현대수학에서는 일반적인 집합을 공간이라 하고, 그 원소(요소)를 점으로 하는 추상공간이 연구대상이 되며, 여기에 위상을 도입한 위상공간(位相空間), 또는 선형공간(線形空間)·함수공간(函數空間) 등이 중요시된다.

또한, 물리학에서는 통일장이론(統一場理論)의 연구에 각종 접속공간(接續空間)을 도입하고 있다.

공간과학으로서의 지리학은 가설과 검증을 통한 일반화 확률 기법을 이용하여 공간

이론, 공간법칙, 공간모델 등을 정립하는 법칙, 추구적 접근방식을 취하고 있으므로, 이 접근방법에 따른 지리학으로서의 연구대상은 지역(region)보다 공간(space)이라고 할 수 있다.

즉 논리 실증주의, 지리학이 공간이론과 공간분석기법의 개발을 촉진하여 지리적 사상의 객관적 설명과 예측을 가능하게 함으로써 지리학의 과학화에 획기적 기여를 한 점에서 전통지리학에 대하여 신 지리학으로 호칭되면서 지리학의 주류를 이루고 있다.

한편으로 접근 방법이 첫째, 인간의 공간행위를 가치중립적인 것으로 간주하고 있을 뿐 아니라 둘째, 인간을 합리적으로 반응하는 경제인으로 공간을 역사적, 구체적 사회공간으로서가 아니라 기하학적 공간으로 파악함으로써 지리학을 단순화 하고 공간실물주의(spatial fetishism)에 빠지게 하는 오류를 범하게 하고 있는 것도 사실이다.

공간을 너무 객관화함으로써 공간에 포함된 인간의 가치를 보완하기 위해 가치가 내재된 생활공간, 사회 공간 등이 뒤따르게 되었으며, 아울러 가치 내재한 공간으로서뿐만 아니라 가상공간이 우리의 삶에 중요한 공간으로 등장하게 되었다.

1.3.1 공간의 의미

앞서 언급한 내용과 같이 지리학에서 지역이라는 용어를 공간이라는 용어가 대신하게 되었다. 지역이 지역의 특수성 또는 개성기술이라는 평면적 개념이라면, 공간은 지역의 일반성 추구라는 입체적 개념이다.

더 나아가 공간은 일반성 추구를 위해 객관화할 기하학적 공간의 한계를 보완하기 위해 인간의 가치와 사회적 가치가 내재된 공간에서 더 나아가 가상공간까지도 포괄하는 용어가 되었다.

공간에 대한 정의는 주관적이고 상대적인 것으로 복잡하여 한마디로 정의하기가 어렵다. 공간이란 단어는 야외(open space) 자동차 내의 빈 공간(a space for your car) 줄과 줄 사이의 여백이 거의 없다(little space between the lines), 혹은 외계(outer space) 등 다방면에서 사용될 수 있기 때문에 공간에 대한 정확한 개념을 조작적으로 정의할 필요가 있다.

뉴우튼은 공간이란 사물을 담고 있는 무한한 용기의 일종으로 보았다. 공간을 실존체로 전제하고 있다.

라이프니쯔는 공간이란 사물들 간의 관계를 구조화하기 위해 정신에 의해 창조된 개념으로 생각하였다. 칸트는 공간이란 정신에 기반을 둔 것으로 특정한 방법으로 정신에 의해 구조화된 것으로 가정하였다.

즉, 칸트는 지도 투영의 경선, 위선의 체계과 유사한 목적을 제공하는 공간적 체계

안에 인간의 정신이 형성된다고 주장하였다. 그리고 공간은 인간이나 사회집단이 지표상에서 활동함에 따라 나타나는 여러 가지 현상들의 성질을 방향, 거리, 상대적 위치, 규모 등과 관련 지어 나타내는 관계의 틀이라고 하며 지표상에 복잡하고 다양하게 전개되는 인간활동을 외면상 무질서로 분포되어 있기에 내용과 규모의 성격에 따라 질서 있는 배열이라 한다.

따라서 공간이란 인간활동의 분포, 질서와 원리에 따라 지역을 단순화, 추상화시킨 것으로 다분히 기하학적 성격을 띠고 있으며 위치, 거리, 방위, 영역, 변천 등의 요소에 의해 파악되는 지표의 범위로 보기도 한다.

공간을 구성하는 요소들 간의 관계(공간관계)에 의해서 보다 특성화된 상태로 결합하여 공간조직을 형성한다. 공간조직에 영향을 주는 요소에는 자연적 요소와 인문적 요소들이 있으며 이들 요소 하나하나와 인간의 삶이 결합하면서 개별공간이 형성된다.

즉, 공간은 주관적이면서 상대적으로 인식되는 삶의 장으로써 지역을 보다 추상화시킴으로써 인간의 삶을 더 잘 이해하도록 해 주는 것이라고 볼 수 있다.

결국 공간은 현상이나 사물을 담고 있는 객관적인 그릇이요, 또한 현상이나 사물 간의 관계를 구조화하기 위해 인간이 창조한 상념의 주관적이고 상대적인 공간으로 볼 수 있다. 따라서 공간은 객관적 절대적 공간과 주관적, 상대적인 공간으로 나누어 볼 수 있다. 따라서 우리는 공간과 관련하여 이것을 설명하거나 해석하려고 한다.

1.3.2 공간의 종류

공간은 지역을 객관화한 논리 실증적인 객관적, 기하학적 공간과 객관적 공간의 가치배제로 인한 문제점을 극복하기 위한 주관적 공간으로서 생활공간 그리고 공간적 불평등 해소, 공간격차 해소를 위한 사회공간 등으로 나누어 볼 수 있다.

(1) 객관적 공간

객관적 공간에서 공간이란 공간을 구성하는 위치, 거리, 방위, 밀도, 범위(규모), 변천 등의 공간요소에 의하여 지리적 현상을 파악하고자 하는 지표의 범위로 지역을 우리의 머릿속에서 입체화, 추상화시킨 것이다. 공간은 일정한 질서와 조직이 있다고 보고서 공간을 구성하는 요소들 간의 결합관계(spatial relations)와 공간요소들이 형성하는 질서 있는 짜임새(spatial structure) 등을 연구한다.

지역이 구체적인 지표상의 자연, 인문현상들의 특성이나 상호의존관계에 의해 특징 지어 진다면, 공간은 지표상의 사물들의 거리나 분포(pattern), 전개과정(process), 순환(circulation), 상호작용(interaction), 확산(diffusion), 접근성(accessibility) 등으

로 특징지어진다고 할 수 있다. 여기서는 공간을 구성하는 기본요소에 대해 살펴보기로 한다.

1) 거리(distance)

거리는 인간이 공간과 관련하여 행동(spatial behavior)을 하는 데 있어서 가장 기초적인 조건들 중의 하나로 각종 공간행위 예를 들어 의료추구행위나 시설의 입지 선정시 중요한 변수가 된다. R.Harshorne은 그의 저서 The Nature of Geography에서 지리학은 거리의 학문이라고 주장하면서 공간분석에 있어서 거리를 중요시하였다. 거리에는 다음과 같은 종류가 있다.

① 물질적 거리(physical distance) : 경로거리(예; 청주-대구)와 직선거리(유클리드 거리)
② 시간거리(time distance) : 항공기 이용
③ 비용거리(cost distance) : 도신 교통체증
④ 인지거리(perceived distance) : 인간의 머리, 경험 등에 의하여 얻어진 거리(예; 갑돌이와 갑순이의 심리적 거리)
⑤ 사회 문화적 거리(socio-cultural distance) : 민족, 인종, 문화, 사회적 동질성 내지 유사성을 지닌 사람들이나 집단들 간에는 심리적 거리가 좁아지고 거리도 빈번해진다는 사고에서 나온 개념 (예; 영호남 간 거리, 인종의 흑백 간 거리 등)

2) 위치(position)

어떤 사물이 지표상에 차지하고 있는 자리를 말한다.

① site(absolute location) : 그 장소의 내부적 성격을 나타내는 것으로 주로 지형적, 수리적 위치로서 표현된다. 미시적 측면이 고려되기 때문에 대축척 지도상에서 분석된다.

예를 들자면 부산은 북위 34° 53′10″, 동경 129° 12′38″에 위치하며, 동으로는 우리나라의 가장 긴 낙동강 하류에 삼각주인 김해평야가, 북으로는 태백산맥의 끝자락인 금정산이 자리잡고 있다.

② situation(relative location : 그 장소의 외부적 성격을 나타내는 것으로 주로 교통적 위치로 표현된다. 거시적 측면이 고려되기 때문에 소축척 지도상에서 분석된다.

예를 들자면 우리나라 제1의 국제 무역항이자 국제공항을 갖고 있는 부산은 국내적으로 우리나라의 수도인 서울로부터 비행기로 1시간, 시속 100km인 새마을호는 4시간 정도 걸리는 우리나라 동남단에 위치하고 있으며, 국외적으로 일본,

중국, 태평양 상의 여러 섬들은 물론 유럽, 호주와 뉴질랜드 등 여러 나라와 통하는 우리나라 제1의 관문적 역할을 다하고 있다.

3) 입지(location)

입지란 특정한 장소에 건물이나 농작물 등이 자리 잡는 것으로 말하는데, 위치하게 된 원인을 중요시함으로써 장소적 성격과 조건이 부여된 개념으로 동양에서는 풍수지리사상과 관련이 깊으며, 서양에서는 입지론으로 여기에는 사적 입지론과 공적 입지론으로 크게 나눌 수 있다. 사적 입지론은 입지 기준으로서 효율성을 중요시하고, 공적 입지론은 형평성을 중요시한다. 풍수는 학문적 성격과 미신적 성격을 둘 다 가지고 우리의 삶과 관련하여 면면하게 내려오고 있는데 집터, 묘터 등의 입지결정에 아직도 중요한 것으로 간주되고 있다.

4) 분포(distribution)

분포는 위치하게 된 결과를 중요시 하는 것으로 지리학은 분포의 과학이라 할 만큼 지리학의 기본을 이룬다. 분포사상은 지표상에 단순히 놓이는 것이 아니라 분포를 결정하는 지리적 요인에 따라 나타나는 것이다.

무엇이, 어디에, 얼마만큼, 어떻게 분포하는가가 중요한데, 무엇은 분포의 지리적 사상, 어디에는 분포의 위치, 얼마만큼은 분포의 양, 어떻게는 분포의 형태를 나타낸다, 공간에서 분포는 주로 분포의 유형(pattern)측면에서 다루고 있다.

pattern은 인구, 취락도시, 공업, 농업, 상업 등의 일시점의 분포를 말하며 지리적 요인에 따라 결정된 분포는 공간상에 분포도를 작성하여 이해한다.

이때 분포의 응집상태와 분포 간의 상관관계에 따라 여러 가지로 살펴볼 수 있다. 응집상태에 따라 집중분포(clustered distribution), 무작위 분포(random distribution), 균등분포(uniform distributioh) 등으로 상관관계에 따라 정상관, 부상관으로 나타낼 수 있다.

5) 변천과정(process)

지도상의 제 현상은 변천을 계속하고 있다. 자연도 문화도 끊임없이 변천하고 있다.

변천과정은 분포가 시간적으로 순환되고 공간적으로 반복되는 과정으로, 자연적, 문화적 변화과정을 중요시하는 역사지리분야 연구에 적합하다.

우리나라 정기시자의 변천과정을 통해 정기시장의 발달과 쇠퇴 등에 대한 특징을 알 수 있다.

인간과 지형공간정보학

(2) 주관적 공간

1) 생활공간

땅에는 땅에 사는 사람들의 생각 사상이 투영된 실체임에도 불구하고 가치를 배제시킴으로 인한 땅을 잘못 이해할 수 있다. 가령 옛날 몽고에서는 아내도 빌려주었다는데 무엇으로 설명할 것인가?

지리학의 연구 대상인 인간의 생활공간(lifeworld)은 인간의 공간지각과 관념의 소산이기 때문에 이 생활공간의 이해나 해석을 위해서는 기계론적 접근보다 인간의 가치나 주관, 즉 인본적 속성을 기초로 한 해석학적 접근이 필요하다라는 관점에서 1970년대부터 등장한 새로운 접근 방법이다.

인본 지리학은 논리 실증주의 지리학의 객관적 접근에 대하여 인간 속성을 중시하는 주관적 접근을 택하고 전자의 실증주의에 대하여 반실증주의적 입장을 취하고 있다.

또 전자가 공간에 대한 설명력이나 예측력을 증대시키려고 하는 데 대하여 인본지리학은 생활공간의 의미 발견이나 이해 증진에 주력하고, 전자의 집단적 수준에 대하여 개별적 수준을, 현상 환경보다는 행동 환경을 대상으로 하는 것이 특색이다.

한편 인본지리학은 지역이나 공간 대신에 구체적이고, 가치 내재적인 장소(place)를 대상으로 일상생활 공간으로서의 장소감(sence of place)에 대한 연구에 특별한 관심이 집중되고 있다.

이러한 인본지리학의 등장은 관념론, 현상학, 실존주의 등의 철학적 배경과 심리학적 근거 외에도 인간 세계의 연구 태도를 획기적으로 전환시키고 있는 포스트 모더니즘의 등장과도 관련이 있다. 최근 선진국에서는 주민의 생활수준과 의식 수준의 향상으로 획일화에 의한 개성 상실과 인간성 상실을 특징으로 하는 모더니즘사회에 대한 염증과 회의를 품게 됨으로써 인간 세계의 연구 태도가 근본적인 전환을 겪게 될 것이 그것이다.

이것을 구체적으로 보면

① 종래의 이론적 연구가 경험적 연구로

② 수미 일관된 질서 발견에서 다양성(무질서) 중의 특수성(개성) 발견으로,

③ 현상 간의 본질적 유사성 추구에서 현상 간의 차이성 발견으로 전화되어가고 있는 것이 그것이다.

이러한 포스트모더니즘이 지리학에 미친 영향으로 중요한 것을 들면 1지역 연구에의 회귀와 인본주의적 접근방법의 도입을 들 수 있다. 형태심리학(gestalt psychology)에 입각한 행동지리학은 인본지리학의 대표적 예이다.

인본지리학은 가치 공간화된 장소를 대상으로 하여 몰가치적인 논리실증주의 지리학의 결함을 보완하여 지역의 성격이나 의미를 보다 효과적으로 파악하는 데 큰 기여를

한 것은 사실이다. 그러나 한편으로는 사회공간의 존재양식이나 인간의 주관이나 행위를 규정하는 사회구조의 영향을 무시하고, 인간 행동을 단순히 의미로서만 해석하고 사회 변혁을 추구하는 실천으로 간주하고 있지 않음으로써 사회공간 형성의 해명력 부족한 점과 가치판단의 객관적 기준이 결여되어 있는 것이 문제가 되고 있다.

2) 사회공간

우리의 삶, 행동, 사상, 나아가 공간적 불평등 현상, 빈부격차, 빈곤문제, 지주와 소작의 관계 등에 영향을 주는 것을 무엇으로 설명할 것인가? 땅에 투영된 생각, 행동, 사상 모두는 결국 그 사회의 구조가 이러한 삶에 큰 영향을 준다.

따라서 자본주의 공간의 한계는 그 사회의 근본적인 구조를 통해 삶의 문제를 해결해야 된다는 시각이다.

광범하고도 다양한 사회문화현상은 인간 사회에 공동으로 존재하는 소수의 하부구조(basic structure, deep structure)의 전이이다. 그러므로 복잡 다양한 사회문화현상을 해명하기 위해서는 그 기저에 놓여 있는 하부구조에 대한 이해가 필요하며, 표상이나 형태 등의 상부구조(super structure)의 이해만으로는 해명이 불가능하다라는 소위 구조주의적 입장에서 연구하려는 태도로서 Marxist geography가 그 대표적 예이고, 1960년대 후반부터 주목을 받고 있는 radical geography가 여기에 준한다.

Marxist geography는 지리적 사상을 사회 구조의 투영으로 간주하고 (ⅰ) 사회구조의 기반을 이루는 생산 제 관계를 통하여 상부구조로서의 지리적 사상을 해명하려고 한 점에서 우선 그 특색을 찾을 수 있다.

즉 Marxism은 생산의 분석에 주력하였는데 여기에서 생산이란 자본과 노동과의 관계에 의하여 규정된 하나의 사회과정으로 보았다.

따라서 Marxist geography는 자본과 노동과의 관계가 지역에 따라 어떻게 다르며 결과적으로 사회과정이나 사회구조가 지역적으로 어떻게 달라지는가를 역사적 및 거시적으로 분석한다. 또 (ⅱ) 지경의 변화 발전을 변증법적으로 해석하려는 점에서 유물사관의 원칙을 엄격히 적용하고 있는 것이 특색이다.

그 외에 (ⅲ) 공간혁명 없이 사회 혁명 없다라는 시각에서 공간적 모순과 갈등과 해소 방안으로 혁명을 제시하고 있는 점도 주목된다.

Marxist geography가 지리적 사상을 사회구조와 관련 지워 구조적으로 해명하려는 점에서는 주목할 만한 가치가 있으나 융통성 없는 도식적 접근으로 오히려 실증주의의 오류를 범하고 있을 뿐만 아니라 인간의 주체적 실천력을 무시하고 생산 제 관계를 중심으로 하는 사회구조의 영향을 지나치게 강조함으로써 경제결정론에 빠진 감이 있다.

3) 가상공간(cyberspace)

가상공간은 정보와 통신기술(ICT : Information and Communication Technology)의 발달에 의해 컴퓨터와 통신의 결합에 의해 만들어진 공간이다. 컴퓨터 하드웨어와 소프트웨어, 그리고 이들을 연결하는 네트워크 망에 의해 구성된다.

그리고 이러한 것에 의해 데이터와 영상이미지, 음향, 도표 등의 모든 정보가 디지털 부호화 되어 대량으로 저장과 이동이 행해진다.

또한 무엇보다 중요한 것은 이러한 공간 속에서 상호작용과 커뮤니케이션이 이루어 진다는 것이다. 사이버공간을 가상현실(virtual reality)과 컴퓨터 네트워크 활동으로 구분하기도 한다. 가상현실은 현실세계에 가까운 인공적인 환경을 컴퓨터를 통해 창조 하는 것이다.

관찰자로 하여금 그 세계 안에서 직접적인 체험을 할 수 있도록 하며 그 안의 모든 것은 상조작용관계에 있다.

통신과 컴퓨터를 결합하는 미디어 기술의 발달로 가상의 공산이 만들어져 많은 사람들의 관심을 끌어 모으고 있다. 20세기가 이미지의 영상이 지배하는 시대였다면, 21세기는 컴퓨터 네트워크의 가상세계가 지배하는 시대가 될 것이다.

컴퓨터를 매개로 한 커뮤니케이션(CMC : computer mediated commuication)은 인터넷의 활성화를 통해 전 세계적인 규모에서 일반화되고 있다.

가상공간은 데이터베이스가 저장된 공간과 의사소통이 이루어지는 공간으로 구성된 다. 이 가운데 의사소통이 이루어지는 공간을 사이버커뮤니티(cyber community)라 부른다.

곧 CMC를 통해 의사교환이 이루어지고 공통의 취향과 관심을 토대로 지속적인 관계가 이루어지는 경우 이를 사이버 커뮤니티라 할 수 있을 것이다.

공간개념을 지도할 때는 지도를 통해 학습함으로써 공간인식 능력을 향상시킬 수 있다.

4) 가상현실

가상현실(virtual reality)은 인공현실(artificial reality)이라고 부르기도 하는데 이 용어는 Videoplace 개념을 창안한 Myron Krueger 의해 사용되었으며, 미국 Jarrow lanier에 의해 1989년에 가상현실을 현실과 같이 만들어 내며 인체의 모든 감각기관 (눈, 귀, 피부, 코, 입)이 인위적으로 창조된 세계에 몰입(immerse)됨으로써 자신이 바로 그곳에 있는 것처럼 느낄 수 있는 가상공간의 세계이다.

컴퓨터로 창조되는 가상현실은 어떤 물체를 화면으로 관찰하는 전통적인 시뮬레이션 과는 달리 직접 시뮬레이트된 환경 속으로 들어가 실제로 그 환경 안에서 활동할 수 있게 한다.

따라서 가상의 세계는 정지하고 있는 환경이 아니라, 가상 세계 안의 사물들은 움직일 수 있으며 서로 간에 작용하고 소리를 내고 외부적인 행위들에 의해 영향을 받게 된다.

즉, 실제 환경과 유사하게 만들어진 컴퓨터 모델 속에 들어가 시각, 청각, 촉각 같은 감각들을 이용하여 그 속에서 정의된 세계를 경험하고 있다.

(3) 공간지각

공간지각이란 상하·좌우·전후의 공간관계를 감각을 통해 파악하는 지각(知覺)을 말하며 인간이나 동물이 생활하고 있는 공간은 상하·좌우·전후의 세 방향으로 퍼져 있다.

이와 같은 3차원의 세계에서 살아나가려면 그 3차원의 범위를 감각을 통해서 알지 않으면 안 된다. 인간은 시각·청각·촉각 등의 감각을 통해서 공간적 범위를 감지할 수가 있다. 이것을 공간지각이라고 한다. 그 중에서도 시각을 통해서 지각되는 공간이 가장 명확하다.

일반적으로 지각된 공간은 자기의 신체를 중심으로 상하·좌우·전후의 방향으로 나뉘며, 자기로부터의 거리의 원근에 따라 구별된다. 또한 중력 방향이나 지각 공간 내의 주요한 대상과의 관계에 따라서도 위치가 정해진다. 그러나 이 지각된 방향·거리·위치 관계는 반드시 물리적 공간의 성질을 그대로 반영하는 것은 아니고, 또한 유클리드 기하학이 나타내는 공간의 여러 성질에 따르지 않는 경우도 있다.

지각된 공간 속에는 많은 지각 대상이 포함되어 있으며 그것들은 제멋대로 흩어져 있는 것이 아니고 지각에 관한 일반법칙에 따라 질서를 지키고 있다. 가령 서로 유사한 것들이나 서로 근접한 것들은 저마다 그룹을 이룬다(群化의 법칙).

별하늘이 성좌로 나누어 보이거나, 같은 형의 아파트 군이 한 덩어리로 보이는 것은 그 예라고 할 수 있다. 또한 눈에 비친 대상 가운데 어떤 것은 그림으로서 인상적으로 떠올라 보이고, 어떤 것은 땅으로서 배경에 가라앉아 보인다(그림과 땅과의 관계).

따라서 그림이 된 대상은 모양과 크기를 가진다. 이때 대상의 물리적인 크기나 성질이 같다해도, 그것이 시공간의 어떤 부분에 제시되느냐에 따라 외관적 모양이나 크기 등이 달라지는 경우가 있다(시공간의 異方性). 같은 모양, 같은 크기의 것을 좌우로 놓았을 때 오른 쪽의 것이 더 크게 보이거나, 달이 지평선 가까이 있을 때에는 중천에 있을 때보다 훨씬 커 보이는 것이 그 예이다.

제2장 과학과 사회과학

2.1 과학의 의의

과학의 정의는 학자들의 생각마다 차이가 있다.

첫째, 과학이란 활동행위 실천의 패턴이라 하며, 행위 실천이란, 즉 인간이 자신의 주변 환경을 의미하며, 이것은 기술 전통과 밀접하게 연관됨을 알 수 있다.

둘째, 기술과 구분된 내용으로 이론적 지식의 총체인 반면 기술은 실용적 문제해결을 위한 이론적 지식을 응용하는 것이다. 이러한 내용에서 자동차 디자인 혹은 제조 기술을 위해서는 기체역학 같은 이론적 기초가 있어야 한다는 것이다.

셋째로는 과학을 이론으로만 보려는 견해로 과학의 정의를 조금 현(顯)하게 정의하려 한다는 것이다. 그들에 따르면 보편적 법칙(진술)의 과학(science by the form its statements)이라고 정의한다. 이때 말하는 진술이란 보편적 법적 효력이 있으며, 수학적 언어로 표시할 수 있을 때 과학이라고 한다.

예를 들어 보일의 법칙 같은 온도가 일정하면 일정량의 기체의 부피 V는 압력 P에 반비례하며 변화한다거나, 일부 학자들은 상대적으로 고아범위하게 정의한다. 과학은 자연의 비밀을 발견하고 자연현상에 대한 이론을 확증 반증하기 위한 일련의 절차라고 하면서 과학은 한마디로 실험이라고 한다. 혹자는 과학이란 내용을 구체화하는 것이라는 입장에서 현재의 무리, 화학, 생물, 지질학 등이라고 믿는 것이다. 이러한 범주 때문에 과거 과학이라 믿었던 연금술, 점성술, 그리고 최근의 초심리학 등이 비과학적이란 진단을 받고 있다.

그래서 가끔 우리는 특정학문분야의 확고한 지위를 얻기 위하여 과학적 위상을 얻으려 노력하는 경우가 많다. 심지어 역사도 역사과학 또는 교육학을 교육과학=공학(educational science)라고 하는 것을 보면 그렇다. 이상과 같은 과학의 정의는 단지 일부 학자들이 동의하고 있는 정의들이다. 교육과 학문의 현장에서 자신도 과학의 정의를 내릴 수 있다.

과학은 반드시 현대의 산물이 아니며 우리의 선인들이 과학의 방법을 수행했던 것처럼 방법과 용어의 차이는 있겠지만 여러 학문과 접근해 볼 수 있을 것이다.

2.2 사회과학(社會科學, Sozialwissenschaft)의 의의

(1) 사회과학

사회과학은 인간 사회의 여러 현상을 과학적·체계적으로 연구하는 모든 경험과학(經驗科學)이라 하며 여기에는 사회학·정치학·법학·종교학·예술학·도덕학 등이 포함된다.

이 경우 사회과학은 자연의 여러 현상을 과학적 체계적으로 연구하는 자연과학과 대치되지만, 일반적으로 사회과학과 자연과학을 구별하는 기준은 명확한 규정이 주어져 있지 않다.

양자를 구별하는 기준은 궁극적으로는 인간 사회의 여러 현상이 자연의 그것과는 달리, 일정한 인위적·창조적 요소를 포함하고 있다는 것이 전제가 되어 있다는 점뿐이라고 생각된다. 그러나 그와 같은 관점에서 본다면, 사회과학이라는 명칭보다는 문화과학이라고 부르는 편이 훨씬 알맞을 것 같다.

또한 한마디로 사회현상이라고 하여도 경제학에서는 직접적 대상이 인간이 아니라 재(財)이며, 종교학에서는 직접적 대상이 인간이 아니라 신(神)이므로, 이는 반드시 제1의적으로 사회적이 아니라는 입장에 서 있는 학자도 있다. 따라서 이러한 관점에서는 경제학이나 종교학을 단순히 사회과학으로서만 특징짓기가 곤란하다.

이와 같이 사회과학이라는 명칭이 문화과학이라는 명칭보다 난점이 훨씬 더 많다는 것이 명백한데도, 이 명칭이 문화과학을 비롯하여 역사과학·정신과학과 같은 명칭보다 널리 일반적으로 쓰이게 된 것은, 사회과학 성립 당시에 '사회'라는 개념이 등장하자 매력적인 것으로 받아들여져 널리 보급되었기 때문이다.

인간의 공동생활을 가리키는 것으로서 사회의 개념이 처음으로 명확히 사용된 것은, 17세기부터 근대 유럽을 지배하여 온 근대 자연법론을 통해서였으나 이 개념을 중심으로 하여 자연과학과 마찬가지로 인간의 공동생활을 과학적으로 연구하려는 기도가 처음으로 생겨난 것은, 18세기에 들어서 G.A.비코, A.스미스, A.퍼거슨, 콩도르세 등이 경험적 사회론을 전개하면서부터였다.

19세기 초에 A.콩트가 사회학을 처음으로 주창하였고, 프랑스·영국·독일 등에서 사회과학이라는 명칭이 인간사회의 여러 현상을 과학적으로 연구하는 학문의 총칭으로

쓰이게 된 것도 대충 이 무렵이었다.

　영국에서는 사회과학이 사회학과 같은 뜻으로 사용된 일도 있었으며, R.M.매키버는 때때로 양자를 같은 의미로 사용하였다. 독일에서도 L.V.슈타인 등이 한때 주창한 사회과학은 사회학과 비슷한 성격을 가지고 있었다.

　그러나 사회학의 학문적 성립이 사회과학이라는 명칭이 일반화되는 한 계기가 된 것만은 사실이었다 할지라도, 이 명칭이 우세해진 것은 18세기 말부터 19세기 초에 걸쳐 유럽에서 사회주의적 사상이 일어나, 그 기운으로 '사회'나 '사회적' 등의 용어가 유행하게 된 데도 원인이 있었다. 또 마르크스주의의 입장에서 그 사회이론이 유일한 사회과학이라고 주장되고 있는 것도, 역사적 인연에서 볼 때 우연한 것이라고 할 수 없다.

　사회과학은 방법적으로 자연과학과 동일한 것인가, 법칙적 보편화에 대하여 역사적 개별화가 가능한 것인가, 정책적 실천을 위한 평가가 가능한 것인가 등 더욱 규명해야 할 과제가 남아 있으며, 현재 아직도 그 논의가 진행 중에 있다.

제3장 지형공간정보체계

3.1 지형공간정보체계의 의의

인류의 문명과 문화가 발전됨에 따라 다변해 가는 각종 정보를 신속하게 처리하여야 하는 현대인에게 도형, 영상, 속성 및 위치정보의 종합적이고 체계적인 관리를 위한 지형공간정보체계의 효용성은 산업사회의 발달과 함께 날로 증대되고 있는 추세이다.

국토계획, 지역계획, 자원개발계획, 공사계획 등 각종 계획의 입안과 추진을 성공적으로 수행하기 위해서는 토지, 자원, 환경 또는 이와 관련된 사회 경제적 현황에 대한 방대한 양의 정보가 필요하다.

이러한 다양한 정보들을 정확하고 시기적절하게 수집하여 대조 분석하는 과정은 계획 전반의 운영과 주요한 의사결정에 있어서 성패를 좌우하는 관건이 되는 것이며, 가능하면 각종 자료들이 어떠한 측면에서 요구되더라도 소요목적에 부응하는 적절한 형태로 정리되어 즉시 출력되는 것이 가장 이상적인 방식이라 할 수 있다.

이러한 요구를 충족하기 위하여 전산기에 의한 자료처리 체계가 다양한 방식으로 시도되어 왔으며, 근년에는 토지, 자원 환경 및 이와 관련된 각종 정보 등을 종합적으로 연계적인 처리를 지형공간정보체계(地形空間情報體系, Geo-Spatial Information System ; GSIS)에서 다루고 있다.

지형공간정보체계는 지구 및 우주공간 등 인간활동 공간에 관련된 제반 과학적 현상을 정보화하고 시공간적 분석(time-space analysis)을 통하여 그 효용성을 극대화하기 위한 정보체계이다.

지형공간정보체계를 이루는 지형공간정보는 위치정보와 특성정보로 구분할 수 있다.

① 위치정보는 공간적 해석이 가능하도록 대상물에 절대적 또는 상대적 위치를 부여하기 위한 것이고, ② 특성정보는 도형정보, 영상정보, 속성정보로 구성된다.

(ⅰ) 도형정보는 도면 또는 지도에 의한 정보이고, (ⅱ) 영상정보는 일반사진, 항공사진, 인공위성영상 또는 비디오 영상에 의한 정보이며, (ⅲ) 속성정보는 대상물의 자연,

인문, 사회, 행정, 경제, 환경적 특징을 나타내는 정보로서 지형공간적 분석이 가능하도록 도형 및 영상정보와 관련되어야 한다.

지형공간정보체계는 이러한 지형정보와 공간정보를 능률적으로 결합하여 주어진 문제의 해결 및 의사결정에 최대한의 효용을 얻기 위한 결합된 정보체계를 말한다.

지형(地形, Geo)은 일반적으로 토지의 기복이나 형태, 즉 산이나 들의 높고 비탈진 모양을 나타내지만, 이것은 단순한 사전상의 개념, 즉 자연지형을 가리키며, 더욱 포괄적인 개념으로 지형의 정의를 정립한다면 제반 인간활동 영역에서 이루어지는 학술적 현상 또는 대상물의 특성 또는 분포라 할 수 있다. Geo는 Earth를 뜻하는 어원이다.

공간(空間, space)의 개념을 물리학에서는 물체의 배열이나 상호관계를 나타내는 양의 총체를 표현하는 경험적인 개념이라고 정의하고 있으며, 철학에서는 시간과 함께 물질의 존재를 성립시키는 기초적이고도 근본적인 조건이라고 말하고 있다.

지형공간정보체계(GSIS)에서 다루는 공간의 개념은 지형정보를 해석하는 데 필요한 대상물들 사이의 상호위치관계와 제반 학술적 현상의 발생영역 또는 범주라고 할 수 있다.

	지형(Geo)
단순개념	• 자연지형(Terrain) : 토지의 기복, 형태 • 표면형태(Topography) : 물질, 입자의 표면 분포 • 지구공간(Earth surface)의 분포 : 지표면, 지하, 해양, 공간상 지구현상의 분포
포괄적개념	• 지구과학적현상(Geo-Scientific Phenomena) : 지구를 포함하는 모든 인간 활동 공간에서의 제반 자연, 사회사상을 다루는 학문적 영역에 의하여 해석 가능한 현상

그림 3.1 지형공간정보에서 지형의 개념

정보(情報, information)는 자료를 처리하여 사용자에게 의미있는 가치를 부여한 것이다.

이러한 정보는 체계의 개념을 떠나서는 과학적으로 분석될 수 없고 체계와 연결되어 설명되어져야 한다.

정보의 주요한 특성은 시간의 차원을 가지고 있기 때문에 미래에 유용하게 사용될 수 있고, 복사가 가능하기 때문에 대량생산이 가능하며, 정보의 소비자는 이를 이용하여 새로운 분야에 대한 정보의 생산자가 될 수 있으며, 정보는 아무리 분배를 해도 줄어들지 않고 오히려 새로운 사용자에 의해서 그 가치는 더욱 증대하게 된다.

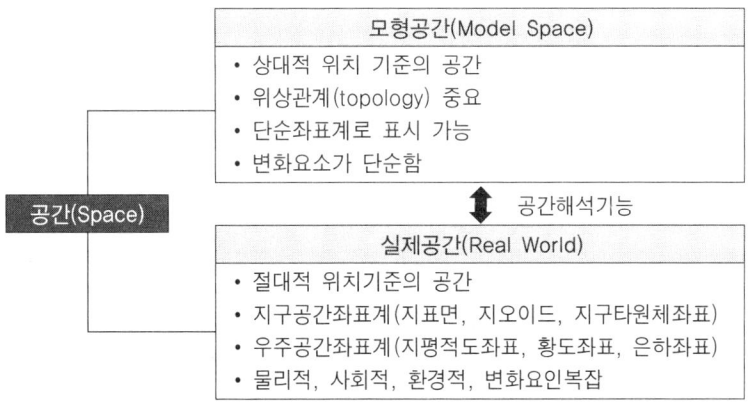

그림 3.2 지형공간정보에서 공간의 개념

정보는 특성을 특별한 기호로 표현함으로써, 정보의 가치는 정보의 시기적절함, 정보가 적용되는 내용, 그리고 정보의 수집, 저장, 조작과 표현에 소요되는 비용에 달려 있다. 오늘날 정보는 가치 있는 자산이며, 높은 가격으로 사고팔 수 있는 상품이다.

체계(體系, system)는 지형과 공간상에 존재하는 대상물들의 특성과 현상을 관측함으로써 자료가 취득되며, 이러한 자료를 통합하여 특별한 의미를 부여하게 될 때 생성되는 것이 정보이다. 이러한 다양한 정보들의 상관관계를 규정함으로써 여러 종류의 정보들에 대한 연결을 시도하고 있고 이에 대한 자체적인 제어능력을 가진 개별 요소들의 집합체를 체계라고 한다.

정보체계(情報體系, information system)는 다양한 이질적 관측량들을 적절히 가공하여 자료화하고, 이들 자료를 보다 이용하기 쉽도록 자료기반(DB)을 구축하고, 이를 바탕으로 하여, 일정한 목적에 부합하는 의미와 기능을 갖는 정보를 생산하며, 이들 자료와 정보를 효율적으로 결합 운영하여 통합된 기능을 발휘할 수 있도록 하는 체계이다.

위의 정의들을 토대로하여 지형공간정보체계를 정의하면, 지형공간정보체계(GSIS)는 제반 지구과학적 현상의 특성 또는 분포를 제반현상의 발생영역과 공간적·시간적 위상관계를 고려하여 처리 해석하는 정보체계, 즉 지구 및 우주공간에 관련된 제반과학(geo-science)적 정보에 중점을 둔 정보체계라고 정의할 수 있다.

인간과 지형공간정보학

```
┌─────────────────────────────────┐
│     지형공간정보체계(GSIS)        │
└─────────────────────────────────┘
                ▼
┌─────────────────────────────────────────────────┐
│        지형공간분석(Geo-Spatial Analysis)         │
│                                                   │
│ • 도면정보분석 : 지형도, 주제도, 설계도의 정보추출 │
│ • 영상정보분석 : 항공사진, 지상사진, 인공위성, 영상분석 │
│ • 속성정보분석 : 통계자료, 설문자료, 현지조사      │
│ • 공간기준 : 상대적위치 관계, 지표면, 지오이드, 지구타원체좌표계 │
│ • 공간자료생성                                     │
│ • 공간자료처리                                     │
│ • 공간분석 : 위상관계분석, 점, 선, 면, 표면, 시공간 분석 │
│   – 보간(Interpolation)                           │
│   – 모형화, 외귀분석, 예측, 모의관측               │
│   – 프랙탈, 퍼지, 혼돈이론분석                     │
└─────────────────────────────────────────────────┘
                ▼
┌─────────────────────────────────┐
│              활용                │
│                                   │
│ • 의사결정(decision making)       │
│ • 계획(planning)                  │
│ • 설계(design)                    │
│ • 평가(assessment)                │
│ • 관리(management)                │
└─────────────────────────────────┘
```

그림 3.3 지형공간정보의 기능적 측면

3.2 지형공간정보체계의 의미

3.2.1 개요

문명의 초기부터 지도는 지구 표면에 대한 정보를 묘사해 왔다. 항해자, 토지측량사, 그리고 군대에서는 주로 지도를 중요한 지형공간정보 형태의 공간적인 분포를 보여 주는 데 사용했다. 토지측량과 지도제작은 로마 제국에서도 매우 주요한 일의 일부였으나, 로마 제국의 몰락과 함께 측량 역시 쇠퇴하게 되었다.

18세기가 되어서야 비로소 지도의 가치를 깨달은 유럽의 정부들이 그들 영토의 이용 계획과 기록의 수단으로서 지도를 만드는 작업이 활발하게 되었다.

전 국가의 지도상의 영역을 제작하는 것이 국가적 제도로서 제정되었다. 일반적으로 지도제작의 목적은 토지의 지형과 국가 혹은 행정상의 경계를 보여주기 위해 제작되었다. 자연자원에 대한 학문에 점차 개발됨에 따라 주제도(主題圖)가 지질, 지형, 토양,

식생 등의 공간적인 분포형태를 묘사하는 데 사용되었다.

20세기에 들어와 과학과 기술의 가속화는 지도 내에 보다 빠르고 정확하며 많은 양의 지형 공간정보자료를 표현하고자 하는 요구를 야기시켰다.

지역사진과 인공위성에 기초한 원격탐측과 같은 정찰기술의 발전과 더불어 지형공간정보자료의 생성보다 광범위한 이용, 그리고 보다 기교적인 분석이 급속하게 확산되었다. 지형공간정보자료는 현재 이것이 분석되는 속도보다 더 빠르게 생성되고 있다.

지형공간정보자료는 전통적으로 지도형식으로 표현되어 왔다.

전산기가 이용되기까지 지형공간정보자료는 종이나 필름 위에 점, 선, 면적으로 표현되었다. 이것들은 지도의 범례나 주제를 곁들여 설명된 기호나 문자, 색깔을 이용하여 부호화된다. 지도와 이것에 대한 설명은 지형공간정보자료 기반을 구성한다.

자연자원에 대한 주제도는 관측자료를 기록하고 분류한 목록을 작성하는 데 이용되고 있다. 다시 말해서 지도자료를 수정하고 분석하는 것은 주로 지도의 시각적인 면과 지도자료의 직관적인 분석인 것이다. 지도분석은 거리와 목표를 관측하는 사용자에 의해 면적을 관척하는 구적기를 사용함으로써 분석이 가능하다.

자료의 양이 방대한 경우 앞의 방법들을 이용하기에는 적합하지 않다. 1970년에 이르러서야 적절한 수치 전산기의 이용으로 공간적 자료를 다루는 기술을 한 걸음 더 도약하게 되었다.

전산기를 바탕으로 한 지형공간정보체계는 방대한 양의 지형공간정보자료를 분석하는 데 큰 도움이 되도록 개발되었다. 일반지도는 상대적으로 만들기가 쉽고, 또한 작으면서 손대기 쉬운 형태로 공간 정보의 상당한 양을 저장할 수 있었으나, 거기에는 중요한 문제점이 있다. 지도를 만드는 데 사용되는 자료는 일반적으로 지도를 읽기 쉬운 일반화된 자료이며, 지도축척에 비례하여 큰 면적을 가진 지도는 여러 장의 지도를 연속시켜야만 표현이 된다. 문제는 지도의 가장자리나 관심지역이 일치되지 않을 때 발생한다. 때때로 이런 문제는 사용된 지도의 면적을 정확하게 맞도록 이동하여 해결된다.

지도를 최신화하는 작업은 비용이 많이 드는 과정일 수 있다. 한 지도에 대한 원 필름을 바꾸기 위해서는 그것을 수동적으로 고친 후 다시 인쇄해야만 한다.

일반지도에서 적은 양의 정보를 개정하는 것은 상대적으로 쉬우나, 많은 양의 정보를 개정하거나 여러 지도의 공간적 정보를 결합시키는 과정은 비용이 많이 들고 어렵다.

1960년대에서 1970년대 도안 지형공간정보와 같은 많은 자료를 평가하고 분석해야 하는 필요성이 대두되었다. 예를 들면 토양 토지이용, 현재의 식생, 그리고 행정구역 등과 같은 다양한 자료를 신속하고 정확하게 통합하는 작업이 환경영향평가 같은 분석을 위해 필요하게 되었다.

심지어 한 지방의 지대(地帶)를 결정하는 데 있어서 수많은 지형공간 정보적 요인이 고려되기 시작했다. 다양한 지형공간정보자료의 집합들을 정확하고 신속하게 분석하기 위해서는 보다 효과적인 계획이 필요하게 되었다.

McHarg는 그의 저서에서 일반지도를 사용하여 자료를 통합하였다. 지도 정보는 밝은 탁자 위에 투명한 사본을 중첩시키고, 또한 동일하게 발생하는 요인의 시각적인 분석에 의해 결합과 통합이 이루어진다.

다음에 요인들이 바람직하게 결합된 지역은 개별적인 지도들이 중첩된 부분 위에 이것들이 경계선을 따라 그려 나감에 의해 묘사된다. 투명한 지도는 다양한 자원지도를 일반지도의 기반으로 변형시키고, 또한 어떤 특별한 규칙을 적용하여, 각 지도의 서로 다른 음영(고도의 차이를 나타냄)을 부호화시키기 위한 분석을 위해 일반적으로 다시 그려진다.

그러나 이러한 과정은 많은 시간을 소비하고, 많은 요인들과 각 요인들의 많은 기준들이 실제적인 제한조건에 부딪히게 된다.

북아메리카에서 제1세대 전산기를 기반으로 1960년대 중반에 지형공간정보체계가 시작되었다. 캐나다 연방정부의 지지하의 캐나다 지리정보체계(Canada Geographic Information System; CGIS)와 뉴욕주가 지지하는 뉴욕주의 토지이용과 자연자원목록(Land Use and Natural Resources Inventory of New York state; LUNR)이 동시에 개발되었다.

두 체계는 지도자원의 정보를 도면화시키거나 지역적 사진을 광범위하게 이용할 수 있도록 만들었다. 정보 층에는 농업, 임업, 야생동물, 토양 그리고 지형 등의 내용이 포함되어 있다. 지도상의 지형정보는 전산분석을 위해 수치 형태로 부호화되었.

1960년대부터 개발이 시작되었음에도 불구하고 이들 체계들의 일부분만이 전산기를 기초로 하여 운영되었고, 1970년대에 이르러서야 비로소 random access disk와 같은 전산기술이 이용되게 되었다. 자원정보에 대한 지형공간정보운영의 초기 이용 상태는 기술혁신의 개발을 자극시켰으며, 지형공간정보체계의 생성과 운용을 다루는 방법에 대한 가치 있는 경험을 제공했다.

Shelton과 Hardy(1974) 그리고 Tomlinson(1976)과 같은 사람들의 보고서는 지형공간정보의 운영과 실행을 다루는 데 가치있는 충고를 제공했다.

1960년대에 Harvard Graphics 연구소가 주축이 되어 전산기를 기반으로 한 지도분석 프로그램을 개발하였으며, SYMAP, GRID, IMGRID와 같은 초기 프로그램들은 훨씬 빠르고 유연성 있게 중첩된 지도를 일치시킬 수 있도록 제작되었다.

그 후 20년 동안 전산기술의 급속한 발달로 인해 전산기를 기반으로 한 지형공간 정보체계로부터 완전한 형태를 갖춘 지형공간정보로 이용되기까지 급속히 빠른 속도로 발전하게 되었다.

분석속도에 있어서 정량적인 개선은 지형공간정보의 분석에 한층 더 접근할 수 있는 방법을 변화시키는 수단이 된다.

아마도 개선에 있어 가장 중요한 방법으로는 현재의 지형공간정보참고자료를 그대로 유지하면서 수많은 자료의 집합들을 효율적으로 통합시키는 능력이다.

단일 사진의 신속하고 경제적인 제작과 연결된 지형공간정보 자료기반(資料基盤, data base; DB)을 빠르게 최신화시킬 수 있는 능력은 일반지도가 연속적으로 변화하는 지형공간정보 자료기반의 스냅사진으로 사용될 수 있다는 것을 의미한다.

자료를 재분석하는 것은 상대적으로 경제적이고 빠르게 실행할 수 있기 때문에 복잡하게 계획된 각본은 변화시키고자 하는 제안을 평가하고 이것의 계획을 재분석하는 과정에 의해 정제된다. 결정권을 가진 자는 많은 대안들을 제의하고, 다시 또 이것을 분석하거나 결과들을 비교하여 각 대안을 평가할 수 있다.

이러한 반복적인 접근은 수동적인 방법으로서 비용이 매우 많이 든다.

3.3 의사결정을 위한 지형공간정보체계

지형공간정보 참고자료의 모든 분석에 기초가 되는 기본적인 전략이 있다. 이러한 전략을 이해하는 것은 이용 가능한 방법을 보다 효과적으로 이용할 수 있게 할 뿐만 아니라 추상적 개면이 서로 다른 자료를 연관시키는 방법을 이해하는 데 도움을 준다.

우리는 이 복잡한 현실세계에서 필요한 지식을 선택해야만 한다. 왜냐하면 우리는 완전한 지식을 가질 수 없고, 불완전한 정보를 가지고 결정을 내리곤 하기 때문이다.

우리는 기억하고 기록할 관련 정보를 선택한다. 이러한 선택과정을 통하여 우리 세계에 대한 개념적인 모형을 창조한다. 모형이란 용어는 현실세계에 대한 관계나 정보들의 집합이라는 의미로 사용되고 있다. 우리의 어떤 사물에 대한 개념적인 모형이란 그것이 무엇이고, 어떻게 거동하는가를 이해할 수 있는 것이다. 우리가 현실 세계에 대한 어떤 결정을 내릴 때 우리는 모형에 대해 언급하고 이것을 현실세계 그 자체를 단순화시킨 것이다. 이것은 우리가 우리와 관련된 사물을 포함하는 정보를 미리 선택을 해 놓았기 때문에 더 단순해진 것이다.

우리가 필요로 하지 않는 자세한 것들은 선택적으로 잊혀져 가는 성향이 있다. 예를 들어, 대부분의 사람들은 '자동차(car)'에 대해 운전방법, 외관, 성능을 중심으로 주로

단순한 형태의 개념적인 모형을 만든다.

소수의 사람들만이 차에 대해 이것의 모든 부품, 수리, 검사 절차 등 자세한 정보를 포함하는 개념적인 모형을 만든다.

우리의 차에 대한 개념적인 모형은 완전한 명세서와 설계도 보다 사용자 설명서와 같이 일반화된 간단한 언급에 더 관심을 두고 있다.

방문할 곳과 해야 할 것을 결정하는 일은 어떤 정보의 수집을 필요로 할 것이다. 또한 우리는 휴가를 즐기기에 적합한 시간과 장소를 알고 싶어 할 것이다.

아마도 잠정적인 휴가 장소의 목록은 우리 자신의 경험, 친구들의 추천 그리고 우리가 읽은 기사들을 제원으로 하여 작성될 것이다. 다른 목적지에 대한 약간의 자료를 수집할 것이다. 실생활에 대한 이들 자료는 평범한 지도, 책, 기사 또는 심지어 자료의 도표에서 찾아볼 수 있다. 이러한 정보 수집은 휴가 계획의 과정에서 사용될 수 있는 자료기반 혹은 자료의 집합으로 구성된다.

만약, 가능한 목적지가 여러 곳으로 자료화될 수 있는 문서가 많다면 검색되어야 할 약간의 유용한 정보를 위사 선택한다는 것은 매우 어려운 일이다.

그래서 우리는 정보를 조직화시켜야 한다. 이러한 조직화 보다는 보다 효율적으로 강력하게 검색할 수 있는 처리 과정을 거친다.

자료기반은 이질적 관측량을 적절히 가공하여 이용하기 편리하도록 저장된 자료들의 집합이다.

3.4 지형공간정보체계의 필요성

일반적으로 도시, 환경, 토지, 자원에 관련된 행정업무에 있어서 지형공간정보체계의 필요성은 행정환경의 변화에 대응한 능동적이며 과학적인 행정체계를 구축하여야 하는 본질적 목적에 부합되어야 한다.

현대의 토지, 자원, 환경의 다각적인 문제는 삶의 질에 대한 향상욕구와 기회의 균등분배 및 행정참여의 욕구증대로 전문화, 도시화, 다원화의 현상이 심화되는 점이다.

또한 이들 분야에는 다음과 같은 측면에서 문제점이 발생하고 있다.

(1) 제도적 측면

통계담당부서와 각 전문부서 간의 업무연락 미약, 통계전담 부서 및 인원부족, 지역 통계자료의 미약 등

(2) 내용적 측면

시간적·공간적 자료의 부족, 개념 및 기준의 불일치로 신뢰도 저하, 자료의 세분화 미비 등

(3) 모집 관리 활용측면

자료중복조사 및 분산관리, 대부분의 통계자료가 작업의존, 통계조사 및 행정업무자료의 일반적 활용 곤란 등 이와 같은 문제를 해결하기 위해서는 지형공간정보체계와 같은 기법을 활용하여 정확한 정보를 제공받아 사회복지시책의 발굴 및 추진과 함께 행정절차 내용의 합리화와 사회, 경제 및 관리능력의 향상을 실현시켜야 된다. 따라서 복잡하게 변화하는 제반문제의 해결을 지형공간정보체계를 통해 실현하기 위해서는, 첫째 관련정보의 구조적 특성분석, 둘째 관련 정보의 항목별 분류 및 정립, 셋째 관련 법규를 활용한 자료의 표준화 넷째, 정보체계 자료기반 구축의 기본구상 등과 같은 과학적인 체계적인 구축방법이 면밀히 분석되어 추진되어야 한다.

한편, 사회 전 분야에 걸친 효율적인 관리방안과 정책조정을 위하여 지상, 항공 및 원격탐측과 지형공간정보체계의 도입 및 활용이 절실히 요구됨에 따라 정확한 자료의 지속적 모집, 수집된 자료의 전송 및 전산기 입력, 효율적인 자료저장방법, 각종 자료의 처리기법, 적합한 지형공간정보 선정 및 개발, 이미 개발된 지형공간정보와의 연결 및 호환성, 고해상도 결과를 출력하는 기법 등과 같은 사항들이 이루어져야 한다.

따라서, 지형공간정보체계가 우리나라에서 성공적으로 정착되기 위해서는 체계적이고 심도있는 전문교육의 실시를 통한 인력양성이 절실하며, 최고관리자로부터 각 부서의 실무자까지 관련된 모든 사람들의 관심과 협력이 필요하다.

3.5 지형공간정보체계에 관련된 학술분야

지형공간정보관리기법을 충분히 활용하기 위해서는 측량학 및 측지학(surveting and geodesy), 사진측정학(photogrammetry), 원격 탐측 및 수치 영상처리(remote sensing and digital image processing), 지리학(geography), 전산과학(computer science), 수학(mathematics), 토목 및 연구가 선행되어야 하며, 이를 바탕으로 각 부분간의 긴밀한 협조를 통한 통합적인 연구 및 사업의 시행이 이루어져야만 실질적인 효과를 거둘 수 있다.

지형공간정보체계와 관련된 중요 기법으로 다음과 같은 것들을 들 수 있다.
① 도면자동화(圖面自動化, Automated Mapping; AM)
② 시설물관리(施設物管理, Facilities Management; FM)
③ 전산지원제도(電算支援製圖, Computer-Aided Drafing; CAD)
④ 전산지원제도 및 설계(電算支援製圖 및 設計, Computer-Aided Drafing & Design; CADD)
⑤ 전산지원지도제작(電算支援地圖製作, Computer-Aided Mapping; CAM)
⑥ 수치영상처리(數値映像處理, Digital Image Processing)
⑦ 형태인식(形態認識, Pattern Recognition)
⑧ 인공지능(人工知能, Artificial Intelligeng; AI)
⑨ 범세계 위치결정 체계(汎世界 位置決定 體系, Global Positioning System; GPS)
⑩ 수치지형모형(數値地形模型, Digital Terain Model; DTM)
⑪ 자료기반 관리체계(資料基盤 管理體系, Database Management System; DBMS)
⑫ 지형처리 및 망해석(地形處理 및 網解釋, Geoprocessing and Network Analysis)
⑬ 다목적 지적(多目的 地籍, Multipurpose Cadastre)

지형공간정보체계에서 위치정보와 도형정보의 기본은 좌표기준이다. 측량학 및 측지학의 지식없이는 좌표기준을 처리할 수 없을 뿐만 아니라 자료기반 구축도 불가능하다. 지형공간정보체계 구성에 있어서 자료기반구축 비용은 정체비용에 70% 이상을 점유하고 있다. 지형공간정보체계의 핵심을 이루는 주요 분야는 다음과 같다.

3.5.1 관련학술분야

(1) 측량학(測量學, Surveying)

측량학은 지구 및 우주공간에 존재하는 제점 간의 상호위치관계와 그 특성을 해석하는 학문으로서 측량학의 대상은 지표면은 물론 지하, 수중, 해양, 공간 및 우주 등 인간활동이 미칠 수 있는 모든 영역에 이르며, 그 범위 내에서 자연물, 인공물 등의 대상을 길이(length), 각(angle), 시(time) 등의 요소에 의하여 정량화시키는 것뿐만 아니라 환경 및 자원에 관한 정보를 수집하고 이를 해석한다.

측량학의 처리순서는 대상물에 대한 조사, 관측, 정량화, 계획 및 설계, 평가 및 유지관리)에 의하여 이루어지고 있다.

또한 측량학의 정량적 처리에 있어서는 평면 곡면 및 공간을 고려한 거리와 각의 조합해석에 의하여 위치(수평, 수직 또는 삼차원)을 결정하고, 그 위치를 시간 또는 도형학(graphics)과 함께 해석함으로써 자연물 및 시설물의 개발과 관리에 크게 기여하고 있다.

측량학에서는 상대적인 위치관계와 절대적인 위치관계를 규명하는 것은 물론 중력, 지자기, 전기, 탄성파, 전자기파, 음파, 광파, 온도, 농도, 광도 등을 이용하여 지구내부, 지표면, 해양 및 공간상의 물리적 특성을 규명하는 것도 측량에서 다루고 있다.

최근 측량학은 측량기기의 발달과 항공기 인공위성 등의 활용이 고도화되고, 정보처리의 전산화에 힘입어 토지현황 및 토지측량은 물론 토지개발, 해양개발, 우주개발에 필수적인 학문으로 급성장하고 있다.

측량학은 관측, 해석활동의 기반이 되는 장소에 따라서 표 3.1과 같이 분류할 수 있다.

표 3.1 측량 장소에 따른 분류

명 칭	세분류	내 용
지표면 측량	지형해석측량	지형도작성, 면적 및 체적측량
	토지이용측량	구획정리 측량, 도시계획측량, 국도조성 측량
	지구형상측량	천문 측량, 중력 측량, 위성 측량
	지구극운동 및 변형측량	지구자전축의 흔들림, 지구의 수평변동, 지반침하, 지구조석, 대륙의 부동 등의 연구를 위한 측량
지하측량	지하매설물측량	지하관수로, 지하시설물, 지표 아래 얕은 곳의 매설물 위치 확인을 위한 측량
	지하수 측량	중요한 용수원이 될 지하수의 흐름, 수량, 분포측량
	중력측량	중력의 절대 및 상대관측, 중력분포 측량, 중력 이상을 이용한 지하자원 측량, 지하자원 측량, 지각 변동, 지구 형상을 위한 자료제공
	지자기측량	지형운동을 위한 지자기분표 측량, 자기이상을 이용한 지하자원 측량
	전기 측량	지하 전류흐름의 특성을 이용한 지하물체 및 자원조사측량
	탄성파 측량	탄성파 전달 특성을 이용한 지하 물체 및 자원조사 측량
	지진측량	중력측량, 수평위치 기준점의 변동 측량을 이용한 지하물체 및 자원측량
해양측량	수평위치결정	지문, 천문, 전파, 관성, 인공위성 등에 의한 수평위치결정
	수직위치결정	초음파, 항공사진, 수중측량 등에 의한 해안선 결정
	해저지형 및 지질측량	해저지형 측량, 해저지질조사 측량
	조석 및 조류측량	최대, 최저, 평균수위 변동 관측, 조류의 유화, 유속관측
	해양조사측량	수온, 수중식물, 수중자원조사
공간측량	천문측량	별 및 태양관측에 의한 천문방위각, 시, 경도, 위도의 결정
	위성측량	인공위도궤도해석, 인공위성 전파신호해석 등에 의한 위치결정으로 범세계 위치결정 체계
	초장기선간섭계 (VLBI)	전파신호를 이용하여 지구상 수천~수만 km 떨어진 지점 간의 정확한 위치 결정
	레이저 거리 측량	레이저광 펄스를 이용한 지구, 달 사이 거리 등 우주공간 거리 결정

(2) 측지학(測地學, Geodesy)

측지학은 지구의 형상, 크기 운동, 지구내부의 특성 등을 해석하는 학문이다. 넓은 지고 표면의 지형과 중력의 변화를 헤아리는 측지측량을 하기 위해서는 측지학의 지식을 필요로 하고 있다. 측지학은 지구에 대한 특성을 해석하는 것을 주목적으로 하며, 제반 대상물에 대한 정량화를 수행하는 측량과는 상호보완적인 관계이다.

(3) 사진측정학(寫眞測定學, Photogrammetry)

사진측정학은 전자기파에 의한 영상을 이용하여 대상물에 대하여 정성 및 정량적인 해석을 하는 학문이다.

photogrammetry는 라틴어로 photos(광, 전자기파, 사진), gramma(형상)와 metron (관측, 측량)의 합성어로서 사진측량, 사진판독과 원격탐측으로 대별하여 연구개발되어 왔으며 광의의 사진측량으로도 통칭되고 있다.

(4) 원격탐측(遠隔探測, Remote Sensing) 및 수지영상처리(數値映像處理, Digital Image Processing)

원격탐측 및 수치영상처리는 지상, 항공기 및 인공위성 등으로부터 지표, 지하 대기권 및 우주공간의 대상물에서 방사되는 전자기파를 탐지하여 처리함으로써 현대산업사회에 급증하고 있는 제반문제의 해결에 필요한 자료 및 정보를 제공하는 데 매우 유용한 첨단 과학기술의 한 분야이다.

(5) 지리학(地理學, Geography)

지리학은 세계와 인간의 터전을 이해하는 데 도움이 된다. 또한 지리학은 공간분석에 있어서 중요하게 사용되며, 공간적 인식과 공간적 분석을 하기 위한 기법을 제공한다.

(6) 지도제작(地圖製作, Cartography)

지도제작은 공간적 정보의 출력을 나타낸다. 현재의 지형공간 정보체계에 대한 입력 자료의 주요 원천은 지도이며, 출력의 형태도 지형도의 형태가 주이다.

전산기 지도제작술은 수치적 표현, 지도제작 특징의 조정, 시각화 방법에 대한 기법을 제공한다.

(7) 지형(地形, Landform)

지형은 지표면상의 산, 물, 하천, 강, 바다, 등을 일컬을 때 사용하는 단어로써 땅 표면에 생긴 형세나 형상, 곧 산이나 들이나 높고 낮은 비탈진 모양을 가리키며, 이 점에서 우리를 둘러싸고 있는 자연환경요소가 지형이다.

(8) 기후(氣候, Climatic)

기후는 일시적이 아닌 장기간에 걸쳐서 생성된 것으로, 어떤 장소에서 매년 되풀이되는 정상상태에 있는 대기 현상의 종합된 평균상태로 보통 30년 평균한 것을 말한다.

(9) 통계학(統計學, Statistics)

지형공간정보체계를 사용하여 많은 모형은 통계학적이고, 많은 통계학적 기법이 분석을 위해 사용되어진다. 통계학은 지형공간정보체계 자료에서 오차와 불확실성의 문제를 이해하는 데 중요하다.

(10) 공정관리(工程管理, Operation Research)

지형공간정보체계의 많은 응용은 의사결정을 하기 위한 최적기법의 사용을 요구한다.

(11) 전산과학(電算科學, Computer Science)

전산지원설계(CAD)는 특히 3차원에서 3차원에서 자료입력, 출력, 시각화, 재현을 위한 기법과 소프트웨어를 제공한다. 전산도형에서의 발전은 시각화의 기법, 도형 대상물의 출력과 취급을 휘한 전산 소프트웨어를 제공한다. 자료기반 관리체계(DBMS)는 수치형태, 체계설계를 위한 절차와 자료의 많은 양을 다루기 위한 방법을 제공한다.

또한 인공지능은 지도의 특성을 일반화시키고 지도를 설계하는 것과 같은 기능에서 전문가로서 활동할 수 있는 의사결정 전산기와 인간의 지능을 모조하는 방법으로 전산기가 자료를 이용하기 위해 선택을 할 수 있게 한다.(비록 지형공간정보체계가 인공지능의 이 점을 최대한 이용하지는 않지만 인공지능은 이미 체계설계를 위한 기법과 방법을 제공한다.)

(12) 수학(數學, Mathematics)

수학의 가지인 기하학과 도형이론은 공간자료의 분석과 지형공간정보체계설계와 처리에 사용된다.

(13) 토목공학(土木工學, Civil Engineering)

지형공간정보체계는 사회기반시설을 관리하고 유지하는 데 많이 이용되며, 이를 위해서는 토목공학과의 연결이 매우 중요하다.

토목공학에 의한 각종 자료들을 지형공간정보체계의 중요한 자료기반으로 활용되며, 또한 지형공간저보체계의 분석결과가 토목공학에 필수 자료로 이용되는 상호 보완작용을 하게 된다.

제4장 지도학

4.1 지도의 개요

지도학이란 지구상 자원이나 토지의 상태를 지도상에 표현하기 위한 과학 기술이며, 자연과학, 공학, 수학, 지리학, 측지학 3개 학문에 의존되며, 천문학, 지구물리학, 정밀 기계공학, 사진공학, 인쇄공학 등을 내포하고 있다.

4.2 정의

첫째, 지도는 인간 생활공간으로서의 환경을 그림을 이용하여 표현하는 것으로, 지도는 지리에 관한 각종지식이나 경험의 저장고라 할 수 있다. 즉 지구표면에 존재하는 유형무형의 사상을 일정한 약속(축척, 도식)하에 평면인 자연에 그림의 형태로 표시한 것이다. 지도의 대상이 되는 유형은 대기, 지표상태, 지하 구성 물질, 해저의 상황 등이며, 무형의 사상은 지명, 행정구역, 구조물 명칭, 종류, 기능, 행정계 등은 물론 인구, 사회, 교육, 산업, 정치 등의 각종 인문적 현상을 말한다. 지도에 표현되는 사상은 지도 목적 용도에 따라 달라지며 측량 또는 조사에 의해 선택된다.

둘째, 지도란 지구표면의 일부 또는 전부를 축소시킨 척도로 평면상에 기호 등을 사용하여 도해적으로 표현한 것이다. 즉 지구 표면을 대상으로 하여 자연지물, 인공지물을 적당한 크기로 축소시켜 도면상에 약속된 기호, 부호 등을 사용하여 용이하게 판단할 수 있도록 재현한 것이다. 최근 범위가 확대되어 지구뿐 아니라, 천체의 내부까지 확대되어 가고 있다.

(1) 지도의 과학적 조건

1) 투영

투영법이란 구체 또는 회전타원체를 지구 표면의 골격을 대응시키기 위해 평면상에 전개하는 방법이다.

2) 축척

축척이란 지구상의 실제거리와 이것을 표현하는 지도상의 거리와의 비를 말한다.

3) 도식

도식이란 지도상에 표시하는 기호 등의 모양, 크기 등을 인간 상호간의 약속으로 규정한 것이다. 투영법, 축척, 도식 등에 엄밀한 규정 또는 약속이 없는 지도는 과학적 지도라 할 수 없으며, 약도 조감도밖에 될 수 없다.

(2) 지도의 본질

지도는 지구 평면의 일부 또는 전부를 한 장의 용지 위에 나타낸 것이다. 지구 표면 일부라도 시각을 주로 하는 인간의 감각으로서 인지하기는 너무 방대하므로 축소시켜야 할 필요가 있다. 지도는 인간의 감각으로 직접 활용 할 수 있는 정도로 지구표면을 나타낼 수 있는 것이 가능하다. 다시 말하여 토지 상태 등을 요약하여 표현할 수 있는 것이다.

또한 지도는 사용목적이나 토지의 넓이에 따라서 여러 가지로 축소시킬 수 있다. 그런데 토지의 상태를 될 수 있는 한 상세하게 해야 할 경우는 대축척으로 하는 것이 좋고 넓은 지구, 즉 전 세계를 나타나게 할 경우에는 축척을 적게 할 수도 있다.

지도는 또한 토지위에 실제하지 않는 요소 예컨대 지명이나 행정경계 또는 지가등도 나타낼 수 있다. 그리고 또 지상에 실제하는 것이라도 어느 제한 내에서 확장이나 변형이나 때에 따라서는 생략하여 실현할 수도 있다. 이러한 점에서는 지표의 상태를 있는 그대로, 객관적으로, 물리적으로 축소된 공중사진과는 근본적으로 다른 것이 있다. 즉 지도는 어디까지나 인간의 감각을 통하여 인간의 요소와 인정된 사항을 한정하여 가치 판단에 따라 표현한 것이다.

(3) 지도의 목적과 필요성

지도는 전술한 바와 같이 토지의 상태라든가 그 위에 인간에 의해 영위되고 있는 거주, 생산, 교통 등의 인간생활을 통하여 토지표면에 부각된 토지이용의 위치적 상태를 인간이 식별하기 좋을 정도로 축소하여 표현하고 있다. 지도에 표현함에 따라 그들의 지역적 특징이나 각 지역 간의 상호관계 등을 명확하게 판단할 수가 있다. 이것이 즉 지도제작의 목적인 것이다. 국가가 통일성 있게 조직적으로 일하기 위해서는 국토에 관한 엄밀한 인식을 필요로 하나 그에 앞서 기초적 자료는 지도라고 할 수 있다. 국토의 개발, 각종의 지역계획, 도로, 철도 등 교통망정비, 치수, 수문, 농지정리 등 토지를 대상으로 한 사업시책을 시행함에는 기초자료인 지도가 없이는 계획의 입안과 원활한 운영 등을 기대할 수 없는 것으로 말하고 있다. 국가를 근본으로 한 자치체제나 기업체 등도 지도의 필요성을 절감한다.

4.3 지도의 분류

지도는 사용목적에 따라 나름대로의 축척과 표현내용을 달리 하고 있다. 다시 말해서 이용목적을 달리함에 따라서 각양각색의 지도가 필요하게 된다. 이러한 지도의 종류를 분류하면 다음과 같이 생각해 볼 수 있다.

4.3.1 제작방법에 따른 분류

a. 측량에 의한 편집도
• 국지도 – 구내도, 도시계획도
• 광역도 – 국토기본도, 지형도
• 주제도 – 지적도, 지질도, 해도

b. 편집에 의한 편집도
• 일반도 – 지형도의 일부, 지세도, 지방도, 전역도, 지도첩
• 주제도 – 국토실태도, 자원도, 기상도
• 조감도 – 관광지도, 안내도

c. 집성에 의한 집성도
• 집성도 – 지도를 집성한 것
• 사진지도 – 편외 수정한 항공사진을 집성하여 기등기입

4.3.2 사용목적에 의한 분류

```
a. 다목적에 사용(일반도)

• 지형도 - 계획설계용 : 1/1,000 - 1/5,000
         - 조사, 예찰, 관제도 : 1/10,000 - 1/50,000
• 편집도 - 탁상용 : 1/200,000 - 1/4,000,000
  (지역의    괘도용 : 1/100,000 - 1/2,000,000
   총합개념)
```

```
b. 특정목적을 위한

해도, 항공도, 지적도, 지질도, 토지이용도, 토지분류도, 우편도, 임
상도, 토양도, 방향탐지도, 정보도, 기상도, 자기도, 지반변동도, 인
구분포도, 정치도, 각종통계도, 관광도, 도로도, 조감도, 등산도
```

4.3.3 축척에 의한 분류

- 대축척도 1/1만 이하
- 중축척도 1/1만 - 1/20만 이하
- 소축척도 1/20만 이하

단, 축척의 대소는 일반적으로 분수치의 대소의 비교에 따라 사용분모수의 역으로 불리운다. 예를 들면 1/1만은 1/5만보다 대축척이고, 1/50만은 1/10만보다 소축척이라고 한다.

4.3.4 대상지역에 의한 분류

세계적 반구도, 대주도, 대륙도, 국토전역도, 지방도, 군도, 읍면도, 시가도 등은 나름대로의 지역을 1도엽으로 하여 '1-2도엽'에 수용하고 있다.

4.3.5 양식에 의한 분류

(1) 도엽

제작구역을 일정한 경위선, 거리방안 또는 일정한 규격으로 분할하고, 동일축척으로 통일한 내용의 지도를 작성하여 서로 인접 가능하게 한 지도이다.

예 ▶ 1/5천, 1/2만5천, 1/5만 등의 지형도

(2) 전도

어느 정해진 지역을 '1 – 몇 장의 도엽'에 수용하고 이것을 1도엽으로 사용하도록 한 지도

예 ▶ 대한전도, 세계전도 등

(3) 지도첩(Atlas)

세계 또는 한국 각 지역을 나름대로의 단위지역으로 구분하여 사용에 편리하도록 일정한 크기로 한 지도로서, 이것은 첩책자로 철하여져 지도첩이라 한다.

4.3.6 국토지리정보원 발행지도의 종류

(1) 일반도

① 국토기본도(1:5,000지형도) : 국내 주요평야지 약 9만5천km^2(약 1만 5천 도엽)을 대상으로 하여 제작되고 있다.(단색도)
② 1/25,000지형도 : 항공사진측량방법에 의해 남한전역 762도엽이 1967~1974년 간 제작되어 발행되었고, 연차적으로 지형지물변모에 따라 수정발행되고 있다.(5색도)
③ 1/50,000지형도 : 남한전역 239도엽으로 1/25,000지형도를 축소제작하여 발행하고 있다.(5색도)
④ 1/1,000,000대한민국전도 : 1/250,000지세도를 기도로 하여 축소제작 발행
⑤ 1/22,000,000세계전도 : 세계전역을 6도엽으로 제작발행

(2) 주제도

① 1/25,000토지이용현황도 : 전도 또는 일부지역에 관한 토지이용현황 조사취득한 지도이다.
② 지세도 : 지세도는 신뢰성 있는 기관에서 조사 혹은 풍부한 통계자료에 의하여 편집된 것이다. 이 지도는 관계관서와 기계의 권위자로 구성된 위원회에 충분히 검토되어 취록하는 것으로서 국내전역에 걸친 사회, 문화, 경제 등의 실태를 일목요연하게 집약하여 작성된 것이다.

인간과 지형공간정보학

4.4 지도의 축척

지도의 축척이라 함은 토지 이점간의 거리와 이에 상응한 지도상 이점 간의 거리와의 비이다. 통상 분자수를 l로 표현한다.

예 ▶ 축척 = $\dfrac{도상거리}{지상거리} = \dfrac{l}{M}$

1:50,000 또는 $\dfrac{1}{50,000}$ 로 표시한다.

단, 적관법사용시는 1분 1간$\left(=\dfrac{1}{600}\right)$, 1분 2간$\left(=\dfrac{1}{1,200}\right)$ 등으로 사용된다. 우리나라에서는 미터법을 사용하고 있어 축척표시와 함께 도면 하단에 지상거리에 상당하는 눈금을 표시하여 거리 판단에 편리하도록 하고 있다. 그러나 지적도에서는 아직도 척관법을 사용하고 있어 일관성이 결여되고 있다.

4.4.1 축척을 정하는 방법

지도의 축척은 원칙적으로는 사용목적에 따라 정하여지는 것이지만 때에 따라서는 대상지역의 범위와 완성도면의 크기에 또는 기지역의 지형지물의 복잡성, 표현대상의 정밀도 등에 따라 정해지는 것이다. 다시 말해서 정부에서 일률적으로 제작하고 있는 지형도와 같은 기본도적인 지도의 축척은 한 도엽의 크기에 우선하여 정하나, 민간에서 출간하는 각종 지도는 인쇄용지의 크기에 따라 각기 편리한 축척으로 정하는 경우가 많다.

> **참고** 용지의 규격
> - 국전판 : 636m/m×939m/m
> - 국반절판 : 469m/m×636m/m
> - 국4절판 : 318m/m×469m/m
> - 국8절판 : 234m/m×318m/m
> - 4×6전판 : 788m/m×109m/m
> - 4×6반판 : 545m/m×788m/m

현재 국토지리정보원에서 발행하고 있는 각종 지형도의 용지규격은 특별한 것이 없고 일반용지규격에 따라 4×6반절판을 사용하고 있다.

국토지리정보원에서 제작하고 있는 지형도의 축척은 대략 다음과 같은 경위에 의해서 현재에 이르고 있다.

1900년 대한제국정부에서 토지부 량지과를 두어 지적측량을 착수했으나 1910년 일제의 대한제국합병으로 계획이 중단되었고, 대륙침략의 야욕을 실현화하기 위한 계획의 일환으로 일본은 조선총독부에 조선임시토지조사국을 설치하여 축지 및 지도제작사업이 실시하게 되었다. 이 당시 제작된 지형도는 1:50,000, 1:25,000, 1:20,000, 1:10,000, 1:5,000이나 전도를 덮을 수 있는 축척은 오직 1:50,000이였고, 기타는 주요지역에 한하였다. 이후 일제로부터 해방과 더불어 미군정부를 통하여 일본육지측량부에서 인수한 원도는 육군측지부에 의해 수정이 가하여졌고, 한편 미극동사령부 예하 공병 측지대에서 한국전역의 항공사진 촬영에 의한 양편집이 실시되어 6.25동란 중에 큰 몫을 하게 되었다. 그러나 현실에 맞는 과학적 지도제작을 우리손으로 직접제작하게 된 것은 1966년 8월 화란왕국과 체결한 한화협동항공사진측량협정에 의하여 실현되었다. 이때의 조정된 축척은 기본도로서, 축척 1:25,000이다.

4.4.2 축척과 지도내용

일반적으로 축척의 대소에 따라 그 표현내용의 정도가 결정된다. 즉 축척이 크면 클수록 지형 지물의 표현을 상세하고 정확하게(묘사에 따른 오차가 적어진다) 표현할 수 있으나 축척이 적어짐에 따라서 다음과 같은 특징을 갖는다.

① 같은 크기의 도면 내에 넓은 지역의 지도가 대상이 된다.
② 같은 지역을 대상을 할 경우에는 보다 적은 도면 내에 표현이 가능하다.
③ 축척된 지물을 보다 크게 기호화하여 표현하므로 실물에 비해 과장할 수밖에 없다.
④ 따라서 지도에 표현할 제사항이 제한을 받게 된다.

예1 ▶ 지상에서 실폭 50cm의 수로는 1/2,500지형도에서는 도상폭 0.2m/m로 축소되나 1/25,000 지형도에서는 도상 폭이 0.02m/m로 축소된다.

예2 ▶ 1/50,000 지형도의 부분과 이에 대응하는 1/200,000 지도와의 내용을 비교함에 있어 축척 차에 따른 묘사차를 검토해 보기로 하자.

표 4.1 축척에 따른 거리 면적

축척	거리		면적	
	지상	도상	지상	도상
1/2,500	10m	4mm	100㎡	16㎟
1/10,000	10m	1mm	100㎡	1㎟
1/25,000	10m	0.4mm	100㎡	0.16㎟
1/50,000	10m	0.2mm	100㎡	0.04㎟
1/200,000	10m	0.05mm	100㎡	0.0025㎟

4.4.3 축척과 표현방법

지도는 축척의 대소에 따라 지형지물의 표현을 조금씩 달리 하고 있다. 즉 대축척인 경우에는 필요한 지물을 축소한 그대로의 상태로 묘사가 가능하나 중축척도에서는 도로, 철도 등 중요한 지물이 축소되었을 경우 지물의 상태가 극소로 적어져서 원상태로 묘사가 불가하므로 미리 정해진 기호로서 과장하여 표현할 수 밖에 없다.

더욱이 소축척에서는 중요한 지물 외에는 집도화(밀집으로 개략윤곽처리)와 과장표현으로 인하여 생략되는 사항이 많다. 일반적으로 이러한 적은 축척도일수록 도면의 가치와 표현효과를 향상시키기 위하여 다색제로서 지물의 구분을 용이하게 하고, 지형의 기복표현은 등고선에 따라 채단식 또는 쎄딩(Shading)등을 겸하여 효과를 얻는다.

예를 들면 노폭 1m의 도로는 1/2,500지도에서 도상 0.4mm폭의 선이 되나 1/50,000지도에서는 0.02mm선으로 되어 이 수치는 인간의 시력한계로서는 육안구분이 용이하지 못한 선이 되고 만다.

1/2,500지도와 1/50,000지도의 상응하는 지역을 비교하여 어느 정도로 묘사와 생략이 이루어졌는지 조사해 보기로 하자.

4.5 도식(지형도 도식규정 참조)

도식은 기시대의 지도제작 과정이나 지도의 성격 또는 사회적인 요구 등에 따라 변화하나 본서에서의 설명은 현재 국토교통부령으로 정해진 각축척별 지형도도식 적용규정을 기준으로한 일반론이다.

4.5.1 도식의 설명

지도는 이용목적에 적합한 내용을 개별적인 축척을 시초로 하여 명확하게 독도할 수 있는 상태로 표현한 것으로서 이러한 지도의 표현방법을 약속한 것이 도식인 것이다.

즉 도식은 지도제작에 있어 지도상에 묘사할 내용에 따라서 어떤 것을 어느 정도로 어떻게 표현할 것인가를 미리 구체적으로 정하여 규약하는 것이다. 따라서 도식은 지도표현의 기초가 되는 것으로, 지도의 사용목적에 따라 표시하는 내용을 총괄하여 규정하고, 측도 또는 제도에 적용 개인별 도엽제 차이를 없이 하여 각 도엽의 통일성을 확보함으로써 이용자의 혼란이 초래하지 않도록 편리를 도모하는 것이다. 이 도식에서 세부적으로 규정된 도식적용법에서 용어의 해석적용의 원칙을 알아둘 필요가 있다. 우선 지도에는 지구상에서의 위치를 명확하게한 기준점 또는 기준선이 없어서는 안 된다. 이 기준선은 경위선이고 직각종횡좌표선이다. 이 경위선을 평면상에 표현하는 방법을 도법(투영법)이라 한다. 이 기준선 또는 기준점을 기초로 하여 지도가 그려진다. 여기서 도식적용규정에 흔히 쓰이는 용어를 정의한다면 대략 다음과 같다.

① '지형'이라 함은 지표면상의 고저기복상태이다.
② '지물'이라 함은 지표면상에 존재하는 자연적·인공적을 망라한 제축조물이다.
③ '지류'라 함은 경작지를 포함하여 식생물의 종류이다.
④ '기호'라 함은 도형으로 표현할 수 없는 숫자나 문자이다. 이 기호는 지명, 설명, 기호도달주기 난외주기 등으로 구분된다.
⑤ '도달주기'는 도곽 외로 나가는 철도나 도로의 행선지명의 표시이다.
⑥ '난외주기'는 도엽명, 도엽번호, 범례투영편집에 관한 설명 등 도곽 외의 일절의 설명사항이다.

4.5.2 도식편성의 기준

도식은 지도의 사용목적, 축척 지형의 상태, 제판의 방법 등을 고려하여 제정되어야 한다. 그 기준이 되는 요소를 열거하면 다음과 같다.

① 지도의 사용목적과 기축척에 상응하는 적당한 도법과 도폭을 선정한다.
② 표현할 사물의 필요도와 축척에 상응하는 각종기호를 정한다.
③ 지도기호는 될 수 있는 한 간명하고 그 형상이 일견하여 실물을 연상할 수 있어야 하며 제도, 제판에 비교적 용이해야 한다.
④ 각종의 기호, 선호는 상호 간에 정연한 질서와 조화를 이루고 미적인 감각요소가 포함되어야 한다.
⑤ 기호는 세부적인 경중에 따라 구분하여 서체, 자대, 문위, 자열 등을 선정한다.
⑥ 복잡한 지도내용을 명확하게 표현하기 위해 색도와 배색의 조화를 잘해야 한다.
⑦ 그러나 이 모든 기준은 독도함에 있어 미적인 감각을 충분히 고려하여 피로감을 주지 않도록 함도 매우 중요하다.

4.5.3 도식 체계

지도의 축척과 도법은 도식제정 이전에 정해질 사항이나 도식 중에 포함하여 취급되는 경우도 있다.

```
              ┌ 선과 색 ─┬─ 기호 : 1호(0.05m/m), 2호(0.075m/m), 3호(0.1m/m), 4호(0.2m/m), 5호(0.3m/m),
              │         │         6호(0.4m/m)
              │         ├─ 파선 : 장파선, 단파선, 1점 쇄선, 2점 쇄선, 3점 쇄선, 특수일점쇄선
              │         └─ 색조 : 주기기호(흑), 수부(청), 등고선(고갈 또는 녹), 상가, 포장도로(적), 지류, 산림
              │                   (녹) 등
              │
              │          ┌ 골격 ┬─ 선상 - 도로, 철도, 화천, 경계(무형)
              │          │      └─ 면상 - 도시촌락, 취락
              ├ 지물 ────┤
              │          └ 기호 ┬─ 건물 기호 - 건물의 특별한 기능 : 종류를 표현하기 위해 만들어진 것
              │                 ├─ 소물체 기호 - 용도목표물로서 목표가 되는 물체 또는 역사적 소물체를 기호
              │                 │              화 한 것
              │                 └─ 특정지구 - 특정의 장소를 표현하기 위해 만들어진 것
              │
              │          ┌─ 산림 - 산지의 수림
              ├ 지류 ────┤  초지 - 목장 등
              │          │  경작지 - 전, 답, 기타 작물 재배지
              │          └─ 미경작지 - 습지, 사락지, 황무지 등 포함
              │
              │          ┌ 등고선식 ┬─ 주곡선 - 지형을 표현하는 표준간격의 선
  도식 ───────┤          │          ├─ 계곡선 - 주곡선 5개마다 굵은 선
              ├ 지형골격 ┤          ├─ 간곡선 - 완경사지에서 지형표시 주곡선의 1/2간격의 선
              │          │          └─ 조곡선 - 상향의 경우 간곡선의 1/2간격의 선
              │          │
              │          └ 색조 ┬─ 음영법(Shading)
              │                 ├─ 우모법(hachuring)
              │                 └─ 채단식
              │
              │          ┌ 서체 ┬─ 수부 - 고딕 우경체(청색)
              │          │      ├─ 산지 - 고딕 우경체(흑색)
              │          │      │                ┌─ 도시군구 - 고딕 장체
              │          │      │                ├─ 읍면 - 고딕 평체
              │          │      └─ 행정구역 ─────┼─ 리동 - 고딕 정체
              │          │                       ├─ 부락 - 명조 정체
              ├ 주기 ────┤                       └─ 기타 - 고딕 등선체
              │          │
              │          │      ┌─ 독립물체 - 독립 형상에 따라 배열
              │          ├ 물체 ┼─ 집단물체 - 집단 형상에 따라 배열
              │          │      └─ 선상물체 - 선의 모양에 따라 배열
              │          │
              │          └ 지표 ┬─ 보통표면 - 도식의 규정에 따라 배열
              │                 └─ 특수표면 - 도광에 유의하여 적의 배열(협소표면)
              │
              └ 난외사항 - 도곽, 도엽명, 도엽번호, 축척, 방위각편차, 색인, 행정구역약도, 편집설명, 범례, 기타
```

그림 4.1 지도 도식체계

4.5.4 선의 종류

지도는 지형지물을 표현하기 위해 점과 선 또는 기호 등을 이용하여 작성된 도면의 상태이다. 누구나 읽기 쉽고 판단이 용이하도록 하기 위해서는 우선 선의 종류를 규정함이 필요하다. 즉 지도의 내용에 표함되는 요소는 취락, 교통, 지형, 지류, 지물, 주기 등이나 이것들의 표현은 굵기가 다른 실선, 파선, 점선 등으로 구분된다.

실선은 머리부분과 끝부분이 일정한 연속선이며 파선은 실선을 일정한 간격으로 간단한 선이다. 점선은 규격이 일정한 원점을 정해진 간격으로 연속한 것이며 간점선(쇠선)으로도 이용된다.

(1) 선의 굵기

- 1호선 : 0.05m/m
- 2호선 : 0.075m/m
- 3호선 : 0.1m/m
- 4호선 : 0.2m/m
- 5호선 : 0.3m/m
- 6호선 : 0.4m/m

(2) 각 선호 기호의 크기와 굵기의 제도허용오차 범위를 각 선호 공히 ±0.01m/m로 한다.

4.5.5 지물

(1) 취락

가옥의 밀집, 산재 상태를 정사영(正射影)으로 표현하는 것이다. 축척 1:10,000 이하에서는 도시의 시가지나 집단밀집 가옥의 표현은 일괄(총묘가옥이라고도 한다)하여 표시하고, 그 외에 산재하여 있는 것은 현 상태 개별적으로 표현한다. 단, 축척 1:25,000의 경우 독립가옥 표시는 정사영의 단변이 도상 0.5m/m 미만일 때는 0.5m/m로 흑색 표시한다. 이것을 독립가옥이라 한다. 또한 단변 0.5m/m인 것은 실형으로 묘화한다.

(2) 교통

교통은 소로(주도)를 포함하여 사람과 물건을 운반하기 위하여 설치된 제시설 일정을 총괄하며, 각개 용도와 상태에 따라 구분 묘화하는 것을 말한다. 교통은 크게 나누어 도로와 철도, 항로 등으로 구분되나 여기서는 도로와 철도만을 취급한다. 즉, 유형인 것을 말한다.

1) 도로

철도 취락상호간, 취락과 역항간, 관광지 등 기타 필요한 지역 간의 도로교통시설을 말하며 1:25,000 도식적용규정 제8조에서는 「도로란 일반교통에 준하는 기상시설을 말하며 터널 및 교량등의 시설을 포함한다.」라고 정의하고 있다.

대축척도에서는 축척화한 폭원으로 묘화하나, 중 소축척에서는 로포, 노면의 상태, 관할구역 등을 고려하여 묘화하나, 특별한 경우에는 용도 경중도에 따라서 구분할 때도 있다. 현재 국토지리정보원에서 산행하고 있는 1:5,000 축척도는 대부분 실폭도로(실제거리를 축척화한 도로)로 묘화하고 있다.

2) 철도

철도는 국유철도, 사유철도, 기타 특수철도 등으로 구분하며 1:25,000 도식적용규정에서는 「제22조 철도란 차륜이 주행할 수 있도록 레일을 설치한 괘도를 말하며 여기에 부속되는 시설도 이에 포함한다. 제23조 철도는 국유철도 지하철도, 특수철도 및 삭도도 구분 표시하고 이를 단선, 복선 및 협괘 등으로 구분한다.」

3) 기호

지도의 기호는 보통 미리 약속(규정)한 지형지물의 영상 또는 상징적 표현방법이다. 이 기호의 표현으로 지형지물의 상태를 명확하게 독도 판단할 수 있어야 한다. 각종 기호를 대별하면 도로기호, 철도기호, 경계기호, 건물기호, 식물기호, 지형기호, 용도목표물기호, 기타 특정지구에 완한 기호 수부에 간한 기호 등으로 구분된다.

　① 철도기호는 기호철도와 신폭철도로 구분하며 아래와 같이 표시원칙이 있다.
　　㉠ 도로기호의 중심선은 도로의 진위치의 중심선과 일치해야 한다.
　　㉡ 도로말단에 장애물이 있어 통행이 불가능할 때에는 말단부를 폐합하고 장애물이 없을 때에는 말단을 개방한다.
　　㉢ 기호도로와 실폭도로를 명확히 규정한다.
　　㉣ 곡선부의 조정한계를 축척에 따라 상의 처리다.
　② 철도기호는 임시로 가설한 것 외에는 전부 표시함을 원칙으로 한다.

③ 각종용도목표물기호는 특정의 지역 또는 용도상 필요한 특정 목표지원을 설정하기 위하여 명확하게 표시하고, 필요에 따라 기호설명을 부가할 수 있다.
④ 건물기호는 일반적인 건물기호와 특정의 건물을 명시하기 위한 기호(부기호라고도 한다) 또는 목표물 설정을 위해 소기호(일반가옥호) 또는 주기건물, 부기호건물 등으로 표시한다.
  ㉠ 건물기호는 특수한 경우를 제외하고는 진위치에 표시한다.
  ㉡ 건물기호는 실물방향에 따라 표시하고 건물에 대한 특정기호(학교, 교회 등의 부기호건물을 제외한 도청, 공장, 창고, 병원 등과 같은 기호)는 도곽하변에 대하여 직접 표시한다.
  ㉢ 특정기호의 표시 위치는 건물기호의 상단, 우측, 좌측, 하단 등의 순으로 표시한다. 단, 부속된 운동장 등 공지가 있을 경우는 공지 중앙에 표시하는 경우도 있다.
  ㉣ 동일 용도의 건물이 밀집하여 개별표시의 실효가치가 없을 경우에는 밀집형태에 유념하여 일괄표시할 수도 있다. 단, 시가지 등에 있어서는 가로의 형태를 변형해서는 안 된다.
⑤ 하천, 못(호수) 하천표시는 축척에 따라 차이는 있겠으나 실하천폭 3m 이상을 전부 표시함을 원칙으로 한다. 호수표시는 단폭 10m 이상을 전부 표시함을 원칙으로 한다. 단, 하천 표시는 단선 하천과 변선 하천으로 구분 표시한다.
⑥ 수애(水涯)선 : 해안에서의 수애선은 우만(雨滿)의, 평균수위하천과 호수 등의 수애선은 평균수위에 대한 수애선을 표시한다.
⑦ 경계 : 경계선은 무형의 위치를 표시하는 것으로 반드시 관할기관의 확인을 얻어 정해진 기호로 표시한다. 기호는 진위치에 표시함을 원칙으로 하나 진위치가 불명확한 경우(해상 또는 하천의 수면 등 진위치 확인이 곤란한 지역)는 생략할 수도 있다. 기호표시에 있어 차상급 기호와 중복될 때에는 하급기호를 생략한다. 또한 단선하천, 단선도로 등 단선으로 표시되는 타기호와 중복될 경우에는 기외측에 경계표시를 할 수 있다.

4.5.6 식생 및 지형 토지 고저 기복

(1) 식생

지류는 토지표면상의 식생물상태를 표시하는 것으로 각축척을 통하여 보통 도상단변 1m/m 이상에 대해서 표시하되 밭, 논 등과 같은 경작지는 정해진 기호를 일정한 간격으로 배치하고, 초지, 습지, 산지, 황무지 등과 같은 미경지는 불균간격으로 기호배치

를 하는 것이 원칙이다.

(2) 지형 토지의 고저기복

지형 토지의 고저기복은 축척별로 정해진 간격의 등고선으로 표현된다.

1) 등고선

등고선이라 함은 기준면(평균해수면)으로부터의 같은 높이를 연결한 곡선이다(수평곡선이라고도 한다). 즉 기준면에서 일정한 고도간격을 유지하는 평행한 평면과 지표면과의 직교하는 선을 정사투영한 선이다. 그리고 일정한 고도차를 등고선의 간격이라 한다. 등고선의 종류와 간격은 다음과 같다.

표 4.2 등고선 종류

등고선의 종류		축척별 1/5천	1/2.5만	1/5만	1/25만
주곡선	일반적 지형을 표현하는 등고선	5m	10m	20m	100m
계곡선	주곡선 5개마다 굵게 그려진 등고선으로 고고계수에 편리하다	25m	50m	100m	500m
간곡선	완경사지에서 주곡선만으로는 기복표현이 불충분할 때 주곡선의 1/2간격으로 표시	2.5m	5m	10m	50m
조곡선	완경사지에서 주곡선과 간곡선으로도 기복표현이 불출분할 대 간곡선의 1/2간격으로 표시	1.25m	2.5m	5m	25m

2) 병형지

병형지라 함은 등고선으로 표현하기가 곤란하거나 적절하지 않은 지형(오목한 지형, 사태, 벼랑바위 등)을 표현하기 위해 사용하는 기호이다.

3) 주기

주기는 지도의 내용에 있어 선이나 기호만으로 표현이 불충분한 경우 또는 표현할 수 없는 사항을 문자나 숫자로서 설명하는 것이다. 지도에서 사용하는 자체는 대략 다음과 같다.

① 고직장·평체 : 일반적 지명
② 명조정체 : 자연부락명 또는 특정의 설명주기
③ 등선체숫자 : 자표수치, 등고선수치, 표수치, 경위도수치 등
④ 고직경사체 : 산명 수부에 관한 명칭

이들 주기의 자대, 간격, 자위 등은 지도의 축척 물체의 성격 표면의 광협상태에 따라 적절하게 표현한다.

> **참고** 난외주기
>
> 독도에 필한 모든 사항을 도곽 외 여백에 표시하여 내용전체에 대한 설명서 사항을 난외주기라 한다.
> - 도곽(내도곽과 외도곽으로 나누어져 표시할 때도 있다), 도엽명, 도엽번호, 편집설명, 발행년월일, 발행처, 범례, 색인표, 경위도수치, 직각좌표수치, 도달지명과 거리수치, 방위각편차표 기타

4.5.7 편집작업순서

도형의 밀도 축척에 관계없이 일반적인 편집순서는 다음과 같이 실시된다. 이것은 표화의 작업이 손쉽고 편집도중 중요한 대상물의 오차 누락이 비교적 적고 작업 진행이 부드럽다.

(1) 도곽선 전개

```
(1) 골격지물  ┐
             ├ 인공지물
(2) 일반지물  ┘

(3) 지형     ┐
             ├ 자연지물
(4) 식생     ┘
```

(2) 난외사항

도곽선 전개 다음은 인공지물, 자연지물, 난외사항 등의 순서로 진행된다는 것이다.

1) 도곽선 경위선의 전개

정해진 도법에 따라 도곽선을 전개한다. 소축척의 경우는 도관이 번잡하지 않도록 경위선을 적당한 간격으로 삽입하는 것이 바람직하다.

국토지리정보원에서는 도곽과 경위선을 정밀좌표전개기를 사용하고 있으나 반드시 동기를 사용해야 한다는 것은 아니다. 동기와 동등의 정확도를 유지함을 전제로 하여 빔콤파스 또는 무신축정규에 의하여 전개함도 허용된다. 도식규정이나 작업규정에서 정해 놓은 허용오차 이내의 성과를 얻으면 되는 것이다.

2) 골격지물(인공지물)

인공지물은 인위적으로 축조된 제구조물이다. 이러한 것을 지도에서는 전문용어로서 말하고 있다. 이러한 인공지물 중 지도편집상 특히 생활, 경제활동에 필요불가결한 축조물을 골격지물이라 한다. 다시 말해서 골격지물은 철도, 주요도로, 기준점 등이 있으나 연관사항으로서 하천(수애선), 해안선, 호수(못) 등도 골격지물로서 최선으로 묘화한다. 따라서 이들 중 묘화순서는 기준점, 해안선, 하천(수애선), 철도, 도로 등의 순서로 진행된다.

3) 일반지물

일반지물은 골격지물 이외의 각종 축조물과 도시, 취락, 기타 경계 명승고적 등이다.

4) 지형

지형이란 지표면의 기복상태를 말하며 벼랑바위, 사태, 모래자갈 등도 특수지형에 속하며 이에 포함한다.

지형은 등고선으로 표현하는 외에 특수지형의 정해진 기호에 의해서도 표현된다. 소축척의 편집에 있어서는 지형의 고저기복을 명료하게 하기 위해 채단식 또는 음영(Shading) 등을 병용하여 상태를 일목요연하게 하는 경우도 있다.

5) 지류(식생)

지류라함은 지표면을 덮고 있는 식물의 종류와 상태이다. 이들의 지표는 일방적으로 지류계(식생계)와 지류(식생)기호로 표시되나 축척이 적어짐에 따라 소축척화되거나 극히 간단한 색조로 표현하는 경우도 있다. 그러나 소축척화에 따라 토지이용현황을 대상으로 하는 지도 이외는 일반적으로 중요시 하는 예가 별로 없다.

6) 난외주기

난외주기란 도곽을 표함하여 독도에 필요한 일절의 사항을 도곽주위 여백에 표시하여 기내용을 정리하는 것을 말하는 것이며 도엽명, 도엽번호, 내도곽, 외도곽, 경위도, 직각좌표 철도와 도로의 도달주기 색인도표, 방위편차, 행정구역약도표, 범례, 편집연도, 편집자료설명서, 작업자, 발행자, 인쇄연월일, 축척, 기타 필요한 사항을 표시하는 것으로 작업은 모든 도형의 표화작업이 완료 후 최종으로 실시되는 편집작업이다.

7) 주기

주기는 기호로서 표현할 수 없는 사항 또는 표시횟수가 극히 적으나 중요한 사항을 문자로서 설명하는 것이다. 주기에 사용되는 문자는 한글, 한문, 숫자, 영문자 등이고 문자의 서체, 자격, 자대 등이 지물의 중요도 면적의 광협 형태 등에 적절하게 도식규정으로 정하여져 있으므로 도식에 따라 표현하면 된다. 넓은 지역에 있어서의 주기는 눈에 띄지 않는 경우가 많으므로 주기위치 결정에 충분한 배려가 필요하다. 따라서 주기 독도의 난역도도 좌우되므로 일반적으로 풍부한 편집경험자에 의해 작성되는 경향이다. 주기는 편집원도가 완성된 후에 별도의 베이스를 이용하여 서체자형, 자대, 자격, 위치 등을 지시하여 주기편집도로 하고, 이 주기편집도를 기초로 사진식자하여 첨부한다. 이것을 주기판(지명판)이라 한다.

8) 교정검사

일반 각 공정에 따른 작업이 완료되면 철저한 교정점검이 실시되어야 한다. 이는 후속 작업에 영향이 없도록 하기 위한 것이다. 특히 최종검사를 실시하는 자는 오랜 경험으로 숙련자가 아니면 안 된다. 이 검사에서 색생된 사항, 즉 오차 누락, 오기 등은 재수정하고 확인해야 한다.

제5장 지명

5.1 지명의 개요

지명은 인류가 정착 생활을 하면서 생활의 터전이 되는 곳을 생활의 필요에 따라 다른 곳과 구분하기 위하여 명명한 토지에 붙여진 명칭이다.

지명은 객체로서 장소가 가지는 특성과 명명의 주체인 인간의 환경 지각이 가져온 결과로서 의지, 감정, 세계관 등이 함축되어 있다.

지명은 문화적 유산으로 지명 속에는 조상의 사고, 의식, 언어, 풍속, 종교, 행정, 경제에 이르기까지 다양한 생활 모습의 발자취를 찾을 수 있다.

지명은 교량명, 사창명 등은 붙일 수 있으나 가옥, 건물, 교량명은 잘 붙이지 않는 것이 보통이다.

5.2 지명의 의의

첫째, 지리학은 지역에 관한 학문으로 그 지역의 자연 및 인공 요소를 포함하고 상호작용결과 지역성이 기초가 되어 이루어지는 것이다. 지명의 유래 뜻을 알고 있으면 기억하기도 쉽다.

둘째, 지명은 언어의 특수한 표현으로 지명 분석을 통해 변천사와 주거생활의 모습을 알 수 있다.

셋째, 지명은 종합학으로 언어의 변천사, 민속, 민담, 전설 등의 문화사, 역사학, 고고학, 민속학, 사회학, 경제학 등의 보조적 역할을 하는 자료가 된다는 점이다.

넷째, 지명은 일상생활과 밀접한 관계로써 사건·사고 등이 어디서 일어났는지를 알 수 있는 문제 해결의 도움이 될 수 있다.

다섯째, 지명은 지리적 사고에 도움을 가져올 수 있으며, 지명의 유래와 의미 등을 체계적으로 알게 되면 광주, 전주, 진주, 공주 등의 주(州)는 옛 고을을 의미한다든지, 목포, 구포, 남포 등의 포(浦)는 항구를 의미하는 등 지명의 원리를 이해하는 데 도움이 된다.

5.3 지명의 특성

지명은 인간 생활을 영위하는 무대로서 땅이 높고 낮은 지형, 비옥하고 척박한 토질, 물이 좋고 나쁜 수리 조건, 가공하지 않은 본래의 모습에서 가공된 모습으로 성장하고 인간 생활의 발자취가 하나의 장소로 수렴되어, 고유의 개성으로 표출된 땅이름으로 고유한 성격과 지역성을 가진다.

그것의 산물로서 충청도 하면 양반, 경상도 하면 문둥이, 강원도 감자바위 등을 떠올린다. 과거 우리나라의 각 지방을 평하는 말들을 살펴보면, 함경도는 이전투구(泥中鬪狗) — 진흙 밭에 싸우는 개로, 평안도는 맹호출림(猛虎出林) — 호랑이가 숲에서 나오는 것, 황해도는 석전경우(石田 耕牛) — 돌밭을 가는 소, 강원도는 암하노불(岩下老佛) — 바위 아래의 늙은 부처, 경기도는 경중미인(鏡中美人) — 거울 속의 미인, 충청도는 청풍명월(淸風明月) — 맑은 바람과 밝은 달, 경상도는 태산교악(泰山喬嶽) — 태산같이 꿋꿋한 것, 전라도는 풍전세류(風前細柳) — 바람에 살랑이는 버들과 같다는 땅이름의 상징성을 가진다.

또한 땅이름은 훌륭한 문화유산이며, 그 지역의 지리적 역사성을 내포하고 당시의 의식구조 전통과 습관, 문화와 경제 등을 알 수 있는 포괄성을 가진다.

최근 경제 발전에 힘입어 국토의 개발과 더불어 지역의 편리성에 따라 지명도 많이 바뀌고 있는 현실이다.

방위에 따라서 중구, 동구, 서구, 남구, 북구 등이 있고, 좁은 범위의 지표에 붙여진 이름에서 크게는 국가나 대륙명까지 여러 가지 계층을 갖고 있다.

인간과 지형공간정보학

5.4 지명 유래의 분류

5.4.1 자연 지명 유래

(1) 위치 지명

지리학자들의 절대적 위치 언급에 의한 격자망의 좌표와 관련하여 지역의 경도와 위도를 제공한다. 보다 실질적인 측량은 지역의 상대적 위치, 즉 다른 지역과 관련된 위치이다. 예를 들면 동유럽, 적도 아프리카 등의 지명은 상대적으로 위의 측면을 나타낸다.

1) 방위 지명

동, 서, 남, 북을 뜻하는 방위지명은 방위를 나타내고 있기 때문에 그 지명이 어디에 위치하고 있는지를 알 수 있게 해준다.

우리나라를 보면 중앙을 중구, 중앙동, 중부, 중산동, 중곡과 동쪽은 동해, 동대문구, 동해시, 서쪽은 서산, 서귀포, 서구 등이며, 북쪽과 남쪽은 북악, 북제주, 북청, 현북과, 남도, 남제주, 영남, 남산 등을 들 수 있다.

2) 순서 지명

왼쪽과 오른쪽을 뜻하는 좌청룡, 우백호, 좌부면, 우부면 등이고, 바깥 또는 외곽을 뜻하는 예로 외동, 성외가 있고, 위와 아래를 뜻하는 상부면, 하부면, 상모, 하모, 상조도, 하조도, 사상, 사하 등이 있으며, 머리와 꼬리를 뜻하는 용두암, 용두, 백두, 구두, 구미, 두미 등이 있고, 앞과 뒤를 뜻하는 역전, 시흥, 토말 등이 있으며, 어귀의 예로는 어구 동, 강구, 수구, 대구, 양구, 곡구 등을 들 수 있다.

3) 숫자 지명

장성군 북일면, 포천군 이동면, 용인군 남사면, 산천군 삼장면, 익산군 오산면, 정읍군 칠보면, 서울시 구로구, 연천군 백학면, 고성군 구마면 등이 있다.

(2) 지형 지명

경관이 전형적 조건인 네덜란드는 국토가 해수면 보다 낮은 지형 조건으로 바닷물 침입을 막기 위해 둑을 쌓아 만든 로테르담, 암스테르담 같은 도시명도 있다.

1) 산지 지명

산과 관련된 이름으로 영어의 마운틴, 라틴어의 몬테, 포르투갈의 세라, 스페인의 시에라, 하와이의 마우나 등이 있다.

2) 평야 지명

평야와 고원과 관계되는 지명으로는 미국의 와이오밍(wyoming)은 넓은 평야, 남미의 캄푸스(campos)는 포르투갈어로 평원인데 그대로 지명이 되었다.

우리나라의 예로써는 평양, 북평, 사평, 평해, 중원, 철원, 원주 등이 있고, 골짜기를 의미하는 부곡, 칠곡, 황간과 모래와 돌을 의미하는 석촌, 사천, 토평 등이 있다.

3) 물 지명

물은 인류 문명의 발전과 취락 분포 등과 불가분의 관계가 있다. 관련된 지명은 강, 천, 계, 수, 천, 정, 해, 호 등과 하천지명, 호소지명, 온천 지명 등이 있다.

> **참고**
>
> ▶ **하천지명** : 러시아의 돈(don)은 하천을 뜻하며, 드네프로(Dnepr) 드니에스테르 (Dniester)도 모두 강을 뜻한다. 인도차이나 메콩도 메(Me)의 뜻에서, 미국의 미시시피((Mississippi)도 인디언어로 큰 강이란 뜻이다.
>   우리나라도 물과 하천에 관련된 곳도 수없이 많지만, 몇 군데를 보면 강남, 강북, 강동, 강서, 청계, 장계, 석계, 건천, 옥계, 초계, 하희, 장수, 여수, 양수, 한려수도, 정주 김천 등이 있다.
>
> ▶ **해양지명** : 대양, 바다, 만, 작은 만, 해협, 해수로, 운하 등의 접미어가 붙는다. 태평양, 대서양, 인도양, 영국해협, 멕시코 만, 파나마 운하 등이 있고, 우리나라는 남해, 진해, 흥해, 해주, 해미, 장기곶 등을 들 수 있다
>
> ▶ **호소지명** : 호수와 소택의 예로써 서호, 호남, 호서, 금호, 평택, 용담, 덕소 등이다.
>
> ▶ **온천지명** : 아이슬란드의 수도 레이캬비크(Reykjavik)는 증기가 나오는 곳이란 뜻으로 화산과 간헐천이 많은 자연적 특색을 표현하고 있다.
>   우리나라 온천 지역에는 온전, 온평, 온양 등이 있다.

4) 지질 지명

지역의 토질 빛깔에 따른 지명으로 흑산, 흑산성, 백산, 백두산, 백석, 백운, 태백산, 소백산, 백령도, 적성, 단산, 단읍, 홍도, 청산, 청학동, 압록강 등이 있다.

5) 형상 지명

크고 작음을 뜻하는 대한민국, 대구, 대동강, 대청도, 소청도, 소공동, 고령, 고흥, 고양, 고창 등이 있고, 넓고 좁음을 뜻하는 광진, 합천 등이 있고, 둥글고 모남을 뜻하는 원산, 원평, 원주, 방어진, 삼각산, 풍각 등이 있다.

(3) 기후 지명

1) 기상 지명

아이슬란드라는 이름은 기후가 한랭함을 나타내고, 시베리아는 습한 벌판을 뜻한다. 우리나라는 해운대, 청운 운문, 풍납, 청풍, 설산, 설악, 냉정, 한천 광한루 등이다.

2) 천체 지명

하늘을 관련하여 천지, 천제연, 천마, 순천, 천안, 해관련 일출봉, 영일, 달관련, 반월, 월출 등이 있고, 별과 관련하여 성주, 성천, 칠성 등, 빛과 관련하여서는 광명, 일광, 광양, 광주 등이 있고, 그림자와 관련하여서는 영도, 절영도, 불영, 아침관련, 조선, 조일, 조도, 조양, 음지관련, 음성, 산음, 강음, 양지관련, 양촌, 산양, 청양, 계절관련, 춘천, 춘양, 추풍, 하설, 동송동 등이 있다.

(4) 동물 지명

미국 뉴햄프셔(New Hampshire)는 닭 이름이며, 뉴펀들랜드는 헤엄을 잘 치는 개를 뜻한다. 우리나라의 경우에는 우도, 우산, 마산, 마이, 용문, 계룡, 웅진, 호계, 백록, 비봉, 백구, 압구, 안압, 금오, 금계, 작천 등이 있다

(5) 식물 지명

소나무와 관련하여 송도, 송림, 송악 등이 있고, 대나무가 많은 지역이라는 뜻의 죽도, 죽산, 죽변이 있으며, 매화가 많이 피는 곳은 매산, 매포, 매촌, 난초가 많은 지역은 난지도, 난곡이고, 수풀이 우거진 곳은 계림, 한림, 풀 등이 무성했던 곳은 초량, 속초, 갈대가 많은 지역은 노령, 노곡 등이다.

(6) 형용 지명

지명의 뜻과 관계없이 좋은 형용사를 붙이는 경우가 많다. 에디오피아 아디스아바바는 새로운 꽃이란 뜻이며, 미국 플로리다도 꽃이 만발하여 핀다는 뜻이며, 캘리포니아는 미녀와 화음의 섬이란 뜻이다.

5.4.2 인문 환경 지명유래

(1) 문화 지명

1) 전설 지명

곰과 나무꾼과의 전설에 의해서 붙여진 공주의 옛 이름은 웅진이었다. 백제 때는 웅천, 라 신문왕 때는 웅천주, 경덕왕 때는 웅주라 하다 고려 태조 23년에 공주로 바꿔어졌다.

2) 풍수 지명

국토 곳곳에 풍수와 관련된 지명을 볼 수 있다.

전남 곡성의 진산인 비봉산은, 봉황이 날아가면 곡성이 망하므로 봉이 날아가는 것을 막기 위해 지명을 봉으로 묶어 두었다.

서울 성북역 부근에는 흑동, 연촌, 필암산 등이 지금의 불암산에 있어서 세 지명의 먹, 벼루, 붓으로 지세의 균형을 유지하게 된다.

3) 능묘 지명

서울 종묘, 태릉, 홍릉, 정릉동, 능동, 능서면, 공릉동, 울릉도, 오능, 시묘곡, 삼묘리, 묘막리 등이 있다.

4) 언어 지명

유럽의 지명과 관계있는 접미어는 민족에 따른 지명의 어미가 대표적인데, '~의 나라'를 뜻하는 접미어는 라틴계통의 '~리아'가 있는데, 불가리아, 라이베리아, 소마리아, 오스트레일리아가 있고, 남쪽의 나라 펜실베니아, 게르만 계통의 '~란드'는 잉글랜드, 폴란드는 '농민의 나라', 핀란드는 '핀족의 나라', 네덜란드는 '서쪽나라', 아이슬란드는 '얼음의 나라', 뉴질랜드, 잴란트는 즉 '바다의 땅', 도이칠란트는 '독일 사람의 나라'란 뜻을 갖고 있다. 페르시아 계통은 '~스탄'이 어미로 붙는데 파키스탄은 '신선한 나라', 아프가니스탄은 '아프간족의 나라', 터키스탄은 '터키인의 지방'이란 뜻을 가지고 있다.

인도 계통의 산스크리트어의 '~푸르'와 '~나카르'는 성곽도시를 뜻하는 도시가 많다. 잠셰드푸르, 나그푸르, 콸라룸푸르 등이 있는데, '~푸르'는 인더스강과, 갠지스 강 유역에 많고, '~나카르'는 남부지방에 많다.

그리스어의 폴리스는 도시를 뜻하며, 인디에나 폴리스는 인디아나 주의 도시이다. 그밖에 종교와 관련하여 충, 효, 인, 의, 예, 지, 신 등으로 충무로, 효자동 등이 있고,

인간과 지형공간정보학

인종지명으로는 불가리아, 아프가니스탄, 헝가리, 핀란드, 아제르바이잔, 아르메니아, 카자흐스탄, 키르키스스탄 등이다

이 외에 역사 지명, 신개척, 신개발, 식민지명, 기념 지명, 경제 지명, 교통 지명, 군사 지명 등이 있다.

(2) 한국 지명의 변천

1) 발음 부정확과 음운의 변천

오랜 세월 동안 사람들이 부르기 쉬운 대로 부르며, 더불어 방언 등이 혼합되어 '양지마을'이 '양짓말'과 같이 되었다.

2) 문자 바뀜

표기 문자가 달라진 지명과 음이 같아 바뀐 지명의 경우는 '한산현'이 '홍산현'으로, '옥밭거리'가 '옥동'으로 표기되었다.

(3) 한국 지명의 특성

1) 우리말과 한자 병용

현재 우리나라의 지명은 서울을 제외하곤 모두 한자이다.

2) 변천을 겪은 지명

시대 변천 과정에서 행정구역의 변경으로 인한 변천으로 서울이 대표적인데, 삼국시대의 백제 때는 위례성, 통일신라 때는 한산주, 고려시대 초기는 양주, 중기에는 남경, 고려 말까지는 한양으로 불리었고, 조선시대에는 한성, 일제시대에는 경성으로 불리우다 광복 후 다음해인 1946년 9월에 경기도 관할에서 벗어나 지금의 서울이라는 지명을 갖게 되었다.

3) 두 음절 지명

한자 표기 이전에는 여러 음절이었다가, 고려 경덕왕 이후 거의 한자 표기로 행정구역 정리되어 지금도 그 흐름에 벗어나지 못하고 있다.

■ 저자 **박 창 하**

부산대학교 대학원 공학 박사
미 국방성 지도협정 제작 과정 수료
부산광역시 기술심의위원
부산광역시 교육청 시설평가위원
부산광역시 교육청 건설공사 부실시공방지위원
울산광역시 중구청 도시계획위원
창원시 설계자문위원
울산대학교 건설환경공학부 교수

인간과 지형공간정보학   정가 22,000원

- 저　자　　박　　창　　하
- 펴　낸　이　　차　　승　　녀
- 펴　낸　곳　　도 서 출 판　건 기 원

- 2014년　3월　21일　제1판　제1인쇄발행
- 2015년　2월　25일　제1판　제2인쇄발행

도서출판 건기원

(등록 : 제11-162호, 1998. 11. 24)

경기도 파주시 산남로 141번길 59 (산남동)
TEL : (02)2662-1874~5　　FAX : (02)2665-8281

★ 건기원은 여러분을 책의 주인공으로 만들어 드리며 출판 윤리 강령을 준수합니다.
★ 본서에 게재된 내용 일체의 무단복제 · 복사를 금하며 잘못된 책은 교환해 드립니다.

ISBN　979-11-85490-63-2　93530